Die umweltgefährdende Abfallbeseitigung durch Unterlassen
Eine straf- und verwaltungsrechtliche Untersuchung

Europäische Hochschulschriften
Publications Universitaires Européennes
European University Studies

Reihe II

Rechtswissenschaft

Série II Series II
Droit
Law

Bd./Vol. 1494

PETER LANG
Frankfurt am Main · Berlin · Bern · New York · Paris · Wien

Markus Wessel

Die umweltgefährdende Abfallbeseitigung durch Unterlassen

Eine straf- und verwaltungsrechtliche Untersuchung

PETER LANG
Europäischer Verlag der Wissenschaften

Die Deutsche Bibliothek- CIP-Einheitsaufnahme

Wessel, Markus:

Die umweltgefährdende Abfallbeseitigung durch Unterlassen : eine straf- und verwaltungsrechtliche Untersuchung / Markus Wessel. - Frankfurt am Main ; Berlin ; Bern ; New York ; Paris ; Wien : Lang, 1993
(Europäische Hochschulschriften : Reihe 2, Rechtswissenschaft ; Bd. 1494)
Zugl.: Bonn, Univ., Diss., 1993
ISBN 3-631-46893-8

NE: Europäische Hochschulschriften / 02

D 5
ISSN 0531-7312
ISBN 3-631-46893-8

Gliederung

Die umweltgefährdende Abfallbeseitigung durch Unterlassen

Eine straf- und verwaltungsrechtliche Untersuchung

Abkürzungsverzeichnis

a.A.	anderer Ansicht
aaO	am angegebenen Ort
AbfG	Abfallgesetz
a.E.	am Ende
ähnl.	ähnlich
a.F.	alte Fassung
Allg.	Allgemein
Anm.	Anmerkung
Art	Artikel
ASOG	Allgemeines Sicherheits- und Ordnungsgesetz
AT	Allgemeiner Teil
AtG	Atomgesetz
BayObLGSt	Bayerisches Oberstes Landesgericht in Strafsachen
BayVGH	Bayerischer Verwaltungsgerichtshof
BayVerwBl	Bayerische Verwaltungsblätter
BBahnG	Bundesbahngesetz
BB	Betriebsberater
Bd.	Band
BDatSchG	Bundesdatenschutzgesetz
BFH	Bundesfinanzhof
BGB	Bürgerliches Gesetzbuch
BGBl	Bundesgesetzblatt
BGH	Bundesgerichtshof
BGHSt	Bundesgerichtshof in Strafsachen
BGHZ	Bundesgerichtshof in Zivilsachen
Bln	Berlin
BMJ	Bundesministerium der Justiz
BSeuchG	Bundesseuchengesetz
bstr.	bestritten
BT	Besonderer Teil
BTDrs	Bundestagsdrucksachen
BtrbVG	Betriebsverfassungsgesetz
BVerfG	Bundesverfassungsgericht
BVerwG	Bundesverwaltungsgericht
ChemG	Chemikaliengesetz
ders.	derselbe
DÖV	Die öffentliche Verwaltung
dt.	deutsch
DVBl	Deutsche Verwaltungsblätter
E	Entscheidung
ebso.	ebenso
FS	Festschrift
FN	Fußnote
GA	Goltdammers Archiv für Strafrecht und Strafprozeß
gem.	gemäß
GewA	Gewerbearchiv
GG	Grundgesetz
GrS	Großer Senat

H.d.U.	Handbuch des Umweltrechts
H.d.V.h	Handbuch des Verfassungsrechts
h.M.	herrschende Meinung
i.d.F.	in der Fassung
insb.	insbesondere
i.S.v.	im Sinne von
JA	Juristische Ausbildung
JR	Juristische Rundschau
JuS	Juristische Schulung
JW	Juristische Wochenschrift
JZ	Juristenzeitung
KG	Kammergericht
K-S-V	Kunig-Schwermer-Versteyl
Kz	Kennziffer
LB	Lehrbuch
LK	Leipziger Kommentar
LMBG	Lebensmittelbedarfsgegenständegesetz
MDR	Monatsschrift für deutsches Recht
Mü-Ko	Münchner Kommentar
m.w.N	mit weiteren Nachweisen
n.F.	neue Fassung
Nr.	Nr.
NVwZ	Neue Zeitschrift für Verwaltungsrecht
OG	Obergericht
PolG	Polizeigesetz
Nds.RPpfl.	Niedersächsische Rechtspflege
NJW	Neue Juristische Wochenschrift
NuR	Natur und Recht
NStZ	Neue Zeitschrift für Strafrecht
OLG	Oberlandesgericht
OWiG	Ordungswidrigkeitengesetz
PKW	Personenkraftwagen
PrWG	Preußisches Wassergesetz
PflSchG	Pflanzenschutzgesetz
VG	Verwaltungsgericht
re	rechts
RG	Reichsgericht
RGRK	Reichsgerichtsräte-Kommentar
RGSt	Reichsgericht in Strafsachen
Rn	Randnummer
S.	Seite
Sch-Sch	Schönke-Schröder
Schw. BG	Schweizerisches Bundesgericht
Schw. JZ	Schweizerische Juristenzeitung
SK	Systematischer Kommentar
Sp	Spalte
StA	Staatsanwaltschaft
StGB	Strafgesetzbuch
StGB-DDR	Strafgesetzbuch der DDR
StGB-E	Strafgesetzbuch- Entwurf
StR	Strafrecht
StrSchG	Strahlenschutzgesetz
StrVO	Strahlenschutzverordnung
StV	Strafverteidiger

TschG	Tierschutzgesetz
UBA	Umweltbundesamt
UKG	Umweltkriminalitätsgesetz
UPR	Umwelt- und Planungsrecht
vgl.	vergleiche
VRS	Versicherungsrecht
WHG	Wasserhaushaltsgesetz
WStG	Wehrstrafgesetz
ZfW	Zeitschrift für Wasserrecht
ZStW	Zeitschrift für die gesamte Strafrechtswissenschaft

Einführung

Die Defizite in der Entsorgung verursachen die ökologischen Altlasten von morgen.[1] Wie die Lage auf dem Gebiet der neuen fünf Länder zeigt, hat die Vernachlässigung dieses Gesichtspunktes verheerende Folgen. Zwar bestand dort ein international anerkanntes Recycling-System (SERO), die Behandlung von Sondermüll erschöpfte sich aber im wesentlichen darin, dessen Beseitigung den Betrieben und Unternehmen selbst zu überlassen.

Abfallwirtschaft ist die Kehrseite unserer Produktions- und Verteilungsgesellschaft. Weil die Entsorgung von Abfällen auf kurze Sicht betrachtet zunächst nur eine finanzielle Mehrbelastung für den Produzenten von Abfall mit sich bringt, liegt es für manchen nahe, sich dieser Stoffe kostengünstig, aber illegal zu entledigen, wofür die in den letzten Jahren sprunghaft angestiegene Zahl der Ermittlungsverfahren wegen des Vergehens der umweltgefährdenden Abfallbeseitigung spricht.[2]

Auf der anderen Seite führt das wachsende Bewußtsein in der Öffentlichkeit für die Probleme des Umweltschutzes dazu, daß der Ruf nach dem Strafrecht laut wird, um der mannigfachen ökologischen Gefahren Herr zu werden, die unsere moderne Gesellschaft mit sich bringt. Dabei kommt es auch bei den am Gesetzgebungsverfahren beteiligten Verfassungsorganen zu vorschnell anmutendem Reformstreben, wie sich an der Diskussion um den neu einzuführenden § 261 StGB-E zeigt, der die Aufsichtspflichtverletzung in Betrieben und Unternehmen unter Kriminalstrafe stellen soll.[3]

Diese Arbeit hat sich zum Ziel gesetzt, die Strafbarkeit der umweltgefährdenden Abfallbeseitigung als unechtes Unterlassungsdelikt zu untersuchen. Dabei ist zunächst im ersten Teil die verwaltungsrechtliche Ausgangslage zu klären, um die Frage zu beantworten, welche Stoffe unter welchen Bedingungen als Abfall zu behandeln sind. Des weiteren sind die strittigen Fragen bei einzelnen Merkmalen des § 326 StGB zu erörtern.

---

1 vgl.Handelsblatt v. 18.07.1990 S. 6

2 1974 5,9 %, 1980 8,3 %, 1987 30,1 %; vgl. den Bericht der interministerielle Arbeitsgruppe Umwelthaftungs- und Umweltstrafrecht v. 19. 12. 1989; Der Tagesspiegel v. 01.08. 1992, Handelsblatt v.31.07./01.08.1992

3 vgl. BT-Drs. 12/ 192 S. 1 ff

Im zweiten Teil müssen die Voraussetzungen für die Entstehung von Garantenpflichten dargelegt werden. Bei der Frage nach den Voraussetzungen einer Garantenstellung im Rahmen des § 326 StGB wird zugleich eine Auseinandersetzung mit den Wurzeln der Garantenstellung in der Rechtsprechung und der Literatur und dem gegenwärtigen Streitstand insbesondere im Hinblick auf die Garantenstellung aus der Herrschaft über eine sachliche Gefahrenquelle und aus dem Gesichtspunkt der Ingerenz notwendig.

Schließlich werden im dritten Teil die Delegation von Garantenpflichten und die Theorie der Geschäftsherrenhaftung zu erörtern sein, die bei der Organisations- und Herschaftsstruktur in Betrieben und Unternehmen bedeutsam sind. Im Anschluß an die Auseinandersetzung mit dem Institut der Geschäftsherrenhaftung werden im vierten Teil Altlastenprobleme, der § 191a StGB-DDR und der gegenwärtig im Gesetzgebungsverfahren befindliche Entwurf zur Reform des 28. Abschnitts des StGB insoweit skizziert, als sich diese Vorschriften auf den Bereich dieser Untersuchung beziehen.

1. Teil

Die verwaltungsrechtlichen Voraussetzungen einer umweltgefährdenden Abfallbeseitigung und die einzelnen Merkmale des Tatbestandes

I Der Abfallbegriff

Das Abfallrecht kennt grundsätzlich zwei Arten von Abfall: Sachen, die durch eine individuelle Entscheidung eines Menschen zu Abfall werden und solche, die bei Zugrundelegung objektiver Kriterien Abfall sind. Dies ergibt sich aus § 1 I AbfG, in dem es heißt: *Abfälle im Sinne des Gesetzes sind bewegliche Sachen, deren sich der Besitzer entledigen will oder deren geordnete Beseitigung zur Wahrung des Wohls der Allgemeinheit, insbesondere des Schutzes der Umwelt, geboten ist.* Die Terminologie hat sich dabei in Lehre und Rechtsprechung auf subjektiven bzw. gewillkürten Abfall einerseits und objektiven bzw. verwaltungsrechtsbezogenen oder Zwangsabfall andererseits eingependelt.

Aus dem Bestehen eines subjektiven Abfallbegriffs, der auf den Willen des Besitzers abstellt, folgt kein Vorrang des subjektiven Abfallbegriffs[4], denn im Konfliktfall entscheiden die objektiven, am allgemeinen Wohl orientierten Kriterien, ob eine Sache zwangsweise zu Abfall wird. Die Regelung des objektiven Abfallbegriffs, die eher eine am Sozialstaat orientierte Priorität des allgemeinen Wohls nahelegt, ist das Korrektiv für den subjektiven Abfallbegriff.[5]

1) Bewegliche Sache

Gemeinsame Basis der beiden Abfallarten ist die Sacheigenschaft des Stoffes, der zu entsorgen ist. Zwar ist der Abfallbegriff zunächst öffentlich-

4 so aber Breuer in v. Münch S. 691
5 Sack DÖV 1978,17; ebso. Begründung zum Regierungsentwurf BT-Drs. 6/ 2401 S. 11 re Sp

rechtlich zu verstehen.[6] Bevor ein Gegenstand aber dem öffentlich-rechtlichen Abfallbegriff unterfällt, muß er einer rechtlichen Regelung zugänglich sein. Daher ist die Sacheigenschaft nicht öffentlich-rechtlich, denn es geht hier nicht um die Regelungsmaterie des öffentlichen Sachenrechts, sondern darum, räumlich abgrenzbare Gegenstände einer Qualität zuzuordnen, die sie als Rechtsobjekte einer rechtlichen Regelung erst zugänglich macht. Dafür maßgeblich ist die bewährte Definition des § 90 BGB[7], die bisher - soweit ersichtlich - unangefochten Anwendung findet. Eine Sache ist demnach ein körperlicher Gegenstand, dessen Aggregatzustand unerheblich ist.[8] Dabei gilt es für nicht gefaßte, gasförmige Stoffe zu beachten, daß sie nicht körperlich, d.h. nicht räumlich abzugrenzen sind und deswegen nicht Abfall sein können. Insoweit ist § 1 III Nr.4 AbfG überflüssig[9], der nicht gefaßte, gasförmige Stoffe aus dem hier gemeinten Sachbegriff ausschließt.

Bei der Frage, aus welchen Voraussetzungen sich die Sacheigenschaft eines Stoffes ergibt, wird behauptet, es komme nicht darauf an, ob die Sache abtrennbar von einer anderen Sache ist[10]. Zur Begründung wird auf einen Beschluß des Oberlandesgerichtes Koblenz verwiesen.[11] In dem dort zu entscheidenden Fall war es fraglich, ob das Abbrennen der Hülle von Kupferkabelresten eine unerlaubte Abfallbeseitigung war. Dies verneinte das Gericht zutreffend, weil das Abbrennen die Hülle zerstöre und somit die Hülle nicht mehr zu einer Sache werden könne. Vorher war die Hülle ein wesentlicher Bestandteil der Kabelreste und konnte damit nicht als selbständige Sache angesehen werden. Damit wird deutlich, daß es bei Zugrundelegung des bürgerlich-rechtlichen Sachbegriffs entscheidend darauf ankommt, ob der Stoff, dessen Abfalleigenschaft in Frage steht, von einer anderen dergestalt zu trennen ist, daß er nach der Trennung noch eine bewegliche Sache ist.[12] Fehlt dem Stoff diese Eigenschaft, so kann er nicht Abfall sein.

---

6 Hösel/v. Lersner Kz 1110 Rn 4
7 K-S-V Schwermer § 1 Rn 4; vgl. auch Schwachheim NVwZ 1989 128 ff
8 Palandt § 90 Anm. 1
9 K-S-V Schwermer § 1 Rn 4; Hösel/v.Lersner § 1 (Kz1110) Rn 4
10 Hösel/v.Lersner § 1 (Kz 1110) Rn 4, unter Berufung auf OLG Koblenz GewA 1983, 349
11 OLG Koblenz GewA 1983, 349
12 LK-Steindorf § 326 Rn 3

Keine Sache ist die menschliche Leiche[13] , wohl aber ein Leichenteil, wenn es vom Corpus abgetrennt ist. Lebende Tiere gelten zwar als Sache, andererseits unterstehen sie aber als Lebewesen dem Schutz der staatlichen Gemeinschaft. Sie sind also vom verwaltungsrechtlichen Abfallbegriff ausgeschlossen.[14] Tote Tiere unterfallen dem Tierkörperbeseitigungsgesetz; sie sind danach grundsätzlich in dafür eingerichteten Anlagen zu beseitigen. Verendete Haustiere können unter bestimmten Voraussetzungen auf dem eigenen Grundstück vergraben werden.

Der strafrechtliche Abfallbegriff ist nach herrschender Meinung nicht deckungsgleich mit dem des Abfallgesetzes. Gleichwohl ist er, ähnlich wie der Begriff der Waffe aus dem Waffengesetz, aus dem Abfallgesetz hervor gegangen und an ihn angelehnt.[15] Demzufolge gilt die Einschränkung des § 1 III Nr 5 AbfG nicht im Strafrecht, wonach Stoffe, die in Gewässer oder Abwasseranlagen eingeleitet oder eingebracht werden, nicht dem Abfallgesetz unterfallen.[16] Strafrechtlich entfaltet die im Verwaltungsrecht bedeutsame Frage[17], ob es sich im konkreten Fall um einen flüssigen Abfall handelt (Abfallrecht) oder um Abwasser (Wasserrecht) keine Wirkung. Gefaßte, flüssige Abfälle fallen daher auch dann unter den strafrechtlichen Abfallbegriff, wenn sie mit (verunreinigtem) Wasser vermischt werden. Gleichwohl können frei fließende Gewässer unter keinem Gesichtspunkt Abfall sein, weil sie nicht gefaßt sind.[18]

2) Der Besitz

So wie der Begriff der Sache aus der Vielzahl der Stoffe diejenigen bestimmt, die zur Regelungsmaterie des Abfallrechts gehören, ist auch der Begriff des Besitzes ein Instrument, mit dem aus einer unbestimmten Gruppe von Individuen diejenigen herausgefiltert werden, bei denen das Recht besondere Pflichten konstituiert, mit Abfällen in bestimmter Weise umzugehen.

---

13 Hösel/ v.Lersner § 1 (Kz 1110) Rn 4
14 § 1 TSchG, § 90 a BGB
15 vgl. BGHSt 37, 21, 24
16 vgl. Salzwedel in ZfW 1983, 84, (88); Säuren oder andere Abfälle werden von der Ausnahme des § 1 III AbfG ohnehin nicht erfaßt.
17 vgl. dazu Salzwedel in ZfW 1983, 84, (90)
18 vgl. K-S-V Schwermer § 1 Rn 4

§ 3 I AbfG nennt den Besitzer von Abfällen als primären Adressaten der abfallrechtlichen Pflichten.

Zugleich ist der Besitz von Abfällen Voraussetzung für die subjektive Abfalleigenschaft von beweglichen Sachen, denn es obliegt dem Besitzer, zu entscheiden, ob er sich der Sache entledigen will.

Eine Legaldefinition des Abfallbesitzes fehlt[19]. In Literatur und Rechtsprechung wird der Begriff unterschiedlich beurteilt. Die Mehrheit versteht den Begriff öffentlich-rechtlich, d.h. angelehnt an die polizeirechtliche Zustandshaftung.[20] Eine Minderheit geht vom Besitzbegriff des BGB aus und versteht ihn als die tatsächliche, vom Verkehr anerkannte Herrschaft einer Person über eine Sache, die vom Besitzwillen der Person begleitet wird.[21]

a) Öffentlich-rechtlicher Besitz

Diejenigen, die den öffentlich-rechtlichen Besitzbegriff im Abfallrecht favorisieren, verlangen ein Mindestmaß an tatsächlicher und rechtlicher Möglichkeit, auf die Sache einzuwirken.[22] Ihre Begründung lautet einheitlich, der Besitzbegriff des Abfallrechts müsse ebenso aus seiner Funktion verstanden werden wie der des bürgerlichen Rechts. Die Funktion des letzteren bestehe darin, dem Besitzer Schutz vor Störungen seiner tatsächlichen Sachherrschaft zu gewähren und ihn gegenüber den Herausgabeansprüchen des Eigentümers passiv zu legitimieren. Dazu sei es sinnvoll, für die Begründung des Besitzes einen darauf gerichteten Willen zu verlangen.[23] Demgegenüber habe der Begriff im Abfallrecht die Funktion, den Kreis der Verantwortlichen für Abfälle einzuschränken.[24] Andererseits, dies wird von den Vertretern des öffentlich-rechtlichen Besitzes nicht erwähnt, vermittelt der zivilrechtliche Besitz auch Verkehrssicherungspflichten, die den

19 K-S-V Schwermer § 1 Rn 9; BGHZ NVwZ 1985, 447(448)
20 BGHZ aaO 448; Prümm .239 Fn 29 Hoppe/Beckmann S. 470; Ketteler/Kippels S. 164; Bender/Sparwasser Rn 927 Fn 57; BVerwG E 67,8,(12)
21 Sack § 326 Rn 20; BayVGH BayVwBl. 1979,176
22 vgl.Fn 20
23 BGHZ aaO S. 448
24 vgl.BVerwG E 67, 8, 12

Pflichtigen dazu anhalten, Dritte vor Schäden zu bewahren, die aus dem Objekt des Besitzes herrühren.[25]

Während das Bundesverwaltungsgericht aus dem durch § 3 II AbfG beschränkten Kreis der abfallrechtlich Verpflichteten folgert, daß diese Bestimmung abschließenden Charakter habe und somit eine landesrechtlich bestimmte Zustandshaftung ausschließe, reduziert der Bundesgerichtshof den öffentlich-rechtlichen Besitzbegriff auf seine der öffentlich-rechtlichen Zustandshaftung vergleichbare Funktion.[26] Das Bundesverwaltungsgericht folgert aus der Regelung in § 3 I,II 1 AbfG, wonach der Besitzer von Abfällen zur Ablieferung seiner Abfälle an die nach Landesrecht zuständige, öffentlich-rechtliche Körperschaft angehalten und diese Körperschaft zur Entsorgung verpflichtet ist, daß der Kreis der Verpflichteten im Abfallrecht abschließend geregelt sei.

Eine Zustandshaftung entsprechend den landesrechtlichen Polizei- und Ordnungsgesetzen sei deswegen ausgeschlossen. Gleichzeitig konstruiert das Gericht aber eine Ablieferungspflicht für Abfälle, die keinen Besitzer haben. Das soll dann der Fall sein, wenn Dritte ihre Abfälle auf einem fremden Grundstück deponieren.[27] Ablieferungspflichtiger soll in diesen Fällen der Besitzer des Grundstücks sein. Dies ergebe sich aus der Entstehungsgeschichte des Merkmals "Einsammeln" in § 1 II AbfG. In dieser Vorschrift wird die Entsorgung von Abfällen als das Ablagern von Abfällen und den dazu erforderlichen Maßnahmen des Einsammelns, Beförderns, Behandelns und Lagerns definiert. Nach der Überzeugung des Bundesverwaltungsgerichts sollte damit vor allem klargestellt werden, daß das Zusammentragen von in Wald und Flur fortgeworfenen Abfällen nicht Sache der Land- und Forstwirte sei, sondern zu der den öffentlich-rechtlichen Körperschaften obliegenden Beseitigungspflicht gehöre. Die Besitzer derartiger, für die Allgemeinheit aufgrund von Betretungsrechten frei zugänglicher Grundstücke sollten nicht gehalten sein, die dort gegen ihren Willen von Dritten verbotswidrig abgelagerten Abfälle einzusammeln, weil sie im Gegensatz zu den Besitzern anderer Grundstücke ihre Flächen gegenüber dem Zugriff Dritter nicht sichern können. Da diese Grundbesitzer das

---

25 vgl. z.B. Mü-Ko-Mertens § 823 Rn 177
26 vgl. Fn 23, 24
27 BVerwG aaO S. 10

Mindestmaß an tatsächlicher Herrschaft über ihre Grundstücke somit fehle, seien sie auch nicht Abfallbesitzer.

Damit macht das Bundesverwaltungsgericht zur stillschweigenden Voraussetzung für den öffentlich-rechtlichen Besitz, daß der Abfallbesitz grundsätzlich keinen Besitzbegründungswillen voraussetzt, sondern sich aus dem Besitz des Grundstücks zwangsläufig dann ergibt, wenn ein tatsächliches Mindestmaß an Sachherrschaft vorliegt. Dieses Mindestmaß besteht darin, daß es für das in Frage stehende Grundstück kein öffentlich-rechtliches Betretungsrecht der Allgemeinheit gibt. Liegen diese Voraussetzungen vor, so kommt es ohne einen dahingehenden Willen des Grundstückbesitzers dazu, daß er Abfallbesitzer wird, wenn Dritte Abfälle auf seinem Grundstück hinterlassen.[28]

Der Bundesgerichtshof übernimmt diesen Standpunkt mit der Begründung, die Funktion des Besitzbegriffs im bürgerlichen Recht sei es, eine Anspruchsposition zu konkretisieren (§§ 858 ff. und § 985 ff. BGB). Im Abfallbeseitigungsrecht dagegen bestehe seine Funktion ebenso wie die Funktion der Zustandsstörung im Polizei- und Ordnungsrecht darin, die Verantwortlichkeit für entstandenen Abfall einzugrenzen.[29] In der Sache ist in der Tat kein Unterschied des öffentlich-rechtlichen Besitzes, wie ihn das Bundesverwaltungsgericht sieht, zur Zustandshaftung zu erkennen. Denn es geht sowohl bei der Figur des Zustandsstörers[30], als auch bei der des Abfallbesitzers um die Zurechnung einer Gefahr zu einer Person, ohne daß deren Willen berücksichtigt würde.

Ein erheblicher Unterschied besteht aber insoweit, als die Polizeigesetze der Länder die Zustandshaftung dann ausschließen, wenn ohne den Willen des Berechtigten durch Dritte eine polizeirechtliche Gefahr heraufbeschworen wird.[31] So verhält es sich auch bei den wilden Müllablagerungen, bei denen der eigentliche Gefahrenherd nicht das Grundstück, sondern die von Dritten dort abgelagerten Gegenstände sind.[32] Das Bundesverwaltungsgericht hat

---

28 BVerwG aaO S. 11/12
29 BGHZ aaO S. 448;
30 Friauf in v. Münch S. 237
31 vgl. z.B. Bln ASOG § 11 I 2
32 S-K-Rudolphi § 13 Rn 28

für diese Fälle allgemein entschieden, daß der Grundstückseigentümer dann als Abfallbesitzer zu gelten hat, wenn sein Grundstück nicht aufgrund öffentlich-rechtlicher Vorschriften für jedermann frei zugänglich ist. In einer früheren Entscheidung hatte es aber auch ausgesprochen, daß die Zustandshaftung ihre Grenze in den Fällen erreicht, in denen ein unbefugter Dritter durch mißbräuchliche Benutzung einer an sich ungefährlichen Sache eine Gefahr herbeiführt.[33] Zusammen mit der Erkenntnis, daß das Abfallrecht eine Beschränkung der Pflichtigen enthält, müßte das frühere Urteil zu einer Einschränkung des Erwerbs der abfallrechtlichen Besitzerstellung führen.

Auf dieser Linie liegt eine Entscheidung des Oberverwaltungsgerichtes Lüneburg, in der ausgesprochen wird, daß die nicht öffentlich-rechtliche Zugänglichkeit eines Grundstücks dann keinen abfallrechtlichen Besitz an den dort abgeladenen Sachen vermittelt, wenn sich aus Einfriedungen und Verbotsschildern sowie der Einstellung eines Platzwartes zur Bewachung des Grundstücks ein ausdrücklicher Wille des Grundstückeigentümers ergibt, ein wildes Abladen nicht zu dulden, denn die rechtliche Möglichkeit zur Herrschaft über eine Sache sei ohne die tatsächliche nicht möglich.[34] Das Bundesverwaltungsgericht hat sich dieser Einschränkung nicht angeschlossen. Ein entgegenstehender Wille des Grundstückbesitzers ändere an dessen abfallrechtlichen Besitzerwerb nichts.[35]

Als Ergebnis für den öffentlich-rechtlichen Besitzbegriff ist also festzuhalten, daß sich der Abfallbesitz aus dem Grundstücksbesitz ergibt, wenn ein Recht der Allgemeinheit auf Zutritt nicht besteht. Dies gilt selbst dann, wenn der Grundstücksbesitzer in unmißverständlicher Weise kenntlich gemacht hat, daß er fremde Abfälle auf seinem Grundstück nicht wünscht.

---

33 BVerwG E 67,8(10) einerseits und BVerwG DVBl. 1986, 36o(361) andererseits
34 OVG Lüneburg NuR 1988,151(152)re Sp
35 BVerwG NJW 1989, 1296 für denselben Sachverhalt; ebenso Hohmann NJW 1989, 1254 und Iburg NJW 1988, 2338 ff

b) Der bürgerlich-rechtliche Besitz

Nach der Ansicht Sacks und des Bayerischen Verwaltungsgerichtshofes [36] gilt auch im Abfallrecht der zivilrechtliche Abfallbegriff, so daß zum Besitzerwerb ein Besitzbegründungswille erforderlich ist. Einen willenlosen Besitz kenne das Zivilrecht nur im Fall des § 857 BGB beim Erbenbesitz.

Im Tenor der Entscheidung des Bayerischen Verwaltungsgerichtshofes heißt es u.a.:"Durch eine Satzung über die Abfallbeseitigung dürfen auch dem Grundstückseigentümer als Nichtabfallbesitzern Pflichten auferlegt werden, soweit dadurch die Grundzüge der in §§ 3 und 11 AbfG geregelten Pflichtenverteilung nicht in ihr Gegenteil verkehrt werden."

Dies bedeutet, daß Abfallbesitz nach Auffassung des Gerichts auf die gleiche Weise erworben und ausgeübt wird, wie der bürgerlich-rechtliche, unmittelbare Besitz überhaupt gemäß §§ 854 ff. BGB durch Erlangung bzw. Innehabung der tatsächlichen Gewalt und einen darauf gerichteten Besitzwillen. Der Besitzwille braucht dabei nicht auf einzelne Gegenstände gerichtet zu sein. Es genügt zwar ein allgemeiner Wille, an bestimmten Sachen die tatsächliche Sachherrschaft zu erlangen bzw. auszuüben.[37] Ausgeschlossen ist aber z.B. ein Besitzerwerb des Wohnungsinhabers bei Gegenständen, die ohne seinen Willen in seine Wohnung gelangt sind.[38] Letztere Einschränkung des Besitzerwerbs hatte schon das Reichsgericht damit begründet, daß es ohne den Willen des Wohnungsinhabers nicht dazu kommen könne, von einem Dritten in die Wohnung verbrachte Sachen dem Besitz des Wohnungsinhabers zuzurechnen. Soweit demnach der zivilrechtliche Besitzbegriff auch für das Abfallrecht gelte, werde im Gegensatz zur Ansicht des Bundesverwaltungsgerichts nicht automatisch jeder auf dem Grundstück durch einen Dritten abgelegte Abfall in den Besitz desjenigen übergehen, zu dessen tatsächlichen Herrschaftsbereich das Grundstück zählt.

---

36 BayVGH BayVerwBl 1979, 176. 177; Sack § 326 Rn 20; ebenso OLG Celle NJW 1979, 227

37 BGHZ 101, 186, Palandt-Bassenge § 854 Anm. 2); Mü-Ko-Joost § 854 Rn 10

38 Mü-Ko-Joost § 854 Rn 10; RGZ 106,135(136)

c) Eigene Ansicht

Die Existenz des öffentlich-rechtlichen Besitzbegriffs wird mit der besonderen, im bürgerlichen Recht anders als im öffentlichen Recht gearteten Funktion des Besitzes begründet. Einig sind sich beide Ansichten darin, daß der Begriff *Besitz* ein Herrschaftsverhältnis einer Person zu einer Sache bezeichnet. Dieses tatsächliche Verhältnis hat zur Folge, daß dem Besitzer eine Rechtsposition zuwächst. Nach dem öffentlich-rechtlichen Besitzbegriff ist dies eine passive, die sich in der Zuordnung von Pflichten erschöpft, nach dem bürgerlichen Recht eine aktive, nämlich zur Verteidigung der Herrschaft und eine passive für die Fälle des § 985 BGB, in denen dem Eigentümer von der Rechtsordnung die Gelegenheit gegeben wird, seine Rechte gegenüber der Person, die Besitzer ist, zu wahren.

Darin erschöpft sich die Funktion des Besitzes im bürgerlichen Recht jedoch nicht. Vielmehr ist der Besitz an einer Sache auch ein Anknüpfungspunkt für Verkehrssicherungspflichten.[39] Der Besitz an einer Sache vermittelt nach h.M. im bürgerlichen Recht die Pflicht, von der Sache ausgehende Gefahren so zu kontrollieren, daß aus diesen Gefahren keine Gefahren und keine Schäden für Dritte entstehen. Der Besitzbegriff des bürgerlichen Rechts erstreckt sich also ebenso darauf, die Verantwortlichkeit für bewegliche Sachen auf bestimmte Rechtssubjekte zu beschränken. Insoweit besteht also gar kein Unterschied zwischen der Funktion des bürgerlich-rechtlichen Besitzes einerseits und des öffentlich-rechtlichen Besitzes andererseits.

Ein Unterschied besteht zwischen den beiden Begriffen nur insofern, als sich die Verfechter des öffentlich-rechtlichen Besitzbegriffes über die Willenskomponente der Sachherrschaft hinwegsetzen, ohne zu erklären, weshalb und wie die willenlose Herrschaft eines Menschen über eine Sache möglich ist.

Der Streit darüber, ob im Rahmen des bürgerlichen Rechts der Besitz eine Willenskomponente erfordert, reicht weit zurück. Es standen sich im wesentlichen folgende Ansichten gegenüber:

---

39 vgl. z.B. Mü-Ko-Mertens § 823 Rn 177

DERNBURG zitiert den Juristen Paulus mit den Worten: "nulla possessio nisi corpore et animo adquiri potest."[40] Der Wille sei dasjenige, was der räumlichen Beziehung eines Menschen zu einer Sache erst die Qualität verleihe, die es ermögliche, vom Besitz als einer wirklichen Herrschaft zu sprechen. Er kann sich dabei sowohl auf SAVIGNY als auch auf KANT stützen. Für SAVIGNY bestehen die Voraussetzungen des Besitzes an beweglichen Sachen sowohl aus der "apprehension" als auch in einem "animus".[41]

Ebenso hat vor ihm KANT die "apprehensio" und die "appropriatio" (Zueignung) als zwei notwendige Voraussetzungen des Besitzerwerbs unterschieden.[42] Demzufolge enthielt der erste Entwurf zum BGB in § 797 die Regel, daß der Besitz den Besitzwillen fordere. Die Tatsache, daß diese Bestimmung keinen Eingang in die letzte Fassung des BGB fand, führt Dernburg darauf zurück, daß man es für entbehrlich gehalten habe, all jene Fälle namentlich aufzuführen, "in denen nach Lage der Sache die Herstellung der thatsächlichen Gewalt ohne einen darauf gerichteten Willen nicht möglich sei". Daß der Besitzerwerb gleichwohl regelmäßig auch ohne ausdrückliche Bestimmung in § 854 BGB nur mit einem darauf gerichteten Willen möglich sei, ergebe sich aus § 867 S.1 BGB, wonach die Tatsache, daß eine Sache auf das Grundstück eines anderen gelangt sei, nicht zum Verlust seines Rechts führt, die Sache zu verfolgen, solange sie von niemandem in Besitz genommen wurde.[43] Auch heute wird aus dieser Vorschrift geschlossen, daß eine solche Sache nicht automatisch in den Besitz des Grundstückseigentümers gerät.[44]

Eine ähnliche Ansicht vertritt RAISER[45], wonach für den Besitz die tatsächliche Sachherrschaft, wenn sie sich nach der Verkehrsansicht ergibt, ausreichendes Kriterium für die Besitzerstellung einer Person ist. Er unterscheidet zwischen Fällen, wo der Besitzerwerb nur mit einem darauf gerichteten

---

40 Dernburg, Das Sachenrecht d. dt. Reiches und Preußens, S. 55
41 Savigny, Das Recht des Besitzes , S. 225, 233
42 Kant, Metaphysische Anfangsgründe der Rechtslehre, § 14 Rn 85, S. 72-73
43 Dernburg aaO S. 56
44 Staudinger-Bund § 854 Rn 12 a.E.
45 Enneccerus-Wolf-Raiser Lehrbuch des bürgerlichen Rechts, Dritter Bd. S. 25

Willen möglich ist, und solche, in denen er ohne einen solchen Willen eintritt.[46]

HECK vertritt den entgegengesetzten Standpunkt, es komme ausschließlich auf den objektiven Tatbestand an.[47] Demnach ist notwendige, aber auch alleinige Voraussetzung für den Besitzerwerb, daß eine Sache in die Interessenssphäre einer Person eingefügt werde. Ob der Alltagssprachgebrauch einen Besitz ohne Wissen und Wollen anerkenne, sei ohne Bedeutung. Notwendig sei lediglich die Einfügung einer Sache in die Interessenssphäre einer Person, so daß sie zu ihr in einer Raumbeziehung stehe. § 857 BGB, nach welcher Vorschrift der Erbe Besitz ohne Wissen an den zum Erbe gehörenden Gegenständen erlange und § 855 BGB, wonach der Herr den Besitz an der Sache erlangt, die sein Besitzdiener für ihn entgegennehme seien keine Ausnahmen, sondern stellten die Regel dar.

Nach der heutigen h.M. bedarf es zur Begründung des Besitzes eines Willensaktes[48], weil eine Herrschaftsbeziehung ohne einen darauf gerichteten Willen nicht vorstellbar ist.

Der h. M. im Zivilrecht ist der Vorzug zu geben, denn eine Herrschaft als die Möglichkeit willkürlicher Einflußnahme auf die Sache trägt als ihren notwendigen Bestandteil den Willen zur Herrschaft in sich und entspricht dem neuzeitlichen Verständnis von der Gestaltung der Rechtsverhältnisse durch den Willen der Person.[49]

Der vom Bundesverwaltungsgericht konstruierte Begriff des öffentlich-rechtlichen Besitzes hat demnach mit dem überkommenen Begriff die Bezeichnung und die Tatsache gemein, daß ein räumliches Verhältnis zu der Sache verlangt wird. Die bisher überwiegend geforderte zweite Tatsache des Besitzwillens, die erst in Verbindung mit der Tatsache des räumlichen Verhältnisses diesem zu einer rechtlichen Qualität verhalf, hat das Gericht ersatzlos gestrichen. Damit stellt sich der sogenannte öffentlich-rechtliche

46 Raiser aaO S. 30
47 Heck, Grundriß des Sachenrechts § 65 S. 26
48 vgl. Soergel-Mühl 854 Rn 7; Staudinger-Bund § 854 Rn 12; Palandt § 854 Anm. 2); Baur, Sachenrecht § 7 B II 1 a) bb)
49 Wieacker, Privatrechtsgeschichte der Neuzeit, S. 386

Besitz als das dar, was SAVIGNY und manche nach ihm, die "detention", das schlichte Haben einer Sache nannten. Die Rechtsfolge der abfallrechtlichen Verpflichtungen tritt ohne Berücksichtigung des autonomen Willens der Person ein. Es handelt sich bei dieser Rechtsfigur also nicht um eine Beschränkung des Kreises der Pflichtigen, sondern um eine Erweiterung auf diejenigen, die die ersten Opfer des eigentlichen Verursachers sind: die Grundstücksbesitzer. Diese Erweiterung hat den praktischen Vorteil, daß die öffentliche Hand nicht selbst für die Entsorgung verantwortlich ist, soweit sie den Verursacher nicht ermittelt oder ermitteln kann. § 3 AbfG kennt nur die öffentliche Hand und den Abfallbesitzer als abfallrechtlich Verpflichtete. Die öffentliche Hand kann sich nach Ansicht des Bundesverwaltungsgerichtes aber auch an den Grundstücksbesitzer halten, wenn der ursprüngliche Abfallbesitzer, der die Abfälle gegen dessen Willen dort abgelegt hat, nicht ermittelt wird oder werden kann.

Es handelt sich also strenggenommen auch nicht um eine an die Zustandshaftung angelehnte Rechtsfolgenzuordnung, wie dies der Bundesgerichtshof angenommen hat, sondern um eine verschärfte Zustandshaftung auf bundesrechtlicher Grundlage. Die Verschärfung besteht darin, daß ein entgegenstehender Wille des Grundstücksbesitzers nicht zählt.

Als Legitimation dieser Verschärfung könnte die grundrechtliche Eigentumsgarantie angesehen werden.[50] Anknüpfungspunkt wäre dabei, daß infolge dieser Garantie der Eigentümer die Vorteile seiner Sache genießen kann und ihm deswegen zugemutet wird, die mit der Nutzung verbundenen Nachteile selbst zu tragen und sie nicht der Allgemeinheit aufzubürden. Letzteres ist Ausfluß der Sozialbindung gemäß Art 14 II 1 GG: Eigentum verpflichtet. Deshalb möge der Eigentümer auch für solche aus dem Grundstück herrührenden Gefahren einstehen müssen, die einen ungewöhnlichen Umfang haben (Unwetterfolgen, Überschwemmungen etc.) Mit dem Vorteil der Sachherrschaft korrespondierte der Nachteil des damit verbundenen Risikos.[51]

50 vgl.insoweit Papier in M-D-H-S Art 14 Rn 439-446
51 vgl. insoweit übereinstimmend Friauf in v.Münch Bes. Verwaltungsrecht S. 238

Dem durch unbefugte Sachnutzung eines Dritten verursachte, den Eigentümer und den Besitzer sowie die Allgemeinheit treffenden Nachteil einer wilden Müllablagerung steht aber kein korrespondierender Vorteil des Eigentümers gegenüber. Er ist gegenüber solchen Eingriffen seitens Dritter genauso wehrlos, wie die Allgemeinheit. Insofern fehlt es an einem sachlichen Grund, die von Dritten herbeigeführte rechtswidrige Gefahrenlage gerade dem Eigentümer zuzurechnen. Soweit der Eigentümer durch die Figur des sogenannten öffentlich-rechtlichen Besitzers neben dem eigentlichen Verursacher zum Abfallbesitzer wird, belohnt dies den ersten auf Kosten des zweiten. Die fortbestehende Verantwortlichkeit des eigentlichen Verursachers ändert daran nichts, denn sie wirkt sich für den Eigentümer praktisch nur dann aus, wenn die Identität des Verursachers feststeht. Daß diese Absurdität nicht das Ergebnis einer sachgerechten Anwendung der Umweltschutzgesetze sein kann, weil deren Anliegen zweifellos nicht in der Belohnung des "Umweltsünders" besteht, liegt auf der Hand. Die Rechtsfigur des öffentlich-rechtlichen Besitzes in der Gestalt, die ihm das Bundesverwaltungsgericht gegeben hat und der sich die Mehrheit der Literatur angeschlossen hat, ist daher abzulehnen. Den Vorzug verdient die Ansicht, die auch im Abfallrecht den überkommenen, bürgerlich-rechtlichen Besitzbegriff anwenden will und deswegen von Besitzerwerb im Regelfall nur dann spricht, wenn dieser von einem gleichlautenden Willen des Erwerbers getragen ist.

Als Besitz im abfallrechtlichen Sinne kann also nur ein tatsächliches Herrschaftsverhältnis gelten. Zu seiner Begründung ist ein darauf gerichteter Wille erforderlich. Es fehlt aber an der tatsächlichen Herrschaft, wenn trotz erklärtem gegenteiligen Willen Abfälle auf einem Grundstück abgelegt werden. Abfallbesitzer ist also derjenige, in dessen tatsächlichem Herrschaftsbereich sich Abfälle befinden, sofern sie dort mit seinem Willen hingelangt sind.

3) Der Subjektive Abfallbegriff

Wie bereits angedeutet, unterscheidet das Abfallgesetz in § 1 I Abfälle, die aufgrund menschlicher Bestimmung dazu werden und solche, bei denen es aus Gründen des gemeinen Wohls bestimmt ist, daß sie ordnungsgemäß entsorgt werden.

a) Die Übereinstimmungen und Gegensätzlichkeiten in der Literatur

Die Schwierigkeit des subjektiven Abfallbegriffs liegt in seinem voluntativen Element, und nicht in der unterschiedlichen Benennung: subjektiv [52] oder gewillkürt [53]. Problematisch daran ist, daß der Wille des Menschen jederzeit veränderlich ist. Das mag für diese Untersuchung folgendes Beispiel erläutern: Wenn ein interessierter Zeitungsleser einzelne Exemplare zu dem Zweck im Keller sammelt, um sie nach bestimmten Themen zu durchforsten und zu ordnen, nach längerem Sammeln aber beschließt, die Zeitungen nicht mehr zu lesen, sondern sie erst einmal im Keller liegen zu lassen, so ergibt dieser Sinneswandel für die Abfalleigenschaft der Zeitungen zunächst folgendes: solange die Zeitungen zu archivalischen Zwecken im Keller lagern, haben sie den Wirtschaftskreislauf nicht verlassen, weil sie der Benutzung zu ihrem ursprünglichen Zweck harren. Sie sind deswegen immer noch Wirtschaftsgut.[54]

In dem Moment, in welchem der Sammler seine Archivierungsabsichten aufgibt und die Zeitungen einfach im Keller liegen läßt, können sie zu Abfall geworden sein, weil der subjektive Abfallbegriff nur die Sacheigenschaft und den Willen des Besitzers voraussetzt, sich der Sache auf Dauer zu entledigen. Zu Abfall wären die Zeitungen also dann geworden, wenn in dem Entschluß des Sammlers, die Zeitungen einfach liegen zu lassen, eine Widmung zur Entledigung steckte. Wie bei allen subjektiven Umständen bedarf auch der Entledigungswille zu allererst der Entäußerung durch einen Menschen, um Gegenstand einer rechtlichen Betrachtung zu werden.

Gegensätzliche Ansichten bestehen darüber, ob diese Willensäußerung wenigstens eine beschränkte Geschäftsfähigkeit voraussetzt oder ob der sog. natürliche Wille des Unmündigen ausreicht.

---

52 z.B. Hösel/v. Lersner § 1 Rn 6; K-S-V Schwermer § 1 Rn 11
53 z.B. L-K Steindorf § 326, Rn 21
54 Altenmüller, DÖV 1978, 27, (32)

ALTENMÜLLER meint[55], es komme für den rechtlichen Bestand einer solchen Willensäußerung nicht auf die Geschäftsfähigkeit des Äußernden an. Ein natürlicher Wille reiche dazu völlig aus. Nach seiner Auffassung liegt die Bedeutung des subjektiven Abfallbegriffs darin, daß mit ihm der Anwendungsbereich des Abfallgesetzes über den eigentlichen Schutzzweck des Abfallgesetzes hinaus erweitert wird. Denn das Abfallrecht gelte durch ihn immer dann, wenn sich der Besitzer einer Sache zu ihrer Beseitigung entschlossen habe und diesen Willen offenbare. Gleichzeitig will er die bürgerlich-rechtlichen Schutzvorschriften, wie etwa die über die Geschäftsfähigkeit, analog anwenden, soweit dies für die zur Beseitigung verpflichtete öffentlich-rechtliche Körperschaft zumutbar sei. Schließlich weist er daraufhin, daß dem Abfallrecht an keiner Stelle zu entnehmen sei, seine Anwendung setze eine vorherige, wirksame Dereliktion voraus.[56]

FRANSSEN[57] nimmt demgegenüber an, der subjektive Abfallbegriff habe die Funktion zu verhindern, daß die beseitigungspflichtige Körperschaft die Beseitigung eines Stoffes mit der Begründung ablehnen könnte, die Sache sei noch zu gebrauchen und daher kein Abfall. "Der subjektive Abfallbegriff ist damit - überspitzt gesagt - der Abfallbegriff der Wegwerfgesellschaft." Der Entledigungswille müsse sich in irgendeiner Form äußern; typische Formen seien das Herausstellen zur Abholung durch den Sperrmüllwagen der öffentlich-rechtlichen Körperschaft. Zivilrechtlich sei die dazu notwendige Entledigung eine Dereliktion mit der Folge der Herrenlosigkeit.[58]

SCHWERMER hält die notwendige Willensäußerung für eine rechtsgeschäftliche Willenserklärung, deren Wirksamkeit nach den Vorschriften des BGB zu beurteilen sei, die die Geschäftsfähigkeit regeln.[59] Auch er meint, in ihrer Abgabe liege gleichzeitig eine Dereliktion i.S. d. § 959 BGB mit der Folge, daß sich Dritte die entledigte Sache zu Gebrauchszwecken aneignen können und sie damit der Sache die Abfalleigenschaft wieder nehme.

---

55 Altenmüller aaO S. 32
56 Altenmüller aaO S. 32
57 Franßen in Salzwedel Grundzüge des Umweltrechts S. 410
58 Franßen aaO S. 410 spricht hier vom Abfallbegriff der Wegwerfgesellschaft
59 K-S-V-Schwermer § 1 Rn 20

Vermittelnd gehen HÖSEL/V.LERSNER davon aus, daß der Entledigungswille zwar rechtsgeschäftsähnliche Willenserklärung sei, daß die Anwendbarkeit der Regelungen über die Geschäftsfähigkeit des BGB aber davon abhingen, ob sie den öffentlich-rechtlichen Regeln nicht zuwiderlaufen.[60] Er müsse sich auf irgendeine Art erkennbar für andere äußern. Dies könne schriftlich, mündlich oder durch schlüssiges Verhalten geschehen. In der Überlassung von Stoffen an die beseitigungspflichtige Körperschaft liege regelmäßig eine solche Willensäußerung.[61] Die Geschäftsfähigkeit sei bei der Weggabe wertvoller Gegenstände durch Erwachsene besonders zu prüfen und Kinder könnten sich einer Sache nur dann entledigen, wenn darin keine rechtlichen Nachteile für sie lägen. Sofern danach der subjektive Abfallbegriff nicht greife, könne nur noch der objektive Abfallbegriff zur Anwendung kommen. KLOEPFER hat sich diesem Standpunkt angeschlossen.[62]

b) Eigene Ansicht

Sofern man in der Entledigung eine Dereliktion sieht, hat das zwei Konsequenzen: einmal bedarf es dann einer rechtsgeschäftlichen Erklärung, dies ist einhellige Meinung.[63] Zum anderen unterliegt diese dann der Beschränkung des § 134 BGB, ist also nichtig, soweit sie gegen ein gesetzliches Verbot verstößt.

Der abfallrechtliche Entledigungswille geht dahin, die Sache aus dem Kreis der Wirtschaftsgüter auszusondern und in den Kreis der Abfallstoffe einzuordnen. Dieser subjektive Vorgang läßt die physische Substanz der Sache unberührt, vielmehr verhält er sich zu ihr wie eine straßenrechtliche Widmung zu einem Verkehrsweg: er ändert ihre Zweckbestimmung. Um dies rechtlich wirksam tun zu können, muß der Widmende befugt sein, über die Zweckbestimmung zu entscheiden. Jemand, der alle seine Rechte an einer Sache durch eine zivilrechtlich wirksame Dereliktion aufgibt, kann über die Zweckbestimmung dieser Sache nicht mehr bestimmen. Der Entledi-

60 Hösel/v.Lersner Kz 1110 Rn 6
61 Dies. aaO Rn 7
62 Kloepfer Umweltrecht § 12 Rn 25 a.E.
63 zuletzt bestr. in RGRK 11.A; vgl.RGRK (12.A)-Pickart § 959 Rn 1; Staudinger-Gursky § 959 Rn 1 und 7; Mü-Ko-Quack § 959 Rn 3; Palandt-Bassenge § 959 Anm. 1)

gungswille, der eine an sich noch gebrauchsfähige Sache in der Lage ist, in den Kreis der Abfallstoffe einzuordnen, muß also jedenfalls eine logische Sekunde vor der Dereliktion der Sache gefaßt werden. Daraus ist bereits ersichtlich, daß Dereliktion und Entledigungswille zwei verschiedene Dinge sind. Zudem ist die Dereliktion ein Doppeltatbestand.[64] Er besteht aus der einseitigen, nicht empfangsbedürftigen Willenserklärung des Inhalts, daß der Berechtigte sein Eigentum an der Sache aufgibt und aus dem Realakt der Besitzaufgabe, d.h. der Umkehrung des Besitzwillens in sein Gegenteil. Denn Besitz ist ein vom Willen getragenes Herrschaftsverhältnis einer Person über eine Sache. Die Willenserklärung der Eigentumsaufgabe unterliegt dem § 134 BGB, der Realakt nicht.

Wenn für eine Sache eine abfallrechtliche Überlassungspflicht besteht und Dereliktion und Entledigungswille dasselbe wären, so stände diese Pflicht, die ein Verbot der Entledigung selbst enthält, der Abfallwerdung entgegen, weil sie gemäß § 134 BGB die dazu konstitutive Willenserklärung zunichte macht. Bei Sachen, die nicht dem objektiven Abfallbegriff unterfallen, führte das zu dem absurden Ergebnis, daß daran der Besitzwille aufgegeben werden kann, sie aber dadurch weder herrenlos noch zu Abfall werden.

Der Wille, sich einer Sache als Abfall zu entledigen, ist im Verhältnis zur Dereliktion also ein aliud. Sofern sich eine Person dazu entschlossen hat, eine in ihrem Besitz stehende Sache aus dem Kreis der Wirtschaftsgüter auszuschließen, besagt dies noch nichts darüber, ob und inwiefern sie an ihrer zivilrechtlichen Stellung zu dieser Sache etwas ändern will. Der erwähnte Zeitungsleser ändert durch seinen Entschluß, die Zeitungen liegen zu lassen, weder sein Besitzverhältnis zu ihnen noch sein Eigentum.

Dem steht auch nicht das Schutzgebot der §§ 104 ff BGB entgegen, denn der endgültige Rechtsverlust eines Menschen an einer Sache setzt die wirksame Dereliktion voraus. §§ 104 ff BGB schützen Geschäftsunfähige und beschränkt Geschäftsfähige dadurch vor Rechtsverlusten, daß sie Ihre Willenserklärungen entweder nichtig oder von der Genehmigung des gesetzlichen Vertreters abhängig machen. Dieser Schutz ist bei der Begründung der subjektiven Abfalleigenschaft einer Sache nicht notwendig. Erst wenn der durch

---

64 Mü-Ko-Quack § 959 Rn 3

die §§ 104 ff BGB Geschützte im Begriff steht, rechtliche Nachteile zu erleiden, was etwa durch das Wegwerfen der Sache eintreten kann, realisiert sich die Schutzfunktion der Geschäftsfähigkeitsregeln dadurch, daß die im Wegwerfen enthaltene Dereliktion unwirksam ist.

Der Geschäftsfähige kann sich seines Eigentums und der daraus folgenden Pflichten nicht durch das Wegwerfen begeben, wenn die Sache mit subjektiver Abfalleigenschaft einer Überlassungs- oder Ablieferungspflicht unterliegt, weil hier § 134 BGB entgegensteht. Diese Vorschrift macht die in dem Wegwerfen innewohnende Willenserklärung der Eigentumsaufgabe nichtig. Bei gefährlichen Sachen erlöschen durch das Wegwerfen ebensowenig aus dem Eigentum resultierende Verkehrsicherungspflichten.[65]

Wirksam ist dagegen der sich im Wegwerfen manifestierende Entledigungswille, was dazu führt, daß die weggeworfene Sache nunmehr dem Abfallrecht zusätzlich unterliegt.

Die für die Entstehung der subjektiven Abfalleigenschaft notwendige Widmung erfordert also keine Geschäftsfähigkeit.

Die Entledigung selbst ist Aufgabe des unmittelbaren Besitzes und daher Realakt, wozu es ebensowenig der Geschäftsfähigkeit bedarf. Die durch die Fassung des Entledigungswillens entstandene subjektive Abfalleigenschaft der Sache bleibt solange erhalten bis die Sache von einem neuen Besitzer aufgrund eines von ihm gefaßten Besitzwillens unter seine unmittelbare Herrschaft gelangt. Die abfallrechtlichen Verpflichtungen treffen deswegen solange den urprünglichen Besitzer, wie der fragliche Stoff nicht von einem anderen in Besitz genommen wird.

4) Der objektive Abfallbegriff

Während beim subjektiven Abfallbegriff Uneinigkeit nur hinsichtlich der Natur der Willenserklärung besteht, stellt sich der objektive Abfallbegriff unter mehreren Aspekten unterschiedlich dar. Einigkeit besteht darüber, daß

---

65 Mü-Ko-Quack § 859 Rn 14 m.w.N.

der objektive Abfallbegriff für bewegliche Sachen gilt und der auf diese Sachen gerichtete Wille des Besitzers irrelevant ist [66].

a) Der Wert einer Sache

Uneinigkeit besteht aber bereits darüber, wie hoch der Stellenwert des materiellen Wertes der Sache bzw. der Verwertbarkeit der Sache ist. Dabei reichen die Stellungnahmen von der Ansicht, es komme auf den Wert überhaupt nicht an[67], bis zu der Ansicht, eine Sache mit einem Gebrauchswert könne ohne Widmung des Berechtigten nicht zu Abfall werden; soweit eine solche Sache Gefahren berge, sei allgemeines Polizeirecht anwendbar.[68]

STEINDORF macht die Abfalleigenschaft davon abhängig, daß die Sache einen tatsächlich realisierbaren Gebrauchswert hat, wobei der Gebrauch technisch möglich und wirtschaftlich vertretbar sein müsse.[69] Er bezieht sich dabei auf eine Entscheidung des Oberlandesgerichtes Koblenz zu § 1 AbfG.[70] Deren Leitsatz ist: "Die Einsammlung, Lagerung und Behandlung von verwertbarem Schrott unterliegt in der Regel nicht den Vorschriften des AbfG."

b) Das Gebotensein der Entsorgung

Vermittelnd vertritt v.LERSNER die Ansicht, daß die objektive Verwertbarkeit einer Sache im Rahmen der Prüfung des Gebotenseins der ordnungsgemäßen Beseitigung mit den Gefahren der Verwertung abgewogen werden müsse. Der Wert und die objektive Verwertbarkeit einer Sache seien allein nicht ausschlaggebend, sondern es komme auch darauf an, ob der beabsichtigten Verwertung so große und nicht mit weniger einschneidenden Mitteln vermeidbare Beeinträchtigungen des Gemeinwohls entgegenstehen,

66 Franßen aaO S. 410; Hoppe/Beckmann S. 271; Hösel/v. Lersner Kz 1110 Rn 12; Kloepfer § 12 Rn 34, 36; Sack § 326 Rn 27a; L-K-Steindorf § 326 Rn 12; BVerwG NuR 1984, 52(53); BayObLG NuR 1984,246
67 Kloepfer Umweltrecht § 12 Rn 34
68 L-K-Steindorf § 326 Rn 16
69 vgl. L-K-Steindorf § 326 Rn 15
70 GewA 1975,347, 348

daß eine Ausnahme von der prinzipiellen Priorität der Verwertung geboten ist.[71]

Für FRANSSEN enthält die Definition des § 1 I 2. Alt. AbfG neben der empirischen auch eine normative Komponente: das Gebotensein. Auch wirtschaftlich noch verwertbarer Abfall könne in der Hand eines Besitzers, der zur Verwertung nicht bereit ist, eine Gefahr für die Allgemeinheit darstellen. Die Erklärung solcher Stoffe zu Abfall seitens der Behörde könne aber nur unter Einhaltung des Verhältnismäßigkeitsprinzips erfolgen. Sammle z.B. jemand leere Blechbüchsen auf seinem Grundstück, um sie an einen Schrotthändler zu verkaufen, sobald sich die Preise für Buntmetall erholt haben und kommt es zur Ansammlung von Ungeziefer, so muß nach FRANSSEN unterschieden werden, ob diese Gefahr für die Allgemeinheit durch Weisung zur ungefährlichen Lagerung oder nur durch Erklärung zu Abfall mit dem Ergebnis der Ablieferungs- oder Entsorgungspflicht gebannt werden kann. Nur im letzten Fall sei die Erklärung zu Abfall statthaft.[72]

Auch SACK legt den Schwerpunkt auf das Merkmal des Gebotenseins, das sich aus einer Interessensabwägung ergebe und bei unerheblichen Beeinträchtigungen ausgeschlossen sei. Unerheblich sei eine Umweltbeinträchtigung dann, wenn sie nach dem Urteil eines umweltbewußten Betrachters unter Berücksichtigung von Umfang und Dauer der Störung nicht ins Gewicht fällt.[73]

c) Die Abwägung der Interessen

SCHWERMER[74], der sich auf eine Entscheidung des Oberverwaltungsgerichtes Berlin beruft, stellt die Abwägung der Interessen in den Vordergrund. Im Tenor dieser Entscheidung heißt es: "Für die Feststellung, ob bewegliche Sachen, durch deren nicht geordnete Beseitigung das Wohl der Allgemeinheit gefährdet werden kann, als Abfall im objektiven Sinn gemäß § 1 I 2. Alt. AbfG zu behandeln sind, kommt es nicht entscheidend auf ihren Handelswert oder ihre objektiv gegebene Weiterverwertbarkeit an. Vielmehr

71 v. Lersner NuR 1981, 1(3)
72 Franßen aaO S. 410
73 Sack Umweltstrafrecht § 326 Rn 27
74 K-S-V-Schwermer § 1 Rn 25

muß diese Beurteilung in jedem Einzelfall anhand einer auch die Verkehrsauffassung berücksichtigenden Gesamtabwägung zwischen den durch die Nichtbeseitigung der Stoffe drohenden Gefahr für die Allgemeinheit einerseits und den Verwirklichungsaussichten einer sinnvollen wirtschaftlichen Weiterverwertung durch den Besitzer andererseits getroffen werden." 75

Für das Bundesverwaltungsgericht kommt es auf das Ergebnis einer Abwägung an, die die Frage beantworten müsse, ob die Sache in ihrem konkreten Zustand das Wohl der Allgemeinheit, insbesondere die in § 2 I genannten Schutzgüter gefährdet und diese Gefährdung nur durch eine geordnete, d.h. nach Maßgabe der Vorschriften des AbfG durchzuführende Beseitigung der Sache behoben werden kann.[76] Diese Schutzgüter sind: die Gesundheit und das Wohlbefinden des Menschen, Nutztiere, Vögel, Wild und Fische sowie Gewässer, Böden, Nutzpflanzen und die Luft sowie die Belange des Naturschutzes, der Landschaftspflege und des Städtebaus sowie sonstige Belange der öffentlichen Sicherheit und Ordnung.

d) eigene Ansicht

Einigkeit besteht im Wesentlichen also nur darüber, daß die Prüfung des Gebotenseins ordnungsgemäßer Beseitigung gleichbedeutend ist mit einer Abwägung der sich gegenüberstehenden Interessen des Einzelnen einerseits und dem Wohl der Allgemeinheit andererseits. Für manche ist diese Abwägung das entscheidende Kriterium, in dem der Wert der Sache nur indizielle Bedeutung hat.

Ausgehend von der Übereinstimmung darüber, daß eine Sache durch behördliche Entscheidung nach einer Interessensabwägung zu Abfall erklärt wird, gilt es zunächst, die sich gegenüberstehenden Interessen herauszustellen. In dem vom Oberlandesgericht Koblenz[77] entschiedenen Fall ging es um einen Schrottplatz auf dem Gelände der Bundesbahn. Dort lagerten entlang der Schienenführung auf einer Länge von 300 Metern mit einer Breite von 10 Metern und einer Höhe von 3 - 5 Metern etwa 2000 Tonnen Schrott.

---

75 OVG Berlin NuR 1981, 102 re.Sp.
76 BVerwG NuR 1984, 52(53)
77 OLG Koblenz GewA 1975, 347 ff

Darunter befanden sich Eisenteile und Blechschrott wie etwa Herde, Badewannen, Maschinenteile u.a. Es befanden sich keine Autowracks oder Altreifen dabei. Auf dem Betriebsgelände befand sich eine Blechschere, womit die einzelnen Teile verpackungs- und versandfähig geschnitten werden konnten. Hier bestand ein Verwertungsinteresse der Allgemeinheit, denn Schrott ist ein nicht hinweg zu denkender Bestandteil der Metallerzeugung in Deutschland. Nachdem inzwischen die Grundsätze der Abfallverwertung und -vermeidung Eingang in den Gesetzestext fanden, ist schon deshalb ein Interesse der Allgemeinheit daran, verwertungsfähige Stoffe einer Verwertung zu zuführen, schwer zu leugnen. Andererseits wird das Interesse der Allgemeinheit durch den finanziellen Aufwand der Verwertung begrenzt. Sowenig wie jeder Abfallbesitzer hat die Allgemeinheit ein Interesse daran, sich finanziell dadurch zu verausgaben, daß sie für die Verwertung von Stoffen mehr aufwenden muß, als sie wirtschaftlich einbringt.

Die Verwertbarkeit als notwendige technische Voraussetzung für ein Verwertungsinteresse wird also ihrerseits beschränkt durch die wirtschaftliche Vertretbarkeit der Verwertung. Dabei ist selbstverständlich der Wert der verwerteten Sache maßgeblich, ohne den sich die wirtschaftliche Vertretbarkeit nicht beurteilen ließe. Daraus ergibt sich ein Stufensystem, mittels dessen die eine Seite der Abwägung bestimmt werden kann: 1. die Verwertung muß technisch möglich, 2. wirtschaftlich vertretbar (orientiert am Wert des Verwertungsprodukts) und 3. im Interesse der Allgemeinheit sein.

Die andere Seite der Abwägung betrifft die Gefährlichkeit der in Frage stehenden Stoffe. Dabei ist die Gefährlichkeit der Stoffe vor der Verwertung gemeint. In diesem Zustand muß die in Frage stehende Sache Gefahren bergen, deren Intensität durch eine ordnungsgemäße Entsorgung mindestens vermindert wird.

Dabei ergeben sich die Schutzgüter, die das Objekt dieser Gefahr sind, aus dem Katalog des § 2 I AbfG. Danach sind Abfälle so zu entsorgen, daß das Wohl der Allgemeinheit insbesondere nicht dadurch gefährdet wird, daß die Gesundheit gefährdet und das Wohlbefinden beeinträchtigt, Nutztiere, Vögel, Fische und Wild gefährdet, Gewässer Boden und Nutzpflanzen schädlich beeinflußt, schädliche Umwelteinflüsse durch Lärm oder

Luftverunreinigung herbeigeführt, die Belange des Naturschutzes, der Landschaftspflege und des Städtebaus nicht gewahrt oder sonst die öffentliche Sicherheit oder Ordnung gefährdet oder gestört wird.

Was die Natur dieser Gefahr angeht, so haben HÖSEL/v.LERSNER vorgeschlagen, daß eine rein abstrakte Gefahr nicht ausreichen soll.[78] Notwendig sei vielmehr eine Lage, in der sich aufgrund naturwissenschaftlicher Erkenntnisse ein konkretes Gefährungspotential darbietet, wobei auch fernliegende, untypische Kausalverläufe, Witterungseinflüsse etc. zu berücksichtigen sein sollen. Wie bei der polizeilichen Gefahr muß auch hier eine Prognose gestellt werden. Dabei wird zu berücksichtigen sein, daß die Aufgabe der Polizei sich nicht auf die Wohlfahrtspflege erstreckt. Die Polizei soll Gefahren abwehren, die den Status quo der Rechtsgüter bedrohen.[79]

Die Gesetze zum Schutz der Umwelt sind darauf nicht beschränkt. Ihr Anliegen war und ist es, bestehende Zustände zu verbessern, ökologische Gleichgewichte dort wieder einzurichten, wo sie gestört waren, Verschmutzungen zu verhindern u.ä. Folglich müßte auch der umweltrechtliche Gefahrenbegriff weiter sein als der des Polizei- und Ordnungsrechts. Das Bundesverwaltungsgericht hat so zur "Besorgnis" des § 34 I WHG entschieden. Nach dieser Vorschrift darf eine Erlaubnis für die Einleitung von Stoffen in ein Gewässer nur erteilt werden, "wenn eine schädliche Verunreinigung des Grundwassers oder eine nachteilige Veränderung seiner Eigenschaften nicht zu besorgen ist".[80]

Das Merkmal "zu besorgen" hat das Bundesverwaltungsgericht dabei in folgender Weise umschrieben: "...schon dann zu besorgen, wenn die Möglichkeit eines entsprechenden Schadenseintritts nach den gegebenen Umständen und im Rahmen einer sachlich vertretbaren, auf konkreten Feststellungen beruhenden Prognose nicht von der Hand zu weisen ist. Dabei ist..... von einer konkreten Betrachtungsweise auszugehen." Die Intensität einer so gearteten Gefahr ist im Verhältnis zur polizeilichen Gefahr, bei der

---

78 Hösel/v.Lersner Kz 1120 Rn 11
79 Friauf in v.Münch Bes.VerwR. S. 222/223
80 BVerwG ZfW 1980, 87

ein ungehindert weiter verlaufender Kausalverlauf zu einem Schaden an einem geschützten Rechtsgut führt, geringer[81].

Bei einem Vergleich zwischen § 34 WHG mit § 2 I 2 AbfG wird aber offensichtlich, daß der abfallrechtliche Gefahrbegriff im Hinblick auf den Intensitätsgrad eher der polizeilichen Gefahr entspricht als der wasserrechtlichen Besorgnis. Dies ergibt sich schon aus dem Wortlaut § 2 I 2 Nr.6 AbfG, in dem des heißt: "sonst die öffentliche Sicherheit und Ordnung gefährdet oder gestört werden", während § 34 WHG davon spricht, daß "eine sonstige nachteilige Veränderung nicht zu besorgen ist".

Damit gilt auch für die abfallrechtliche Gefahr, daß dies ein Zustand ist, in dem ein ungehinderter Kausalverlauf zu einem Schaden, d.h. zu einer Minderung eines tatsächlich vorhandenen, normalen Bestandes an den in § 2 I 2 Nrn. 1-5 AbfG genannten Rechtsgütern führt.

Die Frage, wann die polizeiliche Gefahr für die Schutzgüter des Abfallgesetzes im konkreten Fall dazu führt, daß es bei der Abwägung zwischen ihr und den Verwertungsinteressen der Allgemeinheit geboten erscheint, die in Frage stehenden Stoffe ordnungsgemäß zu entsorgen, läßt sich nur anhand einer Prognose für den Einzelfall feststellen.

Eine Sache unterfällt demnach dem objektiven Abfallbegriff, wenn ihre Verwertung technisch nicht möglich oder wirtschaftlich nicht vertretbar ist. Außerdem unterfällt sie dem objektiven Abfallbegriff dann, wenn sie im Einzelfall trotz technisch möglicher und wirtschaftlich vertretbarer Verwertbarkeit vor dieser Verwertung eine Gefahr für die Umweltrechtsgüter birgt und ihre ordnungsgemäße Entsorgung deshalb geboten ist. Sofern die Verwertung gefahrloser möglich ist als die Entsorgung, hat sie Vorrang.

81 G-W-C § 26 Rn 28

5) Abfallarten und Terminologie

a) Differenzierung nach Abfallgesetz

Bevor eine Festellung über die Pflichten des Abfallbesitzers getroffen werden kann, muß entsprechend der Systematik des § 3 AbfG positiv feststehen, um welche Art Abfall es sich handelt. Denn während den Besitzer von Hausmüll und Abfällen, die mit Hausmüll gemeinsam entsorgt werden können, nur die Pflicht trifft, die Abfälle der zur Beseitigung verpflichteten Körperschaft zu überlassen, ist er bei anderen Abfällen selbst beseitigungspflichtig.[82]

Dabei ist zunächst ein terminologisches Problem zu klären, denn das Abfallgesetz unterscheidet zwischen den besonders gefährlichen Abfällen (§ 2 II 1) einerseits und Abfällen, die nicht gemeinsam mit Hausabfällen entsorgt werden können (§ 3 III) andererseits. Für beide Arten wurde bereits der Begriff Sondermüll verwandt, was der präzisen Erfassung der mit den Abfallarten zusammenhängenden Problematik nicht förderlich ist.

Sondermüll ist kein Begriff des Gesetzes. Vielfach wird er schlagwortartig gebraucht, um - wie etwa auch mit dem Wort Giftmüll - die besondere Giftigkeit eines Abfalls oder andere Gründe für damit verbundenen Gefahren für die Umwelt hervorzuheben.[83]

Prinzipiell gibt es keinen Abfall, der nicht mit Hausmüll gemeinsam entsorgt werden könnte, wenn dies in geeigneten Verfahren oder in entsprechenden Anlagen geschieht. Deswegen geht der Begriff Sonderabfall von einer bestimmten Entsorgungslage aus, die darüber entscheidet, ob ein Abfallstoff der beseitigungspflichtigen Körperschaft überlassen werden darf oder vom Besitzer selbst entsorgt werden muß.[84] Das Wort Sonderabfall trifft hier auch sprachlich zu, weil diese Stoffe vom Hausmüll getrennt, also besonders, entsorgt werden müssen.[85] Über die Gefährlichkeit der einzelnen Stoffe für die Umwelt sagt die Tatsache, daß sie in der bestimmten Region

---

82 vgl. § 3 I AbfG einerseits u. II,III,IV andererseits
83 K-S-V Kunig § 3 Rn 41
84 Handbuch der gefährlichen Stoffe in Sonderabfällen UBA 5/78 S. 8
85 Hösel/v.Lersner § 2 Rn 28

nicht gemeinsam mit Hausmüll entsorgt werden können, gar nichts aus. Deswegen wird hier, soweit Abfälle i.S.d. § 3 III AbfG gemeint sind, nur von Sonderabfällen gesprochen werden.

Im Gegensatz zu den Sonderabfällen enthalten die in § 2 II AbfG genannten Arten ein besonderes Gefahrenpotential für die Umweltmedien. Der Gesetzgeber knüpft daher besondere Anforderungen an den Umgang mit ihnen. Ob sie gemeinsam mit Hausmüll entsorgt werden können, entscheidet sich nach der konkreten Beseitigungssituation; jedenfalls ist es sprachlich sinnvoll, sie als gefährliche Abfälle zu bezeichnen.

Danach kann für den weiteren Fortgang dieser Untersuchung von folgender Begrifflichkeit ausgegangen werden: Hausabfall und gefährlicher Abfall, beide müssen der zuständigen Körperschaft des öffentlichen Rechts überlassen werden; Sonderabfall und gefährlicher Sonderabfall, diese müssen selbst beseitigt werden.

b) Differenzierung nach dem Strafgesetzbuch

§ 326 StGB lautet:

"(1) Wer unbefugt Abfälle, die

1. Gifte oder Erreger gemeingefährlicher und übertragbarer Krankheiten bei Menschen oder Tieren enthalten oder hervorbringen können,

2. explosionsgefährlich, selbstentzündlich oder nicht nur geringfügig radioaktiv sind oder

3. nach Art Beschaffenheit oder Menge geeignet sind, nachhaltig ein Gewässer, die Luft oder den Boden zu verunreinigen oder sonst nachteilig zu verändern, außerhalb einer dafür zugelassenen Anlage oder unter wesentlicher Abweichung von einem vorgeschriebenen oder zugelassenen Verfahren behandelt, lagert, ablagert, abläßt oder sonst beseitigt, wird mit Freiheitsstrafe bis zu drei Jahren oder mit Geldstrafe bestraft.

(2) Ebenso wird bestraft, wer radioaktive Abfälle, zu deren Ablieferung er nach dem Atomgesetz verpflichtet oder einer aufgrund des Atomgesetzes erlassenen Rechtsverordnung verpflichtet ist, nicht abliefert. ..."

aa) Gifte und Erreger enthaltende Abfälle

Bei Giften handelt es sich um Stoffe, die geeignet sind, bei bestimmten chemischen oder physikalischen Bedingungen die menschliche Gesundheit zu zerstören.[86] Die naturwissenschaftliche Relativität kann im Rahmen dieser Untersuchung nicht berücksichtigt werden.

Jedenfalls unter die Erreger i.S.d. Vorschrift fallen die im Bundesseuchengesetz und Tierseuchengesetz genannten. Im Einzelfall wird ein Sachverständigengutachten unumgänglich sein.

bb) Explosionsgefährliche und selbstentzündliche Stoffe

Explosionsgefährlich sind Stoffe, die in der Anlage zum Sprengstoffgesetz genannten und die diesen gleichgestellten Stoffe. Selbstentzündlich ist ein Stoff dann, wenn er sich unter den von der Natur vorgegebenen Umständen selbst erhitzen und entzünden kann.[87]

cc) Radioaktive Abfälle

Der Begriff der radioaktiven Abfälle enstammt dem § 9a AtG.[88] Er ist gesetzlich nicht definiert. Sein Inhalt wird in der Literatur folgendermaßen beschrieben: die radioaktiven Abfälle bestehen aus jener Teilmenge der radioaktiven Stoffe, die nach objektiven Kriterien aus der Menge der radioaktiven Reststoffe deswegen ausgeschieden sind, weil sie in schadloser Weise nach dem Stand von Wissenschaft und Technik nicht mehr verwertet werden können oder deren Verwertung wirtschaftlich nicht vertretbar oder mit den Zielen (§ 1 Nr. 2-4 AtG) des Atomgesetzes nicht zu vereinbaren ist.[89] Insofern besteht eine Ähnlichkeit mit den Stoffen mit objektiver Abfalleigenschaft.

Radioaktive Reststoffe sind dagegen einer technisch möglichen, wirtschaftlich vertretbaren und mit den Zielen des Atomgesetzes in Übereinstimmung

86 vgl. Sack § 326 Rn 85 m.w.N.
87 vgl. Sack aaO Rn 92,93
88 vgl. Haedrich , Atomgesetz § 9a Rn 12
89 Dreher § 326 Rn 11

stehenden Verwertung noch zugänglich. Radioaktiv werden Stoffe genannt, die radioaktiv sind und beim Betrieb kerntechnischer Anlagen oder beim sonstigen Umgang mit radioaktiven Substanzen oder bei der Erzeugung ionisierender Strahlung anfallen.[90]

In dem Wort Reststoff ist die logische Voraussetzung enthalten, daß die Stoffe zu ihrem ursprünglichen Zweck nicht mehr brauchbar sind. Sie sind zwar für ihren Zweck, nicht aber in ihrer physischen Substanz verbraucht - wie ein benutztes Taschentuch. Als weiterer Unterschied kann festgehalten werden, daß die Beseitigung von radioaktiven Stoffen nur dann erlaubt ist, wenn es sich um Reststoffe handelt. Einen dem subjektiven Abfallbegriff vergleichbaren Abfallbegriff gibt es im Atomrecht nicht.

Die Beseitigungspflicht im Verhältnis zur Ablieferungspflicht ist im Atomgesetz anders geregelt als im Abfallrecht. In beiden Fällen ist die Beseitigung grundsätzlich Sache des Staates. Während die Überlassungspflicht sich im Abfallrecht auf Hausabfälle und gefährlichen Abfall beschränkt, der Sonderabfall und gefährliche Sonderabfall aber selbst entsorgt werden müssen, gilt im Atomrecht grundsätzlich eine Ablieferungspflicht für alle radioaktiven Abfälle.[91]

Nur ausnahmsweise können sie nach Maßgabe der §§ 81-83 Strahlenschutzverordnung in außerstaatlicher Regie beseitigt werden.

Das ist ein wesentlicher Unterschied, der es verständlich macht, weshalb § 326 II StGB bereits den Verstoß gegen die Ablieferungspflicht ahndet, während durch § 326 I StGB erst die Beseitigung von Abfällen bestraft wird. Der Wortlaut des § 326 I Nr.2 letzte Alt. StGB "nicht nur geringfügig radioaktiv" hat dazu geführt, daß die Vorschrift einschränkend ausgelegt wird.

STEINDORF meint, mit dieser Formulierung seien nur die radioaktiven Stoffe der mittleren Kategorie erfaßt.[92] Tatsächlich ist die Vorschrift aber so zu verstehen, daß bei dieser Gruppe erst die Beseitigung, bei den gefährli-

---

90 vgl. Haedrich aaO Rn 11
91 vgl.§ 9a AtG
92 L-K-Steindorf § 326 Rn 31

cheren Stoffen sowohl die Beseitigung als auch - durch 326 II StGB - schon die Verletzung der Ablieferungspflicht bestraft wird.

dd) Abfälle mit der Eignung zur nachhaltig nachteiligen Veränderung der Umwelt

In dieser Variante beschreibt die Vorschrift des § 326 StGB ein abstraktes Gefährungsdelikt[93], zu dessen Erfüllung ein tatsächlich eintretender Schaden der Umwelt nicht erforderlich ist.[94] Umstritten ist, ob es sich bei diesen Abfällen um die gefährlichen Sonderabfälle gemäß § 2 II AbfG handelt oder ob auch gefährliche Abfälle und Hausabfälle dazu gehören können.[95] Für die Erstreckung des Tatbestandes auch auf gefährliche Abfälle und Hausabfälle, bei denen der Besitzer nur überlassungspflichtig ist, spricht der Wortlaut der Vorschrift, der eine Einschränkung auf Sonderabfall oder gefährlichen Sonderabfall in keiner Weise nahelegt. Ebenso spricht dafür, daß ein Stoff je nach seiner Vorbehandlung vom gefährlichen Sonderabfall zu einem Abfall werden kann, welcher mit Hausabfällen gemeinsam entsorgt werden kann. Schließlich kann auch Hausabfall in entsprechender Menge die Gefahr von Umweltschäden in sich bergen.

Das Argument der anderen Ansicht, es habe dem Willen des Gesetzgebers entsprochen, Hausabfallbeseitigung nicht zu bestrafen, verliert seine Überzeugungskraft angesichts der zu dieser Frage überzeugenderen Entscheidung des Bundesgerichtshofes[96] und der diese Entscheidung unterstützenden Anmerkung RUDOLPHIS [97], daß der gesetzgeberische Wille seinen Niederschlag im Wortlaut einer Vorschrift gefunden haben muß.

Denn wie auch das Bundesverfassungsgericht in ständiger Rechtsprechung dazu bekräftigt hat, dürfen die Materialien nicht mit dem Gesetzestext gleichgesetzt werden. Sie sind vielmehr nur unterstützend heranzuziehen, so-

---

93 zu den Bedenken gegen das Institut der abstrakten Gefährdungsdelikte, worauf einzugehen der Rahmen dieser Arbeit nicht ausreicht, vgl. Rudolphi in Maurach-FS S. 59 und Sch-Sch-Cramer § 306 Rn 3a
94 Schittenhelm GA 1983, 310(318)
95 Dreher § 326 Rn 5

96 BGHSt in NStZ 1987,323
97 Rudolphi in NStZ 1987,324

weit sie auf den objektiven Gesetzesinhalt schließen lassen. Der objektive Gehalt einer Norm ergibt sich in erster Linie aus ihrem Wortlaut und dem Sinnzusammenhang, in den sie gestellt ist. Der Wortlaut des § 326 StGB enthält aber keinen Hinweis darauf, daß die umweltgefährdende Beseitigung von Hausmüll von der Strafbarkeit ausgenommen sein soll. Eine Auslegung der Vorschrift, deren Ergebnis zu einer solchen Beschränkung führt, verstieße also gegen den Wortlaut und kann auch nicht unter Zuhilfenahme der Materialien in den Wortlaut hinein gelesen werden.

Hausabfall gehört also grundsätzlich auch zu den Abfällen, die die geforderte umweltschädigende Eignung aufweisen können.

II Die Tathandlung der umweltgefährdenden Abfallbeseitigung

1) Beseitigung und Überlassung bzw. Ablieferung

Den Besitzer von Abfällen treffen die öffentlich-rechtlichen Pflichten der Beseitigung nur dann, wenn es sich um Sonderabfälle handelt. Dies ergibt sich aus der insoweit eindeutigen Pflichtenverteilung in den Vorschriften des § 3 AbfG.[98] Darin heißt es: "(1) Der Besitzer hat Abfälle dem Entsorgungspflichtigen zu überlassen. (2) Die nach Landesrecht zuständigen Körperschaften des öffentlichen Rechts haben die in ihrem Gebiet angefallenen Abfälle zu entsorgen. Sie können sich zur Erfüllung dieser Pflicht Dritter bedienen. ..." Dabei darf nicht übersehen werden, daß bei fehlender Kapazität der Entsorgungsanlagen das strikte Verursacherprinzip gilt. Dies geht soweit, daß der Besitzer in dem Fall, in dem es für seine Abfälle keine Entsorgungsanlage gibt, dazu verpflichtet sein soll, sein Verhalten so zu ändern, daß ein solcher Abfall nicht mehr entsteht, es sei denn, er erhält eine Ausfuhrgenehmigung.[99]

Davon ausgehend können zwei maßgebliche Pflichten ausgemacht werden: die öffentlich-rechtliche *Beseitigungspflicht* und die *Überlassungspflicht*. Weil § 326 StGB nur von beseitigen spricht, ist zu prüfen, ob der öffentlich-

---

98 BVerwG 67,8(10)
99 v.Lersner in Handbuch des Umweltrechts Sp. 6

rechtliche Beseitigungsbegriff mit dem Strafrechtlichen deckungsgleich ist oder ob damit auch ein Verstoß gegen die Überlassungspflicht gemeint sein kann.

a) Verwaltungsrechtliche Sicht

Der Gesetzgeber des Abfallbeseitigungsgesetzes hatte nur solche Handlungen unter den Begriff der Beseitigung fassen wollen, die zur endgültigen Entsorgung führen sollen.[100] Damit ist die Überlassung nicht von der Beseitigung erfaßt, sondern von ihr verschieden.

Das Bundesverwaltungsgericht sieht eine Zäsur in dem zeitlichen Ablauf zwischen der Entstehung des Abfalls und seiner Entsorgung in dem "Anfallen" des Abfalls. Angefallen seien Abfälle erst dann, wenn der Besitzer seiner Überlassungspflicht genüge getan hat. In der Zeit zwischen der Entstehung des Abfalls durch die subjektive Widmung oder die objektive Abwägung der nach Landesrecht zuständigen Behörde einerseits und der Überlassung der Abfälle an die nach Landesrecht zuständige öffentlich-rechtliche Körperschaft andererseits kann daher weder das "Einsammeln" noch das "Befördern" i.S. des Abfallrechts erfüllt werden. M.a.W.: nicht jedes Zusammentragen und jeder Transport von Abfällen erfüllt diese Merkmale des § 1 II AbfG, sondern nur das Zusammentragen und der Transport bereits "überlassener" Abfälle.[101] Dieser Unterscheidung hat sich KUNIG angeschlossen.[102]

Für dieser Auslegung spricht zwar nicht die Entstehungsgeschichte der Vorschrift.[103] In den Materialien des Abfallgesetzes heißt es dazu: "In Absatz 2 wurde das Wort "Sammeln" durch das Wort "Einsammeln" ersetzt. Damit wurde dem Grundgedanken der Stellungnahme des Ausschuß für Ernährung, Landwirtschaft und Forsten Rechnung getragen, daß auch das Zusammentragen von Abfällen zur Abfallbeseitigung im Sinne des Gesetzes gehört und damit Gegenstand der Verpflichtung nach § 3 ist."[104] Daraus er-

100 vgl. BTDrs.. 6/ 3154 S. 1/2
101 BVerwG E 67, 8(11)
102 K-S-V-Kunig § 3 Rn 13
103 so aber BVerwG E 67, 8, 11
104 BTDrs.. 6/3154 S. 2 re Sp.

gibt sich keine zeitliche Zäsur, die das Bundesverwaltungsgericht zwischen der Entstehung und der Beseitigung beim "Anfallen" der Abfälle sieht.

Den teleologisch überzeugenden Hinweis gibt aber eine Überlegung des BayObLG in einem Beschluß aus dem Jahre 1973, indem es heißt: "Ein Lagern von Abfällen wäre auch dann gegeben, wenn diese (Abfälle) z. B. in einer Mülltonne bis zum Abtransport aufbewahrt würden. Da eine Mülltonne keine Abfallbeseitigungsanlage .... ist, wäre dieses Lagern mit Buße bedroht. Dies kann jedoch durch das Gesetz nicht gewollt sein. Solange also Abfälle bis zur Abholung bereitgestellt werden, eine Phase, die noch vor dem Einsammeln liegt, kann nicht gegen § 18 AbfG verstoßen werden."[105]

Bei den Abfällen, die gem. § 3 III AbfG durch die nach Landesrecht zuständigen Körperschaften von der Entsorgung ausgeschlossen sind, also die Sonderabfälle und die gefährlichen Sonderabfälle, müssen durch den jeweiligen Besitzer entsorgt werden, § 3 IV 1 AbfG. Die Phase zwischen Entstehung dieser Abfälle und ihrer Entsorgung wird also nicht durch die Überlassung verlängert. In diesen Fällen wird das "Anfallen" der Abfälle zur Entsorgung mit der Entstehung zeitlich zusammenfallen.

b) Strafrechtliche Sicht

Aus strafrechtlicher Sicht wird das Beseitigen teilweise enger verstanden. LENCKNER will aus dem Katalog des § 1 II AbfG das Einsammeln, Befördern und Verwerten ausklammern. Dies ergebe sich auch aus der ratio legis.[106] LENCKNER verweist hier auf die Materialien des § 326 StGB.[107] Dort heißt es zum Begriff der Beseitigung: "Es ist also nicht als bloße Ortsveränderung, wie in anderen Vorschriften des StGB ... zu verstehen; er deckt sich auch nicht mit der Definition des § 1 II AbfG, umfaßt also nicht die Vorgänge des Einsammelns oder Beförderns, sondern stellt eine Handlung dar, die unmittelbar zur endgültigen Beseitigung führt."

Andererseits will er den Begriff der Beseitigung aber weiter verstanden wissen als der Gesetzgeber. Sowohl die Zwischenlagerung, die der Gesetzgeber

105 BayObLG v. 28. 11.1973 BayVBl 1974, 591 li Sp.
106 Sch-Sch-Lenckner § 326 Rn 10
107 BTDrs.. 8/ 2382 S. 18

ausgeklammert wissen wollte [108], soll erfaßt sein, als auch alle anderen Arten des Beseitigens, die einen ebenso gravierenden Umwelteingriff beinhalten wie das Behandeln, Lagern und Ablagern. Dies sei auch dann erfüllt, wenn die Abfälle der gesetzlichen Entsorgung entzogen würden oder wenn diese erheblich erschwert wäre. Eine solche Entziehung oder Erschwerung komme schon dann in Betracht, wenn der Abfall einem Gutgläubigen überlassen werde und sich der Täter seines Einflusses auf die Stoffe begebe.[109] Somit hält er auch den Verstoß gegen die Überlassungspflicht als Entziehung der Abfallstoffe seiner gesetzlichen Entsorgung für ein Beseitigen.

MAURACH-SCHROEDER halten demgegenüber nur Handlungen für einschlägig, mit denen Abfälle der Natur überlassen werden und außer Kontrolle gegeben werden. Den Verstoß gegen die Überlassungspflicht erwähnen sie nicht.[110]

Für STEINDORF wird der Tatbestand des § 326 StGB nur verständlich, wenn von der Pflicht zur Überlassung ausgegangen wird. Diese entspreche der Ablieferungspflicht des § 326 II StGB.[111] Beseitigen sei schon erfüllt, wenn Abfälle entgegen der Überlassungspflicht der öffentlich-rechtlichen Körperschaft vorenthalten würden. Dazu gehöre sowohl die zeitlich befristete Vorenthaltung, als auch die endgültige, die ordnungsgemäße Entsorgung vereitelnde.[112]

c) Eigene Ansicht

Bei der Gegenüberstellung der zum Beseitigungsbegriff vorhandenen Überzeugungen aus verwaltungs- und strafrechtlicher Sicht, fällt auf, daß diejenigen, die unter der Beseitigung auch das schlichte Unterlassen der Überlassung verstehen, weder den Wortlaut des Abfallgesetzes noch den des § 326 StGB für sich in Anspruch nehmen können.

108 BTDrs.. 8/2382 S. 19
109 Sch-Sch-Lenckner § 326 Rn 10
110 Maurach-Schroeder StrR BT Bd 2 § 58 IV 4)
111 L-K-Steindorf § 326 Rn 40
112 ders. aaO Rn 41

Daß die Handlungen *Beseitigen* und *Überlassen* nicht identisch sein können, weil die Abfälle erst überlassen werden müssen, damit sie von der zuständigen öffentlich-rechtlichen Körperschaft beseitigt werden können, liegt - wie auch die Entscheidung des Bundesverwaltungsgerichtes[113] zeigt - auf der Hand. Es ergibt sich bereits aus dem Wortlaut des § 3 I, II AbfG, daß die legale Entsorgung nur mit solchen Abfällen vollzogen werden kann, die einer öffentlich-rechtlichen Körperschaft zum Zweck der Entsorgung bereits übergeben wurde. Im übrigen machte die Unterscheidung zwischen Überlassung und Entsorgung, die das Gesetz trifft, keinen Sinn, wenn das Überlassen dem Entsorgen gleichwertig wäre.

Auch der Wortlaut des § 326 StGB spricht dagegen, daß unter Beseitigen das schlichte Unterlassen der Überlassung fallen sollte. Insbesondere die ausdrückliche Erwähnung der Ablieferungspflicht für radioaktive Abfälle in § 326 II StGB spricht dagegen. Wenn es eine solche Pflicht auch für alle anderen Abfälle mit der Konsequenz der Bestrafung ihrer Verletzung hätte geben sollen, so müßte sich dies aus dem Wortlaut des § 326 StGB ausdrücklich ergeben. Dort wird aber nur vom Beseitigen gesprochen. Demzufolge kann auch nur die Verletzung der Pflicht zur ordnungsgemäßen Entsorgung bestraft werden und nicht schon die Verletzung der Überlassungspflicht. Durch eine solche Auslegung würde in den positiv formulierten Tatbestand ein echtes Unterlassungsdelikt hineingelesen, weil das Nichtüberlassen kein positives Tun mehr ist. Gerade aus dem Vergleich zwischen dem § 326 I und § 326 II StGB wird entgegen STEINDORF sichtbar, daß der erstere kein echtes Unterlassungdelikt beinhaltet.

Soweit also aus strafrechtlicher Sicht als Beseitigung auch das schlichte Liegenlassen verstanden wird, widerspricht dies dem eindeutigen Wortlaut des Gesetzes und vestößt damit gegen das Analogieverbot.

---

113 BVerwG E 67, 8, 11

2) Beseitigungshandlungen

a) Verwaltungsrechtliche Sicht

Öffentlich-rechtlich gesehen ist die Beseitigung eine Form der Entsorgung, wie sie in § 1 II AbfG definiert ist. Im Gegensatz zu früheren Fassungen kommt das Wort beseitigen im Gesetzeswortlaut nicht mehr vor. Stattdessen spricht das Gesetz in der neuen Fassung aus dem Jahre 1986 von Entsorgung. Unter Entsorgung versteht das Abfallgesetz einerseits die *Verwertung* von Abfällen (d.h. die Gewinnung von Stoffen oder Energie aus Abfällen) und andererseits das *Ablagern* von Abfällen sowie die hierzu notwendigen Handlungen des Einsammelns, Beförderns, Behandelns und Lagerns.

Soweit demnach untechnisch von Beseitigen gesprochen wird, kann damit sowohl diejenige Entsorgung gemeint sein, die mit dem Ziel der dauernden Entledigung verbunden ist, als auch jene, die eine verwertende Zielsetzung hat. Darüberhinaus können sich beide Bereiche überschneiden, etwa dann, wenn bei der Abfallverbrennung zum Zwecke der Verringerung des notwendigen Deponieraums als Nebenprodukt Wärme gewonnen wird.[114] Das Abfallrecht unterscheidet vier Phasen der Entsorgung: *Einsammeln, Befördern, Lagern und Ablagern.*

Das *Einsammeln* i.S. des Abfallgesetzes ist nicht mit jedem Einsammeln zu verwechseln, geht also insbesondere nicht der Erfüllung der Überlassungspflicht voraus, sondern zeitlich nach.[115]

Nach der Gesetzessystematik, die auf eine lückenlose Überwachung der ordnungsgemäßen Abfallentsorgung abstellt, ist *Befördern* all das, was nach dem *Einsammeln*, aber vor dem *Behandeln* mit den Abfällen geschieht.[116] Demnach ist der Transport zum Zwecke der Überlassung kein *Befördern* i.S. des Gesetzes, weil der Begriff des *Beförderns* das Ziel der Entsorgung enthält. Wenn also jemand seine häuslichen Sonderabfälle zu einer örtlichen Sammelstelle transportiert um seiner Überlassungspflicht zu genügen, verfolgt er noch nicht das Ziel der Entsorgung und *befördert* also nicht i.S. des

114 K-S-V-Schwermer § 1 Rn 43
115 vgl. L-K-Steindorf § 326 Rn 31
116 vgl. K-S-V-Kunig § 1 Rn 46

Abfallgesetzes. Ein *Befördern* liegt erst dann vor, wenn der Betreiber der Sammelstelle seinerseits die Abfälle mit dem Ziel der vorläufigen oder endgültigen Entsorgung an den Ort der dafür eingerichteten Anlage verbringt.

Behandeln bedeutet die qualitative oder quantitative Veränderung von Abfällen. Dies kann zeitlich mit dem Lagern oder Ablagern zusammenfallen.[117]

Lagern ist im Gegensatz zu Ablagern, welches mit der endgültigen Entsorgung identisch ist, die Zwischenlagerung von Abfällen. Zwischenlagern heißt nach dem oben Gesagten, daß Abfälle mit dem Ziel, sie einer endgültigen Entsorgung zuzuführen, vorläufig abgelegt werden. Das einfache Liegenlassen reicht nicht aus.

b) Strafrechtliche Sicht

Im Gegensatz zum Abfallrecht spricht § 326 StGB immer noch vom Beseitigen. Dieser Begriff ist nach einhelliger Überzeugung enger als der der Entsorgung, denn die Abfallverwertung allein soll in keinem Fall strafbar sein.[118] Ebensowenig gehören zum Beseitigen im strafrechtlichen Sinne das Einsammeln und das Befördern. Letzteres war zwar in dem Vorschlag des 57.DJT erwogen worden, der Gesetzgeber hat diesen Vorschlag jedoch bisher nicht aufgegriffen.

Vielmehr ist unter Beseitigung im strafrechtlichen Sinne jede Handlungsweise zu verstehen, mit der sich ein Besitzer seiner Abfälle unter Ausschluß einer Wiederverwertung dauernd entledigen will.[119] Die einzelnen Varianten des Behandelns, Lagerns, Ablagerns und Ablassens sind Unterfälle des Beseitigens in diesem Sinne. Dabei kommt es, wie die Variante des Lagerns zeigt, nicht darauf an, ob der angestrebte Erfolg endgültiger Entledigung sofort erreicht wird. Die Variante des Ablassens kann nur bei flüssigen Abfällen verwirklicht werden.

---

117 ders. aaO Rn 47
118 vgl. z.B. Dreher § 326 Rn 7; Sch-Sch-Lenckner § 326 Rn 10
119 so zutreffend Rogall JZ GD 1980, 101(110)

Weil die einzelnen Varianten Unterfälle des Beseitigens sind, bei denen der Tatbestand im Zeitpunkt der ersten Beseitigungshandlung vollendet wird, erscheint es angemessen, von einem Zustandsdelikt und nicht von einem Dauerdelikt auszugehen. Denn ebenso wie bei der einfachen Körperverletzung manifestiert sich bei der Ausführung einer Beseitigungshandlung kein Wille dahingehend, einen rechtswidrigen Zustand über eine bestimmte Dauer währen zu lassen.[120] Vielmehr dienen alle Beseitigungshandlungen dazu, die fraglichen Stoffe aus dem Weg zu schaffen. Das gilt auch für die Variante des Lagerns. Denn auch hier ist Endziel, die Sache aus dem Weg zu schaffen. Soweit Lagern die Tatsache des einstweiligen Zustandes der Zwischenlagerung beschreibt, ändert diese Einstweiligkeit nichts daran, daß sich der Sache auf unbestimmte Zeit entledigt werden soll. M.a.W.: die Einstweiligkeit erstreckt sich nur auf die Variante des Beseitigens, unbeschadet des Endzwecks, der endgültig ist.[121]

3) Außerhalb zugelassener Anlagen oder unter wesentlicher Abweichung von einem vorgeschriebenen oder zugelassenen Verfahren

a) Verwaltungsakzessorietät

Die Worte "außerhalb zugelassener Anlagen oder unter wesentlicher Abweichung von einem zugelassenen oder vorgeschriebenen Verfahren" werden allgemein als Hinweis auf die Verwaltungsakzessorietät verstanden. Dabei sind mehrere Arten der Verwaltungsakzessorietät zu unterscheiden:

- die begriffliche Akzessorietät
- die Verwaltungsrechtsakzessorietät und
- die Verwaltungsaktsakzessorietät.

Begriffliche Akzessorietät bedeutet dabei, daß die von ihrer Natur verwaltungsrechtlichen Begriffe des öffentlichen Umweltrechts in das Strafrecht übernommen werden. Ihr Bedeutungsgehalt erschließt sich aus außerstrafrechtlichen Rechtsquellen. Welche Stoffe Abfälle sind, ergibt sich nicht

---

120 so aber L-K-Steindorf § 326 Rn 53
121 überwiegende Meinung, vgl. z.B. Schittenhelm GA 83, 310, 322; Lackner § 326 Anm. 8; jetzt auch S-K-Horn § 326 Rn 16; BGH St 36,257

aus dem Strafrecht, sondern aus dem AbfG, welches dem besonderen Verwaltungsrecht angehört.

Bei der *Verwaltungsrechtsakzessorietät* handelt es sich um das Phänomen, daß den Rechtsquellen des Umweltverwaltungsrechts eine Teilentscheidung über die strafrechtliche Verbotsmaterie überlassen wird.[122] Das bedeutet, daß bei der Entscheidung, ob ein tatbestandserfüllendes Verhalten im strafrechtlichen Sinne als rechtswidrig zu bezeichnen ist, zunächst das Verwaltungsrecht heranzuziehen ist, weil ein Verhalten nach dem Prinzip der Einheit der Rechtsordnung nicht zugleich strafrechtswidrig und verwaltungsrechtskonform sein kann. Zweifel, die hier aus verfassungsrechtlicher Sicht angemeldet werden können,[123] überzeugen nicht. Zwar fordert das Bestimmtheitsgebot ein förmliches Strafgesetz, um eine Strafe verhängen zu können, aber auch im Strafrecht steht der Gesetzgeber vor der Aufgabe, bei der Ausgestaltung der Straftatbestände der Vielfalt der zu erfassenden Lebenssachverhalte Rechnung zu tragen. Es ist wegen der Allgemeinheit und Abstraktheit von Strafnormen unvermeidlich, daß es in Grenzfällen zweifelhaft sein kann, ob ein konkretes Verhalten noch unter den gesetzlichen Tatbestand fällt oder nicht. Dem Bestimmtheitsgebot sicherlich am besten gerecht würde die Beschränkung auf rein destkriptive Merkmale. Andererseits darf das Bestimmtheitsgebot auch nicht dergestalt übersteigert werden, daß Gesetze zu starr und kasuistisch werden. Sie könnten dann dem Wandel der Verhältnisse oder den Besonderheiten des Einzelfalls nicht mehr gerecht werden.[124] Es genügen daher diejenigen Strafgesetze dem Bestimmtheitsgebot, deren Tatbestände auslegungsfähig sind und deren Auslegungsgehalt für den Normadressaten auch erkennbar ist.[125]

Im Unterschied dazu bedeutet die *Verwaltungsaktsakzessorietät*, daß sich die Strafbarkeit eines Verhaltens an einer Verwaltungsentscheidung orientiert. In § 326 StGB kommt dies durch das Wort "unbefugt" zum Ausdruck.[126] Dabei besteht Uneinigkeit darüber, ob das Vorliegen einer positiven, das fragliche Verhalten erlaubenden Verwaltungsentscheidung die Tatbestands-

---

122 Winkelbauer: Zur Verwaltungsrechtsakzessorietät des Umweltstrafrechts 1985, 34
123 Sch-Sch-Eser § 1 Rn 17
124 vgl. insoweit BVerfG NJW 1987, 3175 m.w.N. S-K-Rudolphi § 1 Rn 13; Sch-Sch-Eser § 1 Rn 19
125 Rudolphi, Unrechtsbewußtsein, S. 137
126 Schall NJW 1990,1266

mäßigkeit eines Tuns oder nur deren Rechtswidrigkeit entfallen läßt. Manche Autoren werten das Wort "unbefugt" als Hinweis darauf, daß es sich bei den Tatbeständen des Umweltrechts um Offene handele, deren Verwirklichung nicht die Rechtswidrigkeit indiziere.[127]

Andere weisen dem Wort eine Doppelfunktion zu, denn eine den verwaltungsrechtlichen Anforderungen genügende Abfallbeseitigung lasse schon den Tatbestand entfallen.[128] Mehrheitlich wird dagegen die Auffassung vertreten, daß "unbefugt" als allgemeiner Hinweis auf die Rechtswidrigkeit zu verstehen sei.[129] Diese Ansicht verdient auch Zustimmung, denn der Annahme eines offenen Tatbestandes, wie er etwa in § 240 StGB anzutreffen ist, steht der Wortlaut der Tatbestände des Umweltstrafrechts entgegen, denen es an einem dem Inhalt des § 240 II StGB vergleichbaren Inhalt mangelt. Der Vorschlag, die Tatbestände des Umweltstrafrechts als Offene aufzufassen, steht also in krassem Gegensatz zu ihrem Wortlaut.

Aber auch die Einschätzung, das Wort "unbefugt" habe eine Doppelfunktion inne, schlage sich also sowohl im Tatbestand als auch in der Rechtswidrigkeit nieder, überzeugt nicht. Der Tatbestandsausschluß als Folge verwaltungsrechtskonformen Verhaltens ist bereits Konsequenz der Worte "außerhalb einer zugelassenen Anlage oder unter wesentlicher Abweichung von einem zugelassenen oder vorgeschriebenen Verfahren", so daß "unbefugt" auf seine Hinweisfunktion im Hinblick auf die Rechtswidrigkeit als allgemeines Verbrechensmerkmal beschränkt ist. Dafür spricht auch die Verknüpfung des Wortes mit der Verwaltungsaktsakzessorietät.

Ein rechtswidriger, aber nicht nichtiger und daher wirksamer Verwaltungsakt bleibt gemäß § 43 II,III VwVfG so lange wirksam bis er aufgehoben wird. Er kann einem Verhalten die Rechtswidrigkeit nehmen, aber nicht die strafrechtliche Tatbestandsmäßigkeit eines Verhaltens ungeschehen machen. Die Verbindlichkeit der Regelung eines Verwaltungsaktes für alle Betroffenen[130] vermag nichts daran zu ändern, daß ein danach zulässiges Verhalten

127 etwa Wernicke,NJW 1977, 1662(1664)
128 Sch-Sch-Cramer vor § 324 Rn 14, § 326 Rn 16
129 vgl. Dreher-Tröndle § 326 Rn 10 und § 324 Rn 7 m. w. N.; zum inhaltsgleichen Merkmal unbefugt bei § 324 vgl.Rudolphi ZfW 1982, 207 ff.; ders. NStZ 1984, 197; Horn NJW 1981,1 (2)
130 Vgl. zu dazu Kopp VwVfG § 43 Rn 6; Obermayer VwVfG § 43 Rn 3

den objektiven Tatbestand eines Strafgesetzes erfüllt. Der mehrheitlichen Auffassung über die Bedeutung des Wortes "unbefugt" ist daher der Vorzug zu geben.

b) Außerhalb einer zugelassenen Anlage oder unter wesentlicher Abweichung von einem zugelassenen oder vorgeschriebenen Verfahren

aa) Anlage

Die öffentlich-rechtliche Legaldefinition der Anlage im umweltrechtlichen Sinne entstammt dem § 3 V BImSchG.[131] Danach handelt es sich um Betriebsstätten oder sonstige ortsfeste Einrichtungen und Grundstücke einerseits und Maschinen, Geräte und sonstige ortsveränderliche technische Einrichtungen sowie Fahrzeuge andrerseits, auf denen Stoffe gelagert oder abgelagert werden.

Für das Abfallrecht bestimmt § 4 I AbfG, daß als Abfallbeseitigungsanlagen diejenigen bestimmt werden, die für die Behandlung, Lagerung und Ablagerung von Abfällen bestimmt sind.

bb) Zugelassen

Diese Anlagen i.S. des Abfallrechts sind zugelassen, soweit sie als neue Anlagen durch ein Planfeststellungsverfahren gemäß § 7 I AbfG oder eine Genehmigung gemäß § 7 II AbfG legitimiert sind.[132] Wie sich aus § 7 I AbfG ergibt, bedürfen der ausdrücklichen Zulassung nur ortsfeste Anlagen. Alte Anlagen, die bei Inkrafttreten des Abfallgesetzes in seiner ursprünglichen Fassung (am 11.Juni 1972) bereits betrieben wurden oder mit deren Errichtung bereits begonnen worden war, § 9 AbfG, nennt das Gesetz bestehende Anlagen. Sie gelten auch als zugelassene Anlagen, soweit ihr Betrieb ordnungsgemäß angezeigt worden ist.[133]

Ebenso zugelassen i.S.d. Abfallrechts sind diejenigen Anlagen, über deren endgültige Zulassung erst mit dem Ablauf des Planfeststellungsverfahrens

131 Sundermann in Handbuch des Umweltrechts I Sp. 88
132 K-S-V-Kunig § 4 Rn 16
133 Kunig aaO Rn 16

abschließend befunden wird, deren vorzeitige Inbetriebnahme aber mit den in § 7a Nr.1-3 AbfG genannten Gründen ausnahmsweise genehmigt wird.

Ortsveränderliche Anlagen (z. B. ein Reißwolf) bedürfen weder der Planfeststellung noch sonstiger Genehmigungsakte. Sie gelten als zugelassen, soweit sie nicht ausdrücklich verboten sind.[134]

Einigkeit besteht auch über die Frage, ob die Anlagen i.S. des § 326 I StGB nur diejenigen sind, die in § 4 I AbfG Erwähnung finden oder auch andere Beseitigungsanlagen, wie etwa die nach dem Tierköperbeseitigungsgesetz oder dem Atomgesetz zugelassenen Anlagen.

SACK meint, § 326 I StGB beziehe im Gegensatz zu § 16 a.F. AbfG auch andere Anlagen ein.[135] Damit sind Anlagen nach dem Bundesimmisionsschutzgesetz, dem Chemikaliengesetz und dem Wasserhaushaltsgesetz gemeint. Einen ähnlichen Standpunkt vertritt auch LACKNER, der eine Zulassung der Anlage nach anderen Rechtsquellen für tatbestandsauschließend hält.[136] In diesem Zusammenhang weist STEINDORF zutreffend daraufhin, daß es Beseitigunghandlungen gibt, die generell außerhalb von Anlagen zulässig sind, wie etwa das Vergraben von verendeten Haustieren nach dem Tierkörperbeseitigungsgesetz.[137]

cc) Das Fehlen zugelassener Anlagen oder zugelassener oder vorgeschriebener Verfahren

Problematisch ist die Fallkonstellation, in der ein Abfall beseitigt wird, es aber an einer Anlage oder einem Verfahren fehlt, welches für die Beseitigung dieses Stoffes zugelassen oder vorgeschrieben ist.

Das Oberlandesgericht Celle hält in diesen Fällen den Tatbestand der umweltgefährdenden Abfallbeseitigung nicht für erfüllt, denn es schließt aus den Worten "zugelassen .. oder .. vorgeschrieben..", daß es gesetzlich bestimmte Verfahren bereits geben müsse, damit der Tatbestand erfüllt werden

---

134 h.M. vgl. z.B. L-K-Steindorf § 326 Rn 50, m.w.N.
135 Sack (A 1.18) §326 Rn 121
136 Lackner § 326 Anm. 3b) (Toilettenanlagen im Schienenverkehr gem. § 38 BBahnG)
137 L-K-Steindorf § 326 Rn 51

könne.[138] Im Gegensatz dazu hält es das Oberlandesgericht Oldenburg auch dann für möglich, den Tatbestand des § 326 StGB zu verwirklichen, wenn es zugelassene Anlagen bzw. zugelassene oder vorgeschriebene Verfahren noch nicht gibt.[139] Denn die gegenteilige Auffassung führt nach der Überzeugung des Gerichts dazu, daß alle Arten von gefahrträchtigen Abfällen solange ungeordnet beseitigt werden und die Umwelt gefährden können, wie es dauert, Anlagen oder Verfahren für diese Stoffe zu schaffen und rechtlich durchsetzbar zu machen. Daß eine solche Handhabung der Abfallbeseitigung nicht mit den Zielen der Gesetze zum Schutz der Umwelt in Einklang zu bringen ist, liegt auf der Hand. Die im Umweltrecht allgemein geltenden Prinzipien der Verursachung und der Vorsorge[140] legten es vielmehr nahe, Abfälle gar nicht erst entstehen zu lassen, die nicht ordnungsgemäß, d.h. ohne Gefahr für Mensch und Umwelt entsorgt werden können.[141]

Andererseits ist nicht zu übersehen, daß es bei der Geschwindigkeit der technischen Entwicklung heute nicht ausgeschlossen werden kann, daß einzelne Stoffe nicht unter optimal ungefährlichen Umständen entsorgt werden können. Dies vermag aber grundsätzlich nichts an dem berechtigten Anspruch der Umweltschutzgesetze zu ändern, eine möglichst gefahrenfreie Entsorgung zu gewährleisten. Vor diesem Hintergrund kann "zugelassene Anlage" bzw. "zugelassenes oder vorgeschriebenes Verfahren" auch so verstanden werden, daß eine ausdrückliche gesetzliche Zulassung nicht notwendig ist, sondern daß allgemein als zugelassen gilt, was die geringste Wahrscheinlichkeit dafür bietet, daß bei einer bestimmten Entsorgungsmethode Umweltgefahren auftreten. Mit dieser Einschränkung versehen, verdient die Auslegung des Oberlandesgerichtes Oldenburg den Vorzug gegenüber der des Oberlandesgerichts Celle.

dd) Die wesentliche Abweichung von einem zugelassenen oder vorgeschriebenen Verfahren

Bei diesem Merkmal besteht Uneinigkeit zunächst darüber, ob der Tatbestand auch in den Fällen erfüllt sein kann, in denen in einer dafür zu-

---

138 OLG Celle NJW 1986, 2326, (2327)
139 OLG Oldenburg Nds Rpfl. 1987, 262 (263) und Nds Rpfl. 1988, 223
140 vgl. dazu Storm, Umweltrecht, S. 18
141 ähnl. v.Lersner Handbuch des Umweltrechts Sp. 6

gelassenen Anlage Abfall nach einem Verfahren beseitigt wird, welches weder zugelassen noch vorgeschrieben ist. Mit anderen Worten: es wird teilweise bestritten, daß die Merkmale der *Anlage* und des *Verfahrens* auch alternativ verletzt werden können, es also zur Erfüllung des Tatbestandes der kumulativen Verletzung beider Merkmale nicht bedarf.

LAUFHÜTTE/MÖHRENSCHLAGER verlangen unter Bezugnahme auf den Regierungsentwurf die kumulative Verletzung.[142] ROGALL läßt die Abweichung von zwingenden Verfahrensvorschriften genügen.[143] LENCKNER tritt zwar auch für die alternative Lösung ein, meint aber, das Vorliegen einer Abweichung erweise sich nicht in der Abweichung von zwingenden Vorschriften allein, sondern ergebe sich daraus nur in Verbindung mit einer daraus folgenden Umweltgefährdung, die ohne die Verletzung der Vorschriften nicht eingetreten wäre.[144] STEINDORF schließlich meint, es gehe der Vorschrift des § 326 StGB nur um die Durchsetzung der Überlassungspflicht, deswegen sei straflos derjenige, der seine Abfälle an eine vorschriftsmäßige Anlage übergebe.[145]

Die alternative Lösung verdient den Vorzug. Gegen die kumulative Lösung spricht der Wortlaut des § 326 StGB. Aus der Verknüpfung der Merkmale *Anlage* und *Verfahren* mit dem Wort *oder* wird der kumulativen Lösung eine klare Absage erteilt. Der Wortlaut der Vorschrift spricht auch gegen die bedingt alternative Lösung LENCKNERS, denn für das Erfordernis des tatsächlichen Eintritts einer Umweltgefährdung spricht im Wortlaut nichts. Die Einordnung des § 326 StGB als abstraktes Gefährdungsdelikt [146] spricht sogar ausdrücklich dagegen. Der Lösung STEINDORFS ist entgegenzuhalten, daß es dem § 326 StGB nicht um die Durchsetzung der Überlassungspflicht geht, weil sonst in seinen Wortlaut ein echtes Unterlassungdelikt hineingelesen werden müßte, wo es sich aus dem Wortlaut nicht ergibt.[147] Es ist daher zutreffend, wenn SACK[148] bemerkt, die alternative

142 Laufhütte/Möhrenschlager ZStW 92,912(959)
143 Rogall JZ GD 1980, 110
144 Sch-Sch-Lenckner § 326 Rn 12; ebenso S-K-Horn § 326 Rn 14
145 L-K-Steindorf § 326 Rn 52
146 vgl. z.B. Lackner § 326 Anm. 3b); Sch-Sch-Lenckner § 326 Rn 12; Sack (A 1.18) §326 Rn 135; Schittenhelm GA 1983, 310, 317
147 vgl. o. 1. Teil II 2 b)
148 Sack § 326 Rn 135

Lösung entspreche den praktischen Bedürfnissen des Umweltschutzes. Gegen die kumulative Lösung spricht ebenso, daß die internen Abläufe einer Abfallbeseitigungsanlage zu einer strafrechtlichen Tabu-Zone würden, in denen es dem jeweiligen Inhaber überlassen bliebe, die praktikabelste Beseitigungsart frei auszuwählen.

ee) Duldung mit rechtfertigender Wirkung

Im Hinblick auf die rechtfertigende Wirkung eines begünstigenden Verwaltungsaktes wird eine solche Wirkung auch für die verwaltungsbehördliche Duldung diskutiert.[149] Die überkommene herrschende Lehre lehnte eine solche Wirkung ab.[150] Dem wird in jüngerer Zeit mit dem Argument entgegengetreten, daß eine generalisierende Betrachtungsweise der Vielschichtigkeit dieser Problematik nicht gerecht werde. Die Duldung sei eine vom Übermaßverbot gebotene Form flexiblen Verwaltungshandelns zur Bewältigung von Übergangslagen, bei der es nicht um die Perpetuierung gesetzeswidriger, sondern um die Herbeiführung gesetzmäßiger Zustände durch die Anwendung des Kooperationsprinzips gehe.[151]

Ob und wie die Duldung rechtfertigende Wirkung entfalten kann, richtet sich zunächst einmal danach, in welcher Form sie dem Täter gegenüber in Erscheinung tritt: aktiv oder passiv. Des- weiteren ist nur dort Raum für ein flexibles Verhalten der Abfallbehörde, wo es kein zwingendes Recht zu beachten gilt, m.a.W. wo keine gebundenen, sondern dem Ermessen unterworfene Verwaltungsakte erlassen werden.

Dies kommt für die Fälle in Frage, in denen ein Beseitigungsverfahren (noch) nicht vorgeschrieben oder zugelassen ist. Außerdem betrifft es die Fälle, in denen die zuständige öffentlich-rechtliche Körperschaft darüber entscheidet, ob ein Stoff Sonderabfall ist oder mit Hausmüll gemeinsam von der Körperschaft und nicht vom Abfallbesitzer entsorgt werden muß, § 3 I, III, IV AbfG.

---

149 vgl. Rudolphi ZfW 1982, 198(209);ders. NStZ 1984, 193(198); Wasmuth/Koch NJW 1990, 2434(2435); Heine NJW 1990; 2425(2433)
150 OLG Stuttgart ZFW 1976, 380; NJW 1977, 1408; G-W-C § 324 StGB Rn 39; Sieder-Zeitler WHG § 38 a. F. Rn 20
151 Randelzhofer/Wilke Die Duldung als flexible Form des Verwaltungshandelns. 1981; Randelzhofer in Handbuch des Umweltrechts I Sp 360 ff.

Bei der Zulassung von ortsfesten Abfallbeseitigungsanlagen ist dagegen durch § 7 I AbfG entweder ein Planfeststellungsverfahren oder durch § 7 II AbfG ein Genehmigungsverfahren zwingend vorgeschrieben, so daß kein Raum für flexibles Verhalten der zuständigen Behörde durch eine Duldung vorhanden ist. Es handelt sich hier um einen Anwendungsfall des Verbots mit Erlaubnisvorbehalt.[152]

(1) Aktive und passive Duldung

Die Natur der aktiven und der passiven Duldung wird in der Literatur nicht ganz einheitlich gesehen. RANDELZHOFER und WASMUTH/KOCH unterscheiden zwei Formen der Duldung.[153] Die passive Duldung besteht für sie im bloß stillschweigenden Nichteinschreiten gegen einen verwaltungsrechtlich relevanten Zustand. Die aktive Duldung hat nach WASMUTH/KOCH zwei Varianten: entweder eine Behörde gebe zu verstehen, sie werde nicht einschreiten, obwohl sie sich dazu befugt wähnt, weil sie ein Verhalten für rechtswidrig hält oder sie läßt darüberhinaus erkennen, daß sie ein bestimmtes Verhalten für rechtmäßig hält und deswegen nicht einschreitet. Den ersten Fall faßt RANDELZHOFER als aktive Duldung auf, den zweiten als konkludente Erlaubnis.

WASMUTH/KOCH fassen beide Fälle als Duldung auf; auch den Fall des bloßen Nichteinschreitens wollen sie, soweit er auf einer Überlegung innerhalb der Behörde beruht, zu den rechtfertigungsfähigen, wenngleich passiven, Duldungen zählen. In beiden Fällen handele es sich um Entscheidungen, die nicht in üblicher Form bekannt gemacht werden und denen es daher an der gemäß § 35 VwVfG erforderlichen Wirksamkeit nach außen fehlt, die es ermöglichte, sie als Verwaltungsakte einzuordnen.

Nach der Auffassung RANDELZHOFERS besteht das Ziel der aktiven Duldung darin, in Beachtung des Übermaßverbotes einen gutwilligen Umweltsünder zu einem Verhalten zu bringen, das erlaubnisfähig wird.

---

152 Vgl. K-S-V-Schwermer § 7 Rn 5
153 Randelzhofer in HdU I Sp. 360ff.; Wasmuth/Koch NJW 1990, 2334(2336)

RUDOLPHI unterscheidet von diesen Fällen der Duldung durch die Behörde noch den, in welchem sich ein zuständiger Beamter keine Gedanken macht und deswegen nicht einschreitet.[154] Er hält weder das gedankenlose Nichtstun noch das überlegte Nichtstun, welches von WASMUTH/KOCH als passive Duldung aufgefaßt wird, für rechtfertigungsfähig. Soweit von manchen in diesen Fällen eine Verwirkung des Rechts auf Einschreiten durch die öffentliche Hand erwogen wird,[155] kann dem hier nicht weiter nachgegangen werden. Unter strafrechtlichen Gesichtspunkten legen diese beiden Verhaltensweisen eher eine Strafbarkeit dieser Amtsträger durch Unterlassen nahe, worauf später noch eingehender zurückzukommen sein wird. In der Regel wird das gedankenlose oder das überlegte Nichtstun als passive Duldung bereits eine Dienstpflichtverletzung beinhalten und schon deshalb nicht zu Rechtfertigungszwecken herangezogen werden können. Demnach kommt für eine rechtfertigende Wirkung nur die aktive Duldung in Frage, bei der die Abfallbehörde während eines laufenden Verfahrens gegen ein von ihr für rechtswidrig gehaltenes Verhalten eines Bürgers deswegen nicht einschreitet, weil sie in Beachtung des Übermaßverbotes und unter Anwendung des Kooperationsprinzips ein rechtmäßiges, zulassungsfähiges Verhalten herbeizuführen ermöglichen will.

(2) Ermessensentscheidungen

(a) Zugelassenes oder vorgeschriebenes Verfahren

Gemäß § 4 II AbfG kann die zuständige Behörde im Einzelfall widerrufliche Ausnahmen von dem Grundsatz zulassen, daß Abfälle nur in dafür zugelassenen Anlagen oder Einrichtungen behandelt, gelagert und abgelagert werden. Dies ist vor allem denkbar bei flüssigen Abfällen, bei denen die zuständige Abfallbehörde die Beseitigung in einer geeigneten Anlage nicht reklamieren kann.[156] Diese Entscheidung ist im gesetzlichen Normalfall ein Verwaltungsakt mit Widerrufsvorbehalt. Fehlt der Widerrufsvorbehalt im Bescheid selbst, so ist er jedenfalls gemäß § 49 II Nr.4 VwVfG zulässig. Einerseits wäre zum Erlaß einer solchen Ausnahmezulassung die Einhaltung

154 Rudolphi in Festschrift für Dünnebier S. 561(571)
155 vgl. Finkelnburg/Ortloff § 47 VI 6 für das Baurecht und Martens, Die Praxis des Verwaltungsverfahrens S.159 bei Fn 109
156 Salzwedel in ZfW 1983, 84, (91)

einer Form nicht notwendig, denn grundsätzlich besteht für Verwaltungsakte Formfreiheit, § 37 II 1 VwVfG, so daß eine solche Ausnahmezulassung auch mündlich oder konkludent erfolgen könnte.[157] Andererseits stellt § 37 I VwVfG für jeden Verwaltungsakt das Erfordernis der Bestimmtheit auf. Daraus resultiert die Notwendigkeit festzustellen, ob eine Ausnahmezulassung i. S. § 4 II AbfG überhaupt in konkludenter Form ergehen kann, oder ob ein gewährendes Verhalten der Abfallbehörde als aktive Duldung aufgefaßt werden muß. Mit anderen Worten: es kommt darauf an, ob die ausnahmsweise gegebene Zulassung auch konkludent so präzise gefaßt sein kann, daß sie dem Gebot der Bestimmtheit gemäß § 37 VwVfG genügt. Wenn das nicht so ist, kann nach den oben gemachten Prämissen ein gewährendes Verhalten der Behörde lediglich als aktive Duldung aufgefaßt werden.

Eine Zulassung gemäß § 4 II AbfG muß nach herrschender Meinung jedenfalls Angaben über Art und Menge des Abfalls enthalten.[158] Darüberhinaus muß die Ausnahmezulassung auch Angaben dazu enthalten, wie ihre Einhaltung sichergestellt wird. Schließlich muß sie auf ihren Ausnahmecharakter hinweisen, um nicht den Eindruck einer regelrechten Genehmigung gem. § 7 AbfG zu erwecken. Diese Angaben in einer Form zu machen, die dem Gebot der Bestimmtheit des Verwaltungsaktes gehorcht, wird nur schriftlich möglich sein. Ein gewährendes Verhalten der Behörde kann also lediglich als aktive Duldung aufgefaßt werden und nicht als konkludente Genehmigung oder Ausnahmezulassung.

Die Annahme einer aktiven Duldung ist demnach in den Fällen denkbar, in denen ein Abfallbesitzer eine Genehmigung gem § 7 AbfG oder gem. § 4 BImSchG i. V. m. § 4 I 2 AbfG beantragt hat oder eine Ausnahmezulassung gem. § 4 II AbfG, die Behörde darüber (noch) nicht entschieden hat, aber gegen den Abfallbesitzer nicht einschreitet, weil sie zuwartet, um ihm als Antragsteller die schrittweise Modifizierung seiner Abfallbeseitigungsanlage in Richtung auf einen zulassungsfähigen Zustand zu ermöglichen.

---

157 Randelzhofer/Wilcke aaO S. 4
158 vgl. K-S-V-Kunig § 4 Rn 30

(b) die Entscheidung über die Sonderabfalleigenschaft eines Stoffes

Gemäß § 3 II AbfG können die für die Entsorgung zuständigen Körperschaften des öffentlichen Rechts Stoffe von der Entsorgung ausschließen, sofern sie nicht mit Hausmüll gemeinsam entsorgt werden können. Es wird hier davon ausgegangen, daß diese Stoffe dann Sonderabfall heißen.

Ob ein Stoff Sonderabfall ist, also vom Besitzer selbst entsorgt werden muß, § 3 IV AbfG, ist eine Verwaltungsentscheidung der öffentlich-rechtlichen Körperschaft, die von der Zustimmung der nach Landesrecht zuständigen Behörde abhängig ist. In aller Regel geschieht dies durch den Erlaß einer Abfallsatzung durch die Kreise oder die Gemeinden. Die Möglichkeit einer konkludenten Entscheidung setzt ebenso wie bei der ausnahmsweisen Zulassung i.S. § 4 II AbfG gemäß § 37 I VwVfG voraus, daß sie einen ausreichenden Grad an Bestimmtheit erreichen kann. Konkludent kann die Körperschaft den in Frage stehenden Stoff zur Entsorgung annehmen und damit zu verstehen geben, sie halte ihn nicht für Sonderabfall. Im umgekehrten Fall gibt sie zu verstehen, sie halte den Stoff für Sonderabfall. Insofern ist hier also kein Raum für ein gewährendes Verhalten der öffentlich-rechtlichen Körperschaft, so daß die Annahme einer Duldung ausscheidet.

e) die erschlichene Zulassung

Im Zusammenhang mit der Zulassung eines Verfahrens oder einer Anlage zur Abfallbeseitigung stellt sich ein weiteres Problem, worauf nicht nur RUDOLPHI bei dem Tatbestand der unerlaubten Gewässerverunreinigung gemäß § 324 StGB hingewiesen hat.[159] In dieser Vorschrift wird die durch eine unbefugte Einleitung von Stoffen verursachte nachteilige Veränderung eines Gewässers mit Strafe bedroht.

Handelt dabei jemand in Ausübung einer wasserrechtlichen Erlaubnis, so ist aus Gründen der Einheit der Rechtsordnung sein Verhalten sobald und solange gerechtfertigt, wie dieser Verwaltungsakt wirksam ist. Das gilt auch dann, wenn die wasserrechtliche Erlaubnis materiell rechtswidrig ist, weil

159 Rudolphi ZfW 1982, 197(202,203) m.w.N.

gemäß § 43 II VwVfG auch ein materiell rechtswidriger Verwaltungsakt - soweit er nicht nichtig ist - solange wirksam bleibt, wie er nicht aufgehoben , widerrufen wird oder sich anderweitig erledigt hat. Dasselbe Problem ergibt sich in den Fällen, in denen der Betreiber einer Anlage seine Betriebsgenehmigung (§ 7 I AbfG), der Abfallbesitzer die ausnahmsweise Zulassung für die Beseitigung außerhalb einer Anlage (§ 4 II AbfG) oder der Abfallbesitzer die Annahme seines Stoffes zur Entsorgung durch die öffentlich rechtliche Körperschaft (§ 3 III AbfG) mit falschen Angaben erschlichen hat.

Es handelt sich hier um die Sachverhalte, in denen § 48 II 3 Nr. 1-2 VwVfG eine Rücknahme des Verwaltungsaktes mit Wirkung ex tunc gestattet, wenn der Verwaltungsakt durch arglistige Täuschung, Drohung oder Bestechung, in wesentlicher Beziehung unrichtige oder unvollständige Angaben des Adressaten erlangt wurde.

Wenn auch in diesen Fällen infolge des Gebots der Einheit der Rechtsordnung die Rechtwidrigkeit eines ansonsten tatbestandsmäßigen Verhaltens entfiele, so würde der dolose Adressat eines gewährenden Verwaltungsaktes für seine Unredlichkeit geradezu belohnt.

Dies ist zu recht als sehr unbefriedigend empfunden worden.[160] Diesem unerwünschten Ergebnis kann aber dadurch entgangen werden, daß die auf den in § 48 II 3 Nr.1-2 VwVfG beschriebenen unlauteren Wegen erlangten Genehmigungen strafrechtlich so behandelt werden, als sei der Verwaltungsakt mit rückwirkender Kraft aufgehoben. Das ist zwar eine Durchbrechung des Grundsatzes von der Einheit der Rechtsordnung, sie läßt sich aber mit dem Grundsatz rechtfertigen, daß derjenige, der ein Recht mißbräuchlich beansprucht, es damit verwirkt. Ebenso, wie es der Rechtssicherheit dient, daß ein Verwaltungsakt sobald und solange wirksam bleibt, wie er bekanntgegeben und nicht aufgehoben ist, muß die Wirksamkeit strafrechtlich dort ihre Grenze finden, wo die Rechtssicherheit auf dem Spiel steht.[161] Diese Grenze besteht hier im Verbot der unzulässigen

---

160 Rudolphi aaO S. 203; Heine NJW 1990, 2425, (2430)
161 vgl. Pietzner/Ronellenfitsch S. 234 Rn 9

Rechtsausübung, welches eine Ausprägung des für die gesamte Rechtsordnung geltenden Grundsatzes von Treu und Glauben ist.

Darin besteht auch der Grund dafür, weshalb in den Fällen des § 48 II 1 Nr.3 VwVfG, in welchen dem Adressaten lediglich Kenntnis oder grobfahrlässige Unkenntnis der Rechtswidrigkeit des Verwaktungsaktes zur Last fällt, eine Durchbrechung des Gebotes von der Einheit der Rechtsordnung nicht statthaft erscheint. Denn dieser Fall unterscheidet sich von den anderen Fällen. Während dort den Begünstigten die Verantwortlichkeit für die Fehlerhaftigkeit des Verwaltungsaktes trifft, ist er hier daran völlig unbeteiligt. Die Gleichstellung beider Fälle in § 48 II 3 VwVfG, die gegen diese Differenzierung sprechen könnte, darf aber nicht ohne § 48 I 4 VwVfG gesehen werden, worin die Aufhebung ex tunc als Ermessensentscheidung der zuständigen Behörde ausgestaltet ist. Die Güterabwägung, die im Rahmen einer Ermessensentscheidung zu treffen ist, kann die Gegensätzlichkeit der Fälle ausgleichen.

Um zu verhindern, daß der Strafrichter diese Entscheidung treffen muß, was vor dem Hintergrund des Prinzips der Gewaltenteilung bedenklich wäre, muß für das Strafrecht die Verantwortlichkeit des Begünstigten ausschlaggebend sein.

III Zusammenfassung der bisherigen Ergebnisse

Als Täter einer umweltgefährdenden Abfallbeseitigung kommt jeder Besitzer von Stoffen in Betracht, die als Abfälle gelten müssen. Abfälle sind bewegliche Sachen, die entweder nach einer entsprechenden Widmung oder durch eine konstitutive Entscheidung der zuständigen Behörde - nach einer umfassenden Güterabwägung - dazu geworden sind. Jemand gilt als Besitzer von Abfällen, wenn sich bewegliche Sachen in seinem tatsächlichen Herrschaftsbereich befinden und dort mit seinem Willen hingelangt sind. Die Widmung, mit der ein Berechtigter durch einen subjektiven Willensakt die Abfalleigenschaft einer Sache begründet, ist keine Dereliktion, sondern eine Willenserklärung eigener Art, die die öffentlich-rechtliche Abfalleigenschaft einer Sache begründet. Es bedarf dazu keiner Geschäftsfähigkeit. Die der Entledigung gewidmete Sache wird durch die Widmung nicht herrenlos, sondern verbleibt bis zur Dereliktion, die regelmäßig im Wegwerfen der Sache durch den Berechtigten liegen wird, in demselben rechtlichen Verhältnis zum Berechtigten, welches vor der Widmung bestand.

Die objektive Abfalleigenschaft einer beweglichen Sache wird nicht von dem daran Berechtigten begründet, sondern von außen, d.h. von der für die Entsorgung zuständigen öffentlich-rechtlichen Körperschaft, die aufgrund einer Güterabwägung nach der oben beschriebenen Art für diese Sache festgestellt hat, daß ihre ordnungsgemäße Beseitigung geboten ist. Sofern diese Körperschaft den Besitzer von dieser Entscheidung in Kenntnis setzt, was regelmäßig durch eine Aufforderung zur Erfüllung der abfallrechtlichen Pflichten geschehen wird, handelt es sich dabei um einen Verwaltungsakt, der hinsichtlich seiner Wirksamkeit und Anfechtbarkeit den allgemeinen Regelungen unterliegt.

Infolge der Verwaltungsakzessorietät des Umweltstrafrechts kann die behördliche Duldung rechtfertigende Wirkung zugunsten des Täters entfalten. Für eine solche Wirkung kommt jedoch nur eine aktive Duldung in Frage. Schlichtes Nichtstun oder gedankenloses Nichtstun, was teilweise als passive Duldung bezeichnet wird, entfaltet keine rechtfertigende Wirkung.

Auch die erschlichene Zulassung entfaltet keine rechtfertigende Wirkung, weil in diesem Fall eine Durchbrechung des Gebotes von der Einheit der Rechtsordnung wegen des Verbots der unzulässigen Rechtsausübung erforderlich ist.

2.Teil

Die Begehung der umweltgefährdenden Abfallbeseitigung durch Unterlassen

Bei der Verwirklichung des Tatbestandes der umweltgefährdenden Abfallbeseitigung sind grundsätzlich drei Begehungsmodalitäten möglich:

Der Täter beseitigt Abfall unbefugt, indem er etwas positiv tut. Der Täter läßt es geschehen, daß sein Abfall unbefugt entsorgt wird oder daß Dritte unbefugt Abfall entsorgen. Schließlich kann sich der Täter im Fall des § 326 II StGB, in welchem es um die Nichtablieferung von radioaktiven Stoffen geht, durch das Unterlassen einer hier vorgeschriebenen Handlung strafbar machen.

Die erste und die dritte Modalität ergeben sich ganz zwangsläufig aus dem Text des Gesetzes. In diesen beiden Fällen handelt es sich sozusagen um die Normalfälle der Gesetzesanwendung. Anders verhält es sich mit dem zweiten Fall, denn der Gesetzestext beschreibt in § 326 I StGB nur ein positives Tun, nicht zugleich auch ein Unterlassen.

A. Die Strafbarkeit einer Unterlassung

Gleichwohl ist durch § 13 I StGB i. V. m. § 326 I StGB auch ein Unterlassen mit Strafe bedroht. Das Unterlassen als die zweite Form menschlichen Verhaltens ist aber nur unter Voraussetzungen strafbar, die über das rechtswidrige und schuldhafte Hervorrufen eines Erfolges hinausgehen. Wie bereits KRESS herausgestellt hat, gibt es die Strafgesetze nicht, damit die Menschen Gutes tun, sondern deswegen, weil sie von schlechten Taten abgehalten werden sollen.[162] Strafrechtlich relevantes Unterlassen besteht auch niemals nur in schlichtem Nichtstun, sondern immer aus der Nichtvornahme einer von der Rechtsordnung erwarteten Handlung.[163] Sie setzt deswegen die Fähigkeit des Unterlassenden zu handeln und die Erwartung der Rechtsordnung, daß er handeln werde, voraus[164]. Aus dem Verbot bestimmter Handlungen folgt dagegen die Erwartung der

162 Kress, Commentatio Succinta in CCC Art. 112 Anm. 3; Art 177 § 1 Anm. 6
163 Vgl. u.a. S-K-Rudolphi vor § 13 RN 1
164 Sch-Sch-Stree § 13 Rn 139

Rechtsordnung, der Täter werde sie unterlassen.[165] Die Bemerkung von KRESS müßte also heute dahingehend präzisiert werden, daß Strafgesetze nicht dazu geschaffen sind, damit die Menschen Gutes tun, aber dazu, sie zur Achtung der strafrechtlichen Gebote im gleichen Maße anzuhalten, wie sie die Menschen dazu anhalten, die strafrechtlichen Verbote einzuhalten.

Bei dem positiven Tun bedarf es der Festlegung der Erwartungshaltung der Rechtsordnung ebenso wie beim Unterlassen aufgrund des Bestimmtheitgebotes. Während der Gesetzgeber seine Verhaltensanforderung beim positiven Tun in jeden einzelnen Tatbestand der Begehungsdelikte und der echten Unterlassungsdelikte im Besonderen Teil des Strafgesetzbuches regelte, hat er für die unechten Unterlassungsdelikte die allgemeine Gleichstellungsnorm des § 13 I StGB aufgestellt. Diese gilt immer dann, wenn sie der Gesetzgeber nicht durch eine Sonderregelung ausgeschlossen hat.[166] Für den § 326 StGB existiert eine solche Sonderregelung nicht. Deswegen verstößt derjenige durch Unterlassen gegen §§ 13 I, 326 StGB, der für die Abwendung des dort strafbewehrten Erfolges rechtlich einzustehen hat und dessen Unterlassen gleichzeitig der Verwirklichung des Erfolges durch ein Tun entspricht.

Aus dem Erfordernis des rechtlichen Einstehens folgt, daß eine rein sittliche Pflicht nicht ausreicht. Insoweit besteht eine Übereinstimmung mit den echten Unterlassungsdelikten, wie z.B. § 138 StGB, worin die unterlassene Anzeige bestimmter Verbrechen unter Strafe gestellt wird oder § 323 c StGB, worin die Verletzung der allgemeinen Solidaritätspflicht in Unglücksfällen mit Strafe bedroht wird.

Im Unterschied zu diesen echten Unterlassungsdelikten, bei denen die Pflicht, deren Verletzung zur Verwirkung einer Strafe führt, im Text des Strafgesetzbuches selbst beschrieben ist, muß die Pflicht, die zum jeweiligen Gebot der einzelnen unechten Unterlassungsdelikte führt, mit Hilfe der Vorschrift des § 13 StGB konkretisiert werden.[167]

---

165 Welp, S. 191
166 SK-Rudolphi § 13 Rn 4
167 SK-Rudolphi § 13 Rn 19

Die fragliche Unterlassung muß gemäß § 13 I StGB in zweifacher Hinsicht dem Tun äquivalent sein: bei der Bewirkung des Erfolges an sich und bei den Modalitäten seiner Herbeiführung. Unser Interesse gilt zunächst der Bewirkungsäquivalenz der Unterlassung.

Für den Tatbestand des § 326 I StGB stellt sich also zunächst die Frage nach den Garantenpflichten.

Bevor der Versuch unternommen wird, diese genauer zu beschreiben, soll ein Blick auf die Entwicklung der Garantenpflichten im Strafrecht dazu beitragen, den Ausgangspunkt dieser Fragestellung zu präzisieren.

B. Die Entwicklung der Garantenpflichten in der Rechtsprechung

Seit den Tagen des Reichsgerichts entscheidet die Rechtsprechung über Garantenpflichten nach der Rechtspflicht-Theorie, die auf FEUERBACH zurückgeht.

FEUERBACH ist[168], wie von RUDOLPHI [169] zu Recht hervor gehoben wurde, der erste Autor, der den Versuch unternahm, generelle Regeln über die Bestrafung der Unterlassungen aufzustellen. In § 24 seines Lehrbuches heißt es: "Weil aber die ursprüngliche Verbindlichkeit des Bürgers nur auf Unterlassungen geht, so setzt ein Unterlassungsverbrechen immer einen besonderen Rechtsgrund (Gesetz, Vertrag) voraus, durch welchen die Verbindlichkeit zur Begehung begründet wird. Ohne diesen wird man durch Unterlassung kein Verbrecher." Diese These FEUERBACHS wird in ihrer vollen Konsequenz erst verständlich, wenn man sich vergegenwärtigt, daß dieser Autor als Verbrechen solche Taten ansieht, die ein außerstrafrechtlich, nämlich im Sozialvertrag, verwurzeltes Recht verletzen.[170]

Die Rechtsprechung unterscheidet auch heute noch Garantenpflichten nach den im folgenden darzustellenden Entstehungsvoraussetzungen. Es soll im

---

168 Feuerbach, Johann Anselm Ritter von, Lehrbuch des gemeinen in Deutschland gültigen peinlichen Rechts, §§ 24,25, 89. 211
169 Rudolphi, Gleichstellungsproblematik S. 5
170 Die Idee des Staates als freiwillige Übereinkunft von Menschen, um sich vor Unrecht zu schützen, entsprach bereits der platonischen Staatsidee. vgl. Jellinek, Allg. Staatslehre, S. 202

Rahmen dieser Untersuchung gleichwohl nicht der Versuch unternommen werden, eine vollständige Analyse der Rechtsprechung zu den Entstehungsvoraussetzungen der Garantenpflichten zu erarbeiten. Deswegen verstehen sich die ausgewählten Entscheidungen als beispielhaft. Aufbauend auf der soeben skizzierten Rechtspflichttheorie unterscheidet die Rechtsprechung fünf Entstehungsvoraussetzungen:

Gesetze, die tatsächliche Übernahme der Gewähr für ein Rechtsgut durch den Unterlassenden gegenüber dem Geschädigten, ein besonderes Vertrauensverhältnis des Unterlassenden zum Geschädigten, das tatsächliche Herbeiführen einer Gefahr durch den Unterlassenden zum Nachteil des Geschädigten (Ingerenz) und schließlich die Verantwortung des Unterlassenden über die einer Sache innewohnende Gefahr für andere. [171]

Bei der Entwicklung dieser einzelnen Garantenverhältnisse kam es nicht zu einer einheitlichen Systematik, vielmehr lassen die zur Garantenproblematik ergangenen Entscheidungen ein vielfarbiges Bild erkennen. Hier einen Vorwurf zu erheben wäre verfehlt, denn das Fehlen einer einheitlichen Systematik erklärt sich daraus, daß die Rechtsprechung nicht die Möglichkeit hat, jeden zu entscheidenden Fall einer monographischen Untersuchung zu unterziehen. [172]

I Garantenpflichten aus Gesetzen

Als gesetzliche Grundlage für die Entstehung von Garantenpflichten hat der Bundesgerichtshof die Bestimmung des § 1353 I 2 BGB angesehen, wonach die Ehepartner einander gegenüber zur ehelichen Lebensgemeinschaft verpflichtet sind und daher gegen den Selbstmord des anderen einzuschreiten verpflichtet waren.[173] Aus dieser Pflicht ergibt sich sowohl nach der zitierten Rechtsprechung, als auch nach der zivilrechtlichen h. M. die Pflicht des Ehepartners zur Fürsorge gegenüber dem anderen Ehepartner. [174] Eine solche Pflicht bestünde erst dann nicht mehr, wenn die Ehe zerrüttet sei. [175]

171 vgl. Dreher-Tröndle § 13 Rn 6-13; Lackner § 13 Anm. 3 a) aa) bis cc)
172 Schünemann, Grund und Grenzen, S. 195
173 vgl. z.B. BGHSt 2, 150, 154
174 vgl. Palandt § 1353 Rn 10 m.w.N.
175 BGHSt 7, 269, 271

Ob aus der gesetzlichen Pflicht zur ehelichen Gemeinschaft und zur Fürsorge die Pflicht folge, den anderen Ehepartner von der Begehung einer Straftat abzuhalten, hat der Bundesgerichtshof zunächst bejaht, [176] in einer jüngeren Entscheidung aber offen gelassen.[177]

Die Entscheidungen der Rechtsprechung, die eine solche Pflicht bejahten, sind in der Literatur auf berechtigte Bedenken gestoßen, weil die Fürsorgepflicht den Ehegatten vom Gesetz nicht zum Schutz der Allgemeinheit vor dem anderen Partner auferlegt wurde, sondern um des Schutzes des anderen Partners willen.[178] Insoweit ergibt sich aus der Rechtsprechung des Bundesgerichtshofes ein mit dem Gesetz nicht mehr zu rechtfertigender Wechsel der Schutzrichtung für eine Garantenpflicht des Ehegatten. Während der § 1353 I 2 BGB eine Pflicht des einen Ehegatten zur Sorge um das Wohlergehen statuiert, legt die soeben beschriebene Rechtsprechung des Bundesgerichtshofes eine Sorge um das Wohlverhalten des anderen Ehegatten nahe.

Inzwischen hat das Oberlandesgericht Stuttgart entschieden, in Übereinstimmung mit dem überwiegenden Teil der Literatur eine Garantenpflicht des einen für den anderen Ehegatten zur Verhinderung von Straftaten zu verneinen.[179]

Einen weiteren Anwendungsfall für eine Garantenpflicht aus dem Gesetz hat die Rechtsprechung im Eltern-Kind-Verhältnis aus der Vorschrift des § 1618a BGB hergeleitet, der Eltern und Kinder zu gegenseitigem Beistand und zur gegenseitigen Rücksicht anhält. Diese Garantenpflicht soll auch dann noch bestehen, wenn die Kinder erwachsen geworden sind.[180] Aus der Pflicht zur Gewährung von Unterhalt und zur Sorge für Verwandte und Kinder gemäß §§ 1601, 1626 II und 1631 BGB wurde von der Rechtsprechung die Pflicht hergeleitet, Gefahren, die ihren Ursprung in den eigenen Kindern haben, von anderen Menschen abzuwenden. [181]

---

176 BGHSt NJW 1951, 204; 153, 591
177 BGHSt 19, 295, 297
178 vgl. S-K-Rudolphi § 13 Rn 19
179 vgl. OLG Stuttgart NJW 1986, 1767, 1768
180 vgl. KG JR 69, 27
181 so bereits RGSt 72,374; ebenso GrSen. BGHSt 6, 57; BGHSt 7, 272

Auch Garantenstellungen von Beamten aufgrund ihrer Dienstpflicht hat die Rechtsprechung zu denen aus Gesetz gezählt.[182]

Der Bundesgerichtshof mußte beispielsweise in einer Entscheidung über die Strafbarkeit eines Zollbeamten befinden, der es entgegen seiner Dienstpflicht unterließ, gegen das Einsammeln von aus Kaffeesäcken zu Boden gefallenen Kaffeebohnen einzuschreiten, die ein Untergebener anschließend unverzollt verkauft hatte.[183]

An der Garantenpflicht für Beamte aus den Gesetzen hält der Bundesgerichtshof fest. So hat er jüngst entschieden, daß sich aus der Verpflichtung des Leiters eines Ordnungsamtes zur Durchführung des Gaststättengesetzes, also zur Abwehr ordnungsrechtlicher Gefahren, eine Garantenpflicht ergebe, gegen Betriebe einzuschreiten, in denen der unerlaubten Prostitution nachgegangen wurde. Unterließe er dies, so sei er wegen Beihilfe zur Prostitution strafbar.[184] Ob und inwiefern Beamten aus ihrer Dienstpflicht Garantenpflichten erwachsen, wird noch eingehend zu erörtern sein. [185]

II Garantenpflichten aus Verträgen oder der tatsächlichen Übernahme der Gewähr für ein Schutzgut

Bei den Garantenstellungen aus der tatsächlichen Übernahme der Gewähr für ein Schutzgut lassen sich nach der Rechtsprechung zwei Arten unterscheiden: diejenigen, bei denen ein Vertrag zwischen dem Unterlassenden und dem Geschädigten besteht, dessen Pflichten verletzt werden und solche, bei denen es an einem Vertrag fehlt, gleichwohl der Unterlassende aber die Gewähr für ein Schutzgut übernommen hat.

In einem der zu entscheidenden Fälle [186] des Reichsgerichts hatten die Angeklagten die Pflege einer geisteskranken Person durch befristeten Vertrag übernommen und nach Ablauf der Frist und wiederholter Aufforderung an die zuständige Gemeinde, sich um die Geisteskranke zu kümmern, die Pflege

---

182 vgl. BGHSt 8, 186, 189; einschränkend hierzu S-K-Rudolphi § 13 Rn 36 a und 54; ders. in Festschrift für Dünnebier S. 577 ff

183 vgl. BGHSt 8, 189

184 vgl. BGH NJW 1987, 199; kritisch dazu S-K-Rudolphi § 13 Rn 54b

185 s.u. C 4 a)

186 vgl. RGSt 17, 260, 261 Urteil v. 21. März 1888

eingestellt. Diese Verhaltensweise führte zum Tode der Geisteskranken. Das Reichsgericht nahm hier an, daß eine Rechtspflicht für die Angeklagten bestanden hatte, den Tod der Geisteskranken abzuwenden. Zwar sei der Zeitraum abgelaufen, für den der Pflegevertrag geschlossen gewesen sei. Die dadurch begründete Rechtspflicht sei aber durch die fortbestehende Obhut, in welcher die Kranke weiterhin stand, aufrecht erhalten worden.

Eine ähnliche Situation ergibt sich für die Fälle der unterlassenen Löschung eines Brandes. Das Reichsgericht hatte die Rechtspflicht eines Ehemannes zum Löschen eines Brandes angenommen, den ein Dritter in dem Wohnhaus seiner Ehefrau gelegt hatte, für welches der Ehemann eine Feuerversicherung abgeschlossen hatte.[187] Das Reichsgericht begründete die Garantenpflicht des Ehemannes damit, daß ihm aus dem Abschluß des Versicherungsvertages die rechtliche Pflicht erwachsen sei, den entdeckten Brand zu löschen. Das Rechtsgut der Vorschrift des § 306 StGB besteht aber nicht im Schutz der Versicherung vor Inanspruchnahme, sondern im Schutz der Menschen in einem Gebäude vor einer Feuergefahr. Daher muß in dieser Entscheidung eine Verlagerung des Schutzbereichs der Vorschrift des § 306 StGB durch das Reichsgericht über den Wortlaut der Vorschrift hinaus gesehen werden. Auch dieser Wechsel der Schutzrichtung begegnete insoweit berechtigten Bedenken in der Literatur. [188]

Der Bundesgerichtshof hat die Rechtsprechung des Reichsgerichts im Hinblick auf Garantenpflichten aus der tatsächlichen Übernahme der Obhut weitergeführt. Beispielsweise habe ein Arzt aufgrund eines Behandlungsvertrages mit seinem Patienten die Rechtspflicht, sich auf fernmündlichen Anruf seines Patienten in dessen Wohnung zu begeben, um sich durch eine dort durchzuführende Untersuchung ein zutreffendes Bild vom Zustand des Patienten zu machen und danach die erforderlichen ärztlichen Maßnahmen einzuleiten.[189]

Auch die vertragliche Verpflichtung ohne einen Akt tatsächlicher Übernahme vermochte nach der Auffassung des Bundesgerichtshofes eine Garantenpflicht zu begründen. So entschied das Gericht, daß ein Arbeitnehmer die

---

187 RGSt 64, 277
188 vgl. S-K-Rudolphi § 13 Rn 19
189 vgl. BGH NJW 1961, 2068

Garantenpflicht aus seinem Arbeitsvertrag habe, Diebstähle zum Nachteil seines Arbeitgebers zu verhindern. [190] Dagegen wurde eingewandt, daß aus einer vertraglichen Pflicht nicht ohne weiteres eine Garantenpflicht wird. Die Verletzung einer vertraglichen Pflicht führt dann zu kriminellem Unrecht, wenn damit zugleich eine übernommene Schutzpflicht verletzt wird, weil es sonst nicht zu der erforderlichen Abhängigkeit der Unversehrtheit des Schutzgutes vom Schutzverpflichteten komme.[191]

Die Auffassung über Garantenpflichten aus Verträgen relativierte der Bundesgerichtshof aber später dergestalt, daß er nicht mehr auf den wirksamen Vertrag abstellte. Entscheidend sei nicht, ob ein abgeschlossener Vertrag auch wirksam sei, sondern nur, ob die Pflichten zu seiner Erfüllung auch tatsächlich aufgenommen worden sind.[192] In dieser Entscheidung war über folgenden Sachverhalt zu befinden: ein Bereitschaftsarzt erörterte mit dem Ehemann der Kranken ihre Beschwerden kurz telefonisch, unterließ aber einen Hausbesuch zur Untersuchung der Frau. Anstelle des Hausbesuchs gab er dem Ehemann auf, kalte Umschläge zu machen und Beruhigungsmittel zu geben. Die Frau starb innerhalb derselben Nacht an innerem Verbluten.

Dieser Rechtsprechung des Bundesgerichtshofes schloß sich das Kammergericht an und entschied später darüberhinaus, daß zur Begründung einer Garantenpflicht die Vereinbarung und Durchführung einer ärztlichen Beratung für eine durchzuführende Behandlung nicht ausreiche.[193]

Als ein weiterer Fall für die Garantenstellung kraft Übernahme wird auch heute noch der des Schwimmschülers angesehen, der sich im Vertrauen der Hilfsbereitschaft des Schwimmlehrers in tiefes Wasser begibt. [194]

Der Bundesgerichtshof hat auch die Pflicht zur Beachtung von Treu und Glauben bei der Erfüllung von Vertragspflichten als Wurzel für eine Garantenpflicht mit dem Inhalt angenommen, den anderen, vorleistungspflichtigen Vertragspartner über die eigene Zahlungsunfähigkeit aufzuklären. [195] Diese

190 BGHSt 5, 190
191 Stree in Mayer-FS S. 163 f; zustimmend S-K-Rudolphi § 13 Rn 62
192 vgl. BGHSt 7, 211, 212
193 vgl. KG JR 1956, 150
194 schw. BG 1957, 307; zustimmend S-K-Rudolphi § 13 RN 59
195 vgl. BGHSt 6, 198

Rechtsprechung stieß beim Bayerischen Obersten Landesgericht auf Zustimmung. Dieses Gericht entschied, daß der Vermieter einer Eigentumswohnung, der den Mietvertrag gemäß der Vorschrift des § 564 b II Nr. 2 BGB wegen Eigenbedarfs gekündigt hat, die Garantenpflicht treffe, seine Mieter davon in Kenntnis zu setzen, daß die Voraussetzungen für die Kündigung nunmehr weggefallen seien. Verletze er diese Pflicht, so erfülle er das Merkmal des Unterdrückens wahrer Tatsachen gemäß § 263 I StGB durch Unterlassen. [196]

Auch hier erscheint es fraglich, ob die vertraglichen Pflichten der Parteien so weit reichen, daß der Unterlassende für das Vermögen des anderen Teils strafrechtlich einzustehen hat, ohne daß es zuvor zu einer einverständlichen Übernahme einer Schutzpflicht gekommen war. Ob es und gegebenenfalls zu welchen Schutzpflichten es zwischen Vertragsparteien kommen kann, wird noch zu erörtern sein.

III Garantenpflichten aus besonderen Gemeinschaftsverhältnissen

Eine andere Art von Garantenpflichten stellen nach der Rechtsprechung diejenigen dar, die in einem besonderen Gemeinschaftsverhältnis ihren Ursprung haben.

Während nach der Rechtspflicht-Theorie bis zum Ende des 19. Jahrhunderts sowohl in der Rechtsprechung als auch in der Lehre Gesetz, Vertrag und Ingerenz zugrunde lagen[197], war die faktische Übernahme von Garantenpflichten durch die Aufnahme in eine Gemeinschaft auch ohne Rechtsgrundlage in den Dreißiger Jahren des Zwanzigsten Jahrhunderts in der Rechtsprechung des Reichsgerichts als garantenpflichtbegründend angenommen worden.

---

196 BayObLG JZ 1987, 626 mit kritischer Anmerkung von Otto
197 Schünemann, Grund und Grenzen S. 195 f

Das besondere Verhältnis in einer engen Lebensgemeinschaft hat das Reichsgericht in folgendem Fall als garantenpflichtbegründend angesehen[198]. Eine gelähmte Person geriet durch unterlassene Pflege in einen Zustand körperlicher Verwahrlosung und starb dadurch. Das Gericht sah hier den garantenpflichtbegründenden Umstand darin, daß die Angeklagten die in häuslicher Gemeinschaft lebende, früher als Hausangestellte aufgenommene Frau als Familienmitglied bei sich behalten hatten. Diese häusliche Gemeinschaft sah das Gericht als garantenpflichtbegründend an. Zur Begründung führte es folgendes aus:"Gegenseitig für einander einzustehen ist ein Gebot der Sittlichkeit, das sich im weitesten Bereich aus der christlichen Pflicht zur Nächstenliebe ergibt und für einen engeren Kreis der Kameradschaft der Frontsoldaten und dem Nationalsozialismus entspringt, der innerhalb der Volksgemeinschaft Opferbereitschaft verlangt. Die sittliche Pflicht kann zur Rechtspflicht werden für diejenigen, die in der Außenwelt in so enger Lebengemeinschaft verbunden einander gegenüberstehen, wie es in der Familie der Fall zu sein pflegt. Ähnliche Fälle lassen sich bei gemeinsamer Bergnot, wohl auch auf Streifdienst am Feind denken."

Diese Sätze aus den Gründen des reichsgerichtlichen Urteils beleuchten eigentlich drei Konstellationen, die alternativ zu einer Garantenstellung führen können.

Erstens handelt es sich um einen Sachverhalt, in dem eine Mehrzahl von Personen einer auf jede einzelne Person gleich wirkenden Gefahr ausgesetzt ist: Bergsteiger in Bergnot oder Frontsoldaten im Krieg. Eine Gefahr für alle Mitglieder der Gemeinschaft kann aus dieser eine garantenpflichtige Gemeinschaft machen.

Zweitens handelt es sich um die Fälle, in denen die faktische Aufnahme einer Person in eine Gemeinschaft die gleichzeitige Übernahme einer Erfolgsabwendungspflicht zugunsten dieser Person bewirkt. Die Gefahr hatte hier keine Einwirkung auf die Entstehung der Garantenpflicht, weil sich die Garantenpflicht durch die Aufnahme in die Gemeinschaft ergibt. Dies war der eigentlich zu entscheidende Fall. Denn die Person, die der eine von beiden Angeklagten in seiner Funktion als Haushaltungsvorstand in die häusli-

198 vgl.RGSt 69,321(323) Urteil v. 10 September 1935

che Gemeinschaft aufgenommen hatte, war kein Familienmitglied, sondern nur wie ein solches in der häuslichen Gemeinschaft behalten worden, nachdem sie erkrankt war. Es bestand hier nach der Überzeugung des Gerichts keine gesetzliche oder vertragliche Pflicht, die durch das Fortdauern eines räumlichen Verhältnisses erhalten bleiben konnte.

Die Wendung des Gerichts, "es kann für den hier zu entscheidenden Fall auf sich beruhen, ob sich eine Rechtspflicht stets schon unmittelbar aus der - ausdrücklich oder stillschweigend gemachten - Zusage, Wohnung und Unterhalt zu gewähren und aus der Aufnahme in die Hausgemeinschaft ergibt." [199] ist deswegen aus heutiger Sicht nicht nachzuvollziehen.

Drittens schließlich besteht der Umstand, den das Reichsgericht in dieser Entscheidung mit dem ersten vermengt, in einer sittlichen Pflicht, die sich angeblich aus einer im Nationalsozialismus wurzelnden Kameradschaft in der Volksgemeinschaft zur Rechtspflicht verdichtet.[200]

Die letztgenannte Quelle zur Entstehung einer Garantenpflicht wurde sowohl vom Reichsgericht als auch in der damaligen Literatur befürwortet. So vertrat z. B. GREBE die These, daß Strafe die Sühne für "die Verletzung der Interessen des Volksganzen" bedeute und das diese Interessen unabhängig vom Bestehen eines Vertrages bestünden.[201]

Das ist nachzuvollziehen, wenn man dazu die weitere Begründung des Reichsgerichts liest, worin es heißt: "Ob eine allgemein anerkannte Pflicht zu dem weiteren Kreis der sittlichen Wertung oder dem hierin eingeschlossenen engeren Gebiet der rechtlichen Anforderungen gehört, beantwortet sich nicht danach, welche Einzelvorschriften das Gesetz hierüber getroffen hat, sondern vornehmlich danach, auf welcher aus dem Willen der Gemeinschaft heraus entwickelten Vorstellung von Recht seine Vorschriften aufgebaut sind."[202] Eine solche, an der Vorstellung von Recht ausgerichteten Begründung für das Entstehen einer Garantenpflicht

199 RGSt 69, 321
200 RGSt 69, 323
201 Vgl. Grebe 1936, S. 40 ff S. 55; ebenso Adami in der Anmerkung zu dieser Entscheidung des Reichsgerichts in JW 1935, 3468
202 vgl. RGSt 69, 323

begegnete heute schon im Hinblick auf das Bestimmtheitsgebot gemäß Art. 103 II GG erheblichen rechtsstaatlichen Bedenken.

Heute noch von Interesse sind die ersten beiden in dieser Entscheidung herangezogenen Quellen für Garantenstellungen: Gefahrengemeinschaft und Lebensgemeinschaft.

In den Fällen der Gefahrengemeinschaft handelt es sich um eine begrenzte Anzahl von Individuen, die gemeinsam einer besonderen Bedrohung ausgesetzt sind, die für die Mehrzahl der Menschen nicht besteht und die aus einer bestehenden menschlichen Gemeinschaft eine besondere Gemeinschaft mit der Folge entstehen läßt, daß die einzelnen Mitglieder der Gemeinschaft Garanten gegenüber den anderen werden.

Bei der Lebensgemeinschaft wird diese Pflicht, im Unterschied zur ersten, nicht von der Gefahr begründet, sondern sie besteht vom Zeitpunkt der Aufnahme in die Gemeinschaft und realisiert sich erst zugunsten des Opfers, wenn es durch einen weiteren Umstand in die Gefahr einer Rechtsgutsverletzung gerät.

Als solche Lebensgemeinschaften sind auch vom Bundesgerichtshof die familiäre und die häusliche Gemeinschaft angesehen worden.[203] Zu diesen Gemeinschaftsverhältnissen wurde vom Bundesgerichtshof etwa das Verlöbnis gezählt, wenn es mit der tatsächlichen Lebensgemeinschaft der beiden Verlobten einherging.[204] Ebenso zu den eine Garantenpflicht erzeugenden Lebensgemeinschaften gehören nach Auffassung der Rechtsprechung unter bestimmten Umständen Liebesverhältnisse[205] und homosexuelle, eheähnliche Lebensgemeinschaften.[206]

Jenseits des Bereichs, in dem Garantenpflichten für den Unterlassenden als Mitglied einer Gemeinschaft entstehen können, befindet sich danach die bloße Wohngemeinschaft [207], die lose Zechgemeinschaft[208] mit

203 vgl. BGHSt 2, 153; 13, 162; 19, 167
204 vgl. BGH JR 1955, 104; NJW 1960, 1821
205 vgl BGH JR 1956, 347
206 vgl. AG Duisburg MDR 1971, 1027; zustimmend S-K-Rudolphi § 13 Rn 51; Dreher-Tröndle § 13 Rn 10
207 vgl. BGH NStZ 1985, 122; NJW 1987, 850

anschließendem nächtlichen Spaziergang [209] und schließlich eine Gemeinschaft zum Genuß von Betäubungsmitteln.[210]

Abgesehen von der häuslichen oder der familiären Gemeinschaft ist auch von der heutigen Rechtsprechung außerdem die Gefahrengemeinschaft als garantenpflichtbegründend angesehen worden. Zu diesen Gefahrengemeinschaften zählen die Mitglieder einer Expedition ebenso wie die einer Bergbesteigung.[211]

IV Die Garantenstellung aus der Herbeiführung einer Gefahr durch den Unterlassenden (Ingerenz)

Bereits das Reichsgerichts hatte sich mit der Garantenpflicht aus der Herbeiführung einer Gefahr durch den Unterlassenden zu befassen. In einem der älteren Fälle aus dem Jahr 1886 hatte es darüber zu entscheiden, ob der Eigentümer eines Hauses, der es versäumt hatte, vor Einbruch der Dunkelheit die Gasbeleuchtung in einem dunklen Treppenhaus anzufachen, für die körperliche Verletzung eines Besuchers strafrechtlich einstehen mußte. [212] Das Reichsgericht bejahte diese Frage mit der Begründung, daß der Hauseigentümer durch sein dunkles Treppenhaus eine Gefahr der Verletzung Dritter hervor gerufen habe, die er deswegen als Garant zu verhindern verpflichtet gewesen wäre.

In einem einer späteren Entscheidung zugrundeliegenden Fall hatte das Reichsgericht darüber zu befinden, ob der Angeklagte, der ein Zimmer verschlossen hatte, ohne zu wissen, daß sich darin eine Person befand, nach Entdeckung dieses Umstandes die Tür hätte aufschließen müssen.[213] Das Reichsgericht gelangte in dieser Entscheidung zu dem Ergebnis, daß der Angeklagte durch das Verschließen der Tür eine Gefahr geschaffen habe, die zu einer Garantenpflicht dergestalt geführt hätte, daß er die Tür wieder auf-

---

208 vgl. OLG Düsseldorf NJW 1966, 1175
209 vgl. BGH NStZ 1983, 454
210 vgl. OLG Stuttgart NJW 1981, 182
211 vgl. schweiz. BG 46 (1957)302, 306; OG Bern SchwJZ 1945, 42, 44 f.; zustimmend S-K-Rudolphi § 13 Rn 55
212 RGSt 14; 362, 363
213 RGSt 24, 399

schließen mußte, sobald er von der in dem Zimmer gefangenen Person dazu aufgefordert wurde.

Das Reichsgericht hat das Hervorrufen einer garantiebegründenden Gefahr auch bei einer Ehebrecherin angenommen, die dadurch verpflichtet gewesen wäre, ihren Liebhaber vom Entschluß zum Meineid abzubringen, weil sie den Angeklagten als jugendlichen Liebhaber so stark in ein ehebrecherisches Verhältnis gezogen hatte, daß dieser alles für sie zu tun bereit war. Das Schwurgericht habe daher mit gutem Grund angenommen, sie hätte die Gefahr geschaffen, daß er seine unwahren Angaben bei der entscheidenden Zeugenvernehmung aufrecht erhalte und auch beschwöre. Die erfolglosen Versuche auf dem Weg zum Gericht, den Liebhaber von seinem Entschluß abzubringen, hielt das Reichsgericht nicht für ausreichend.[214]

In einem anderen Fall hat das Reichsgericht das Hervorrufen der Gefahr einer unvollständigen Aussage verneint, weil der Vorsitzende die Vernehmung der nun angeklagten Zeugin in einem früheren Verfahren abgebrochen hatte[215]. Deswegen war nach Ansicht des Gerichts eine Garantenpflicht der Zeugin nicht dahingehend entstanden, sich für eine erneute Vernehmung bis zum Abschluß der unvollständigen Aussage einzusetzen.

Eine der jüngsten Entscheidungen des Reichsgerichts aus dem Jahr 1936 führte zur Bestrafung des Angeklagten wegen Betruges durch Unterlassen[216]. In dieser Entscheidung hat das Gericht das Hervorrufen einer eine Garantenpflicht begründenden Gefahr darin gesehen, daß ein Versicherungsnehmer, der gutgläubig einen Irrtum der Versicherung über deren Zahlungspflicht erregt hatte, es nach der Entdeckung des Irrtumes unterließ, die Versicherung aufzuklären. Dieses Verhalten sah das Reichsgericht als ein Unterdrücken wahrer Tatsachen durch Unterlassen an, weil es der Garantenpflicht des Versicherungsnehmers entsprochen hätte, den Irrtum aufzuklären.

---

214 Vgl. RGSt 72, 20,23 u. d. ähnlichen Sachverhalte in BGHSt 1,129, 133; 2, 229,231; 14, 229; 17, 321,323
215 RGSt 57, 153, 154
216 RGSt 70, 226, 227

Die Rechtsprechung der Zeit nach dem Zweiten Weltkrieg knüpfte an die Zeit vor 1933 an, ließ aber eine Ausdehnung der Garantenstellung aus Ingerenz auch auf rechtmäßiges Vorverhalten zu. So hielt es der Bundesgerichtshof beispielsweise in einer seiner früheren Entscheidungen (1953) für richtig, daß eine Wirtin, die einem Stammgast innerhalb von zwei Stunden zehn Schnäpse serviert hatte, durch einen Telefonanruf bei der Polizei sicherstellte, daß der Stammgast nicht mit dem eigenen PKW nach Hause führe. Die Garantenpflicht habe sich aus der Verabreichung der Schnäpse ergeben. Die Versuche der Wirtin, ihren Gast durch gutes Zureden dazu zu bewegen, mit dem Trinken aufzuhören und ihm den Autoschlüssel abzunehmen waren insoweit erfolglos geblieben, als der Gast sich nur dazu herbeiließ, eine Flasche Coca-Cola zu trinken. Diese Versuche hat das Gericht nicht für ausreichend gehalten. Daraus folge eine Garantenstellung der Wirtin, die zu einer Pflicht zur Verhinderung der Trunkenheitsfahrt mit tödlichem Ausgang für eine und mit der Folge einer schweren Körperverletzung für eine andere Fußgängerin führte. [217]

In einer späteren Entscheidung (1963) hat der Bundesgerichtshof die Grenze bestimmt, jenseits derer nach seiner Auffassung das Hervorrufen einer Gefahr mit der Folge der Entstehung einer Garantenpflicht nicht mehr vorliegt.[218] Auch in diesem Fall handelte es sich beim Angeklagten um einen Gastwirt. Drei Gäste hatten in seiner Gaststätte zehn bis zwölf Runden Whisky ausgeknobelt und getrunken. Danach hatten sie sich über den Rat des Angeklagten hinweggesetzt, eine Taxe zu nehmen. Vielmehr fuhren sie mit dem Kraftfahrzeug nach Hause, wobei es zu einem Unfall kam, der die Verletzung von zwei Personen zur Folge hatte. Der Bundesgerichtshof entschied hier, daß der Ausschank alkoholischer Getränke sozialadaequat sei und damit keine Gefahr herbeiführe, die eine Garantenpflicht des Gastwirtes erzeuge, solange nicht eine Zurechnungsunfähigkeit der Gäste einträte, die für einen verständigen Menschen erkennbar wäre und die Unfähigkeit zu eigenen Entschlüssen herbeiführte. Andernfalls würde der Gastwirt zum Vormund oder Hüter seiner Gäste; solange der Gastwirt annehmen dürfe, sie seien noch Herren ihrer eigenen Entscheidung, träfe ihn keine Pflicht zum Einschreiten. Das entspäche den Interessen der Allgemeinheit ebenso wie

217 BGHSt 4, 20, 23/24
218 BGHSt 19, 152, 154/155

denen des Gastwirtes, der ein erlaubtes Gewerbe betreibe. Eine Aufsichtspflicht des Gastwirts sei insoweit abzulehnen.

Ebenso zu den Garantenpflichten aus dem Gesichtspunkt der Ingerenz gehört folgender Fall der Gastwirtshaftung: Ein Gastwirt, der einem betrunkenen Gast mehrfach ein Taxi zu bestellen angeboten und den Gast auf den Bürgersteig einer befahrenen Straße geführt hatte, damit er sich beim Herabsteigen einer kleineren Freitreppe nicht verletze, sei dadurch Täter einer Aussetzung gemäß § 221 StGB geworden. Der Gastwirt hätte es durch geeignete Maßnahmen verhindern müssen, daß sein Gast danach vornüber auf die Fahrbahn fiel und überfahren wurde. Das Gericht verurteilte den Gastwirt, weil er den betrunkenen Gast, der in seiner Obhut stand, in hilfloser Lage verlassen habe. [219]

Für die Obhutspflicht als Voraussetzung für die Verwirklichung des Tatbestandes der Aussetzung gelten nach der Rechtsprechung des Bundesgerichtshofes die gleichen Grundsätze, wie für die Garantenpflicht bei den unechten Unterlassensdelikten.[220] In diesem Fall hielt der Bundesgerichtshof eine Obhutspflicht des Gastwirts aus dem Gesichtspunkt der Ingerenz für gegeben.

Die Schaffung einer Gefahr sah der Bundesgerichtshof darin, daß der Gastwirt dem noch nicht augenscheinlich betrunkenen aber schon angetrunkenen Gast zwei Gläser Bier und eine Mischung aus fünf Gläsern mit mehreren Schnäpsen und Limonade verabreicht hatte. Diese trank der Gast hastig, so daß er alsbald stark betrunken war.

Eine Entscheidung der Streitfrage, ob erst pflichtwidriges oder schon pflichtgemäßes Handeln zur Begründung einer Garantenpflicht führe, hielt das Gericht hier nicht für erforderlich, denn in dem zu entscheidenden Fall wäre die Vorhandlung pflichtwidrig gewesen. Zwar erfülle das Ausschenken von Alkohol allein noch nicht die Voraussetzung der Ingerenz, solange der Gast noch nicht betrunken sei und ein Verstoß gegen die Bestimmungen des GastG nicht vorliege. Die Grenze zwischen pflichtmäßigem, weil sozialübli-

219 BGHSt 26, 35
220 vgl. BGHSt 26, 37; ebenso zuletzt BGH NStZ 1983, 454

chem einerseits und pflichtwidrigem Handeln andererseits sei überschritten, wenn der Gast offensichtlich so betrunken sei, daß er nicht mehr Herr seiner eigenen Entscheidung wäre. In diesem Fall sei der Gastwirt verpflichtet, Gefahren, die von dem Gast für sich selbst und für andere ausgingen, abzuwenden. Dazu sei eine schuldhafte Verursachung der Trunkenheit nicht erforderlich.[221]

Darüberhinaus habe der Gastwirt den Gast auf die belebte Straße geführt. Dadurch habe er die dem Betrunkenen drohenden Gefahren nicht unerheblich erhöht. Auch dieses Verhalten wäre nicht mehr sozialadaequat gewesen. Die gute Absicht des Gastwirtes, die sich im Hinausbegleiten gezeigt habe, ändere daran nichts. Zwar begründe der Versuch allein, Hilfe zu leisten, noch keine Garantenstellung. Wenn sich aber dadurch Gefahren ergäben, die in diesem Maße vorher noch nicht bestanden hätten, führe das zu einer Garantenstellung. Der Gastwirt hätte den Gast bis zum Eintreffen eines zu bestellenden Taxis oder nötigenfalls der herbeizuholenden Polizei festhalten können und müssen.

Die in dieser Entscheidung bereits erkennbare Tendenz, Garantenpflichten nur bei pflichtwidrigem Verhalten zur Enstehung kommen zu lassen, hat der Bundesgerichtshof in weiteren Entscheidungen verfestigt. So entschied das Gericht später, daß der in Notwehr Handelnde nicht zum Garanten für den Angreifer werde. Dieser sei, ebenso wie etwa ein Unfallopfer, nur durch den Tatbestand der unterlassenen Hilfeleistung geschützt[222]. Desgleichen solle ein verkehrsgerecht handelnder Kraftfahrer nicht Garant für den allein schuldigen Unfallverursacher sein,[223] wohl aber ein verkehrswidrig Handelnder[224].

Diese Tendenz setzt sich bis in eine der jüngeren Entscheidungen des Gericht aus dem Jahre 1986[225] fort, in der über den Sachverhalt zu entscheiden war, daß ein Autofahrer auf einer Landstraße mit der Geschwindigkeit von 120 km/h auf ein vor ihm fahrendes Kleinkraftrad auffuhr. Zugunsten des

221 BGHSt 26, 38
222 BGHSt 23, 327,328; ebenso BGH NStZ 1987, 171
223 BGHSt 25,218; zustimmend Rudolphi JR 1974, 160
224 BGHSt 34, 82
225 BGH JR 1987, 161 f.

Autofahrers war davon ausgegangen worden, daß der Fahrer des Kleinkraftrades kurz vor dem Zusammenprall der Fahrzeuge nach links gelenkt hatte, so daß der Fahrer des Kraftfahrzeuges auch bei der Einhaltung der zulässigen Höchstgeschwindigkeit von 100 km/h den Unfall weder durch scharfes Bremsen noch durch ein Ausweichmanöver hätte verhindern können.

Das Gericht hat hier die Entstehung einer Garantenpflicht gegenüber dem nach dem Unfall stark blutend im Straßengraben liegenden Fahrer des Kleinkraftrades zur Abwehr seines drohenden Todes angenommen, weil sich der angeklagte Fahrer des Kraftfahrzeuges durch sein zu schnelles Fahren nicht verkehrsgerecht verhalten habe. Das Hervorrufen einer Gefahr durch den Unterlassenden führe nur dann nicht zur Entstehung einer Garantenpflicht aus Ingerenz, wenn sich der Unterlassende beim Hervorrufen der Gefahr innerhalb des Rahmen der als sozialüblich gebilligten Verhaltensweisen gehalten habe. Von einem sozialüblichen Verhalten könne aber nur gesprochen werden, solange der Fahrer ordnungsgemäß gefahren sei und auch nicht gegen sonstige, dem Schutz anderer Verkehrsteilnehmer dienende Regeln verstoßen habe, also nichts in seinem Gesamtverhalten von der Allgemeinheit mißbilligt werden könne.[226]

Die jüngste Entscheidung des Bundesgerichtshofes zur Garantenpflicht aus dem Jahr 1990 zur Ingerenz liegt auf der gleichen Linie. Das Gericht hatte zu entscheiden, ob und inwiefern der Hersteller oder der Produzent eines die menschliche Gesundheit gefährdenden Ledersprays nach eingegangenen Schadensmeldungen zum Rückruf dieses Sprays verpflichtet ist.[227] Es erkannte darauf, daß ein Hersteller oder Händler, der Produkte in den Verkehr bringt, die entgegen seinen Erwartungen die Gefahr des Eintritts gesundheitlicher Schäden in sich bergen, zur Schadensabwendung verpflichtet sei. Käme er dieser Verpflichtung schuldhaft nicht nach, so hafte er für die dadurch hervorgerufenen Schäden strafrechtlich unter dem Gesichtspunkt der Körperverletzung durch Unterlassen. Nach Auffassung des Gerichts ergab sich die Garantenstellung aus dem vorangegangenem, pflichtwidrigen

---

226 vgl. BGH JR 1987,162
227 vgl. BGH NJW 1990, 2560 f.; sog. Lederspray-Entscheidung

Gefährdungsverhalten, ein Lederspray in Verkehr zu bringen, von dem sich später herausstellte, daß es Gesundheitsschäden hervorrief.

Darüberhinaus ergebe sich die Pflichtwidrigkeit aber auch aus gesetzlichen Vorschriften, denn die Angeklagten hätten der Bestimmung des § 30 Nr. 2 LMBG zuwider gehandelt. Danach dürfen als Bedarfsgegenstände solche Gegenstände oder Mittel nicht in den Verkehr gebracht werden, die bei bestimmungsgemäßem Gebrauch die Gesundheit durch ihre stoffliche Zusammensetzung zu schädigen geeignet sind. Zur Pflichtwidrigkeit genüge die rechtliche Mißbilligung des Gefährdungserfolges. Der Unterlassende müsse sich nicht fahrlässig verhalten[228]. Darin liege keine unzulässige Erweiterung der strafrechtlichen Verantwortlichkeit, denn die Bejahung einer Garantenstellung entscheide nur über den Kreis der Normadressaten, nicht über die Strafbarkeit ihres Verhaltens[229].

Die Frage, unter welchen Voraussetzungen eine Garantenstellung aus dem Gesichtspunkt der Ingerenz entsteht, ist in der Literatur heftig umstritten[230]. Ob der herrschenden Meinung in der Literatur, die nur ein pflichtwidriges Vorverhalten für ausreichend hält,[231] oder der anderen Ansicht, die jedes kausale Vorverhalten ausreichen läßt,[232] der Vorzug zu geben ist, vermag erst nach einer eingehenden Auseinandersetzung mit den verschiedenen Standpunkten einem Lösungsversuch zugeführt werden[233].

---

228 vgl. dazu aber Rudolphi in der Anm. zu BGH JR 1987, 162, 163, der die Verletzung einer dem Unterlassenden obliegenden Sorgfaltspflicht, in deren Schutzbereich die zu bekämpfende Gefahr liegen muß, verlangt

229 vgl. BGH aaO S. 2563

230 vgl. zum heutigen Meinungsstand Rudolphi in der Anm. z. BGH JR 1987, 161 ff u. BGH NJW 1990, 2560, 2563

231 so schon Welzel LB S. 216; Blei AT S. 324; Jescheck LB S. 565 u. L-K-Jescheck § 13 Rn 33; S-K- Rudolphi § 13 Rn 38 ff; Sch-Sch-Stree § 13 Rn 35,35a; Schmidhäuser AT 16/54

232 Baumann/Weber S. 248; Herzberg, Unterlassung.. S. 294 ff; ders. JZ 1986, 986,989; Maurach/Gössel AT/2 S. 170 ff; Welp S. 209

233 vgl. u. 2. Teil C 3 b)

V Die Garantenstellung aus der Verantwortlichkeit für gefährliche Sachen

Hierzu zählen noch nicht die Entscheidungen der Rechtsprechung zur Garantenhaftung des Wohnungsinhabers, denn die schlichte Inhaberschaft der Wohnung allein als Gefahrquelle wurde vom Bundesgerichtshof nicht als ausreichend für die Entstehung einer Garantenpflicht angesehen. Das Gericht entschied vielmehr, daß derjenige, der einen anderen in seiner Wohnung aufnehme, Garant dafür sei, daß diesem durch andere Gäste kein Schaden zugefügt werde[234].

Der Wohnungsinhaber hafte für Schäden seiner Gäste strafrechtlich nicht allein aus der Inhaberschaft der Wohnung, sondern es bedürfe zu seiner Garantenstellung noch eines weiteren Umstandes, wie etwa die Stellung des Täters als Haushaltungsvorstand, seine Eigenschaft als Ehemann, der Aufnahme einer Person in den Schutzbereich der Wohnung oder eines besonderen Gefahrenpotentials der Wohnung[235]. Nach einer Entscheidung des OLG Zweibrücken gelten die gleichen Grundsätze bei dem Eigentümer eines Grundstücks. Der Inhaber eines Gartens nehme nicht schon deswegen eine Garantenstellung zur Verhinderung der Anpflanzung von Cannabispflanzen ein, weil dieser Garten der Ort der Anpflanzung sei. Zu einer Gefahrquelle, für die der Inhaber einstehen müßte, könnte der Garten aber dann werden, wenn er aufgrund seiner Lage oder Beschaffenheit zum Mittel der leichteren Ausführung einer Tat werden könne[236].

Die Entwicklung der Rechtsprechung im Hinblick auf die Garantenpflichten des Verantwortlichen für die einer Sache innewohnende Gefahr hat sich im Zusammenhang mit den Entscheidungen zur Garantenpflicht der an einer Baustelle Beteiligten vollzogen[237].

Die dabei zu Tage getretene Auffassung des Bundesgerichtshofes beinhaltet eine Abkehr von der ursprünglichen Ansicht des Reichsgerichts. Dieses hatte in einer Entscheidung aus dem Jahre 1910 erkannt, daß die Aufgabe eines Bauleiters sich darin erschöpfe, die vertragsgemäße Herstellung eines

---

234 BGHSt 27, 10
235 BGHSt 29,391; ebenso BGH NStZ 1985, 122
236 OLG Zweibrücken StV 1986, 483, 484
237 vgl. zunächst BGHSt 19, 286

Bauwerks im Hinblick auf die Abnahme durch den Bauherrn gemäß § 640 BGB zu überwachen[238]. In einer späteren Entscheidung aus dem Jahre 1940 änderte das Reichsgericht seine Ansicht dahingehend, daß den Bauleiter die Pflicht treffe, sich über alle Verhältnisse, die für die Sicherheit von Bedeutung seien, zu vergewissern. Dies gelte insbesondere dann, wenn der Bauleiter auf die Gefährlichkeit der Baustelle aufmerksam gemacht worden sei. Die Unterlassung von besonderen Sicherheitsmaßnahmen rechtfertige eine Verurteilung wegen fahrlässiger Tötung und Körperverletzung[239]. Die jüngere Entscheidung des Reichsgerichts enthält keine Begründung für die Abkehr von der Linie der erstgenannten Entscheidung.

Erst in neuerer Zeit hat der Bundesgerichtshof die Garantenstellung aus der Verantwortlichkeit für Gefahrquellen bestätigt. Diese Garantenpflicht ergibt sich nach seiner Auffassung in einer grundsätzlichen Entscheidung aus einer allgemeinen Verkehrsicherungspflicht. In dieser Entscheidung[240] führt das Gericht aus, der Bauherr könne sich auch durch die Einsetzung eines Bauunternehmers nicht entpflichten. Seine der allgemeinen Verkehrssicherungspflicht zu entnehmende Garantenstellung bliebe insoweit bestehen, als er die Verantwortung für die Auswahl des Unternehmers trüge.

Sofern der Bauherr eine Nachlässigkeit des Unternehmers wahrnehme, habe er dieser entgegenzutreten. Die gleichen Grundsätze gälten für diejenigen Personen, die für ihn - sei es als Architekt oder als Statiker - die Aufgabe übernähmen, die Ausführung des Baus zu überwachen.

Die Grundsatzentscheidung des Bundesgerichtshofes enthält zur Begründung einen Hinweis auf die zweite Entscheidung des Reichsgerichts und die Monographie von GALLAS[241], mit der sich an anderer Stelle[242] auseinander gesetzt werden soll. Wenn der Architekt durch seine Stellung als Bauleiter an die Stelle des Bau*herrn* träte, welcher seine Garantenpflicht an den Bau*unternehmer* delegiert habe und somit aus dem Gesichtspunkt der Verkehrssicherungspflicht nur für Gefahren aus der Baustelle, aber nicht für

238 so noch RGSt 43, 326f
239 RG JW 1940,707 r. Sp.
240 BGHSt 19, 286, 288/289
241 Gallas, Die Strafrechtliche Verantwortung der am Bau Beteiligten, Heidelberg 1963, S. 38 ff
242 vgl. u. 2. Teil C 2 g) aa)

solche, die die Arbeiter des Bauunternehmers herbeigeführt hätten, könne auch der bauleitende Architekt nicht in stärkerem Maße strafrechtlich zur Verantwortung gezogen werden.[243]

In einer seiner letzten Entscheidungen zu den Garantenpflichten aus dem Gesichtspunkt der Verletzung von Verkehrssicherungspflichten aus dem Jahr 1990[244] deutet das Gericht allerdings eine Hinwendung zur Zurückhaltung bei der Verknüpfung zivilrechtlicher Verkehrssicherungspflichten mit strafrechtlichen Garantenpflichten an.

Es handelt sich dabei um die bereits erwähnte Lederspray-Entscheidung. Der Bundesgerichtshof nahm hier zwar keinen Fall der strafrechtlichen Haftung aus einer verletzten Verkehrssicherungspflicht an, führte aber aus, daß bei der Bestimmung der strafrechtlichen Verantwortlichkeit die am Schadenersatz orientierten Haftungsprinzipien des Zivilrechts nicht unbesehen herangezogen werden dürften.[245] Es wird noch eingehend darzulegen sein, ob und unter welchen Voraussetzungen Verkehrssicherungspflichten zur Begründung von Garantenstellungen führen können.[246]

Der Bundesgerichtshof hält gleichwohl an der Rechtspflichttheorie fest. Er entschied im Jahre 1991[247], daß den Bürgermeister einer Gemeinde die Garantenpflicht treffe, gegen die umweltgefährdende Abfallbeseitigung der Bürger seiner Gemeinde mit verwaltungsrechtlichen Mitteln vorzugehen. In diesem Fall hatte der Angeklagte geduldet, daß entgegen einer städtischen Abwassersatzung eine Vielzahl von Bürgern ihr häuslichen Abwässer über die städtische Kanalisation in den Vorfluter ablaufen ließen. Der Gegenstand des strafrechtlichen Vorwurfs wurde darin gesehen, daß der Bürgermeister die Bürger, die selbst Täter einer umweltgefährdenden Abfallbeseitigung waren, nicht mit den ihm zu Gebote stehenden Mitteln (Verwaltungszwang) daran gehindert hatte. Als Grundlage dieser Garantenpflicht sah der Bundesgerichtshof eine entsprechende Schutzpflicht der Gemeinde für die

243 ebenso OLG Stuttgart NJW 1984, 2897, 2898
244 BGH NJW 1990, 2560,2560
245 vgl. BGH aaO S. 2562
246 vgl. die Darstellung der Ansicht von Gallas u. 2. Teil C II 2 g) aa) sowie die eigene Ansicht zur Begründung einer Garantenstellung zur Überwachung sachlicher Gefahren 2. Teil C II 3)
247 vgl. BGH NJW 1992, 3247 ff

Erhaltung der Reinheit der Gewässer an. Diese Pflicht sei in den Vorschriften des Wasserhaushaltsgesetzes und der Landeswassergesetze verwurzelt. [248] Die Gemeinde sei daher für den Schutz der Reinheit der Gewässer auch strafrechtlich verantwortlich. Darüberhinaus ergebe sich aus der Zuweisung der Aufgabe im Rahmen der kommunalen Selbstverwaltung, die Abwasserentsorgung zu übernehmen, auch die Verantwortung, die damit für das Rechtsgut der Reinheit der Gewässer verbundenen Gefahren abzuwehren. Diese verwaltungsrechtliche Pflicht diene zumindest auch dem Schutz des in § 326 StGB mit Strafe bewehrten Rechtsgutes und stimme insoweit mit dem strafrechtlichen Normgebot überein.

Die Frage, ob und inwiefern Amtsträger eine Garantenstellung inne haben, vermöge deren sie dazu aufgerufen sind, die Straftaten von Bürgern zu verhindern, ist in der Literatur umstritten und wird noch eingehend zu erörtern sein. [249]

C. Die neuere Lehre

I. Ausgangspunkt

WELZEL gehörte noch zu denjenigen Vertretern der Literatur, die es vom Standpunkt der überkommenen Rechtspflichttheorie aus unternahmen, die Garantenpflichten nach ihrem Entstehungsgrund zu ordnen und zu definieren.[250] Den Entstehungsgründen entsprechend unterschied er Garantenstellungen aus rechtlichen Institutionen (Ehe, Familie, elterliche Gewalt, Vaterschaft, usw.), tatsächlicher Gewährübernahme, Ingerenz und einem speziellen Treueverhältnis.

Der Inhalt der einzelnen Garantenpflichten ergab sich für ihn aus einer Untergruppenbildung. Wichtigste Untergruppe der ersten Garantenpflicht aus rechtlichen Institutionen war die Schutz- und Beistandspflicht zwischen nahen Verwandten, deren Inhalt je nach verwandtschaftlicher Nähe variieren sollte. Für die Randgebiete der Verwandtschaft sah er erhebliche Schwierig-

248 vgl. BGH NJW 1992, 3249
249 vgl. u. die Erörterung der Garantenstellung von Amtsträgern 2. Teil C II 4 a)
250 vgl. Welzel Lb S. 207 ff, insbes. 213-217

keiten bei der Abgrenzung des Kreises der in Frage kommenden Personen. Damit ist bereits von einem Vertreter der Rechtspflichttheorie selbst auf ihren entscheidenden Nachteil hingewiesen worden. Der Inhalt der Garantenpflicht ist auf dem Boden dieser Theorie stets schwer abzugrenzen.

So erkennt WELZEL neben den Garantenpflichten aus vorangegangenem Tun noch solche an, die ihre Wurzeln im sozialen Herrschaftsbereich eines Menschen haben und andere, die aus einer Verkehrsicherungspflicht (des Gefahrquelleninhabers ?) folgen.[251] Dabei wird nicht klar, wodurch sich diese von WELZEL selbst als verschieden angesehenen Pflichten inhaltlich unterscheiden.[252] Die Garantenpflichten aus besonderem Treueverhältnis hält er "für ein Sammelbecken für den Versuch, die Garantenhaftung über den traditionell gesicherten Bestand hinaus zu erweitern."

Die Funktionenlehre ARMIN KAUFMANNs bestimmt die Garantenpflichten nach materiellen Gesichtspunkten. Sie unterscheidet Garantenpflichten mit Schutzfunktion gegenüber bestimmten Rechtsgütern und andere mit der Funktion der Überwachung einer Gefahrquelle.

Den Ausgangspunkt der Funktionenlehre ARMIN KAUFMANNs bildet die Erkenntnis, daß Begehungsdelikte einerseits und unechte Unterlassungsdelikte andererseits von einander wesensmäßig verschieden sind. Infolgedessen schlugen nach seiner Ansicht alle bisherigen Versuche, die Dogmatik der unechten Unterlassungsdelikte ohne Berücksichtigung dieses Unterschiedes zu klären, fehl.[253] Sie litten an dem methodischen Fehler, die unechte Unterlassung der Systematik der Begehung einzuverleiben und die Frage der Gleichstellung zu lösen, ohne zuvor zu klären, wie die Unterlassung im Unterschied zur Begehung beschaffen ist. Das Ergebnis der Strafbarkeit bestimmter Verhaltensweisen habe bereits festgestanden, bevor die dogmatische Konstruktion bemüht worden wäre.[254] Dem Ansatz NAGLERs sei es zu verdanken, daß der Sitz des eigentlichen Problems im Tatbestand deutlich geworden wäre. Das unechte Unterlassungsdelikt besäße einen eigenen Tatbestand, auf welchem Unrecht und Vorwerfbarkeit aufbauten. Dieser Tat-

251 ders. aaO S 216
252 so auch Rudolphi Gleichstellungsproblematik S. 68 u. 153 f
253 Armin Kaufmann Die Dogmatik der Unterlassungsdelikte S. 272
254 Armin Kaufmann aaO S. 273

bestand begründe eine Erfolgsabwendungspflicht, die nicht einem Verbotstatbestand, sondern einem Gebotstatbestand unterfiele.[255]

Schutzpflichten können danach aus einem Rechtssatz selbst oder aus der vertraglichen Übernahme einer Schutzpflicht entstehen. Ihr Inhalt besteht darin, den Träger eines bestimmten Rechtsgutes vor einem Schaden daran zu bewahren. Der Adressat dieser Pflicht sei zur Rundumverteidigung dieses Rechtsgutes auf den Posten gestellt.

Die Überwachungspflichten gingen demgegenüber dahin, eine bestimmte Quelle von Gefahren für beliebige Rechtsgüter Dritter einer Kontrolle dergestalt zu unterwerfen, daß die Gefahren sich nicht in einem Schaden an dem Recht eines Dritten realisierten. [256]

Die Garantenstellung aus der Überwachung von Gefahrquellen ergebe sich aus der Ingerenz und für die Gefahren, die im sozialen Herrschaftsbereich einer Person aufträten sowie aus denjenigen Pflichtenstellungen, die aus speziellen Vertrauensverhältnissen folgen. Dabei sei es möglich, daß die Pflicht der Erfolgsabwendung darin besteht, eine konkrete oder sogar abstrakte Gefährdung eines Rechtsgutes abzuwenden, wenn die Herbeiführung der konkreten oder abstrakten Gefahr unter Strafe gestellt ist. Deswegen könne der "Erfolg", der i. S. der Garantenpflicht abzuwenden ist, auch in der Gefährdung eines Rechtsgutes bestehen.[257]

Diese Einteilung der Garantenpflichten in Schutzpflichten und Überwachungspflichten ist innerhalb der Lehre heute nahezu unbestritten.[258] Gleichwohl gehen die Meinungen darüber, unter welchen Voraussetzungen Garantenpflichten entstehen, auseinander.

Im folgenden sollen die verschiedenen Lehren zur Bestimmung der Voraussetzungen von Garantenstellungen, die sich im Anschluß an die Funk-

---

255 Armin Kaufmann aaO S. 274
256 Armin Kaufmann aaO S. 283
257 ders. aaO S. 284
258 vgl. Dreher/Tröndle § 13 Rn 5; allerdings bemerkt Jakobs (Lb 29/27), daß sich der Erkenntniswert der funktionalen Lehre Kaufmanns dabei erschöpfe, weil über den genauen Inhalt der Pflicht immer noch keine Klarheit bestehe

tionenlehre KAUFMANNs entwickelt haben, entsprechend ihren Grundansätzen dargestellt werden.

II. Die verschiedenen Grundansätze der neueren Garantenlehren und ihre Anwendung auf drei leading cases

Die einzelnen Standpunkte werden getrennt nach Überwachungsgarantenstellung und Beschützergarantenstellung für die umweltgefährdende Abfallbeseitigung untersucht. Dabei kommen grundsätzlich die im Folgenden beschriebenen "leading cases" in Betracht.

1) Darstellung der "leading cases"

a) Der Grundfall

Der Besitzer von Abfällen unterläßt es, Abfälle ordnungsgemäß zu entsorgen, obwohl sie von der Beseitigung durch die zuständige öffentlich rechtliche Körperschaft von der Entsorgung ausgeschlossen wurden, § 3 IV AbfG, er also selbst zur Entsorgung berufen ist.

Wenn der Besitzer von Abfällen seiner Beseitigungspflicht nicht entspricht, käme man unter Anwendung der auch heute noch von der Rechtsprechung angewandten Rechtspflichttheorie wegen des Gesetzesverstoßes zu einer Garantenpflicht des Abfallbesitzers. Zu Recht hat aber KAUFMANN darauf hingewiesen, daß der Verstoß gegen eine außerstrafrechtliche Norm, die es gebiete, eine Rechtsgutsverletzung zu verhindern, nicht notwendigerweise bedeutet, daß damit auch strafbares Unrecht geschieht. Wenn z.B. ein Gesetz es vorschreibe, daß Postbeamte während ihrer Dienstzeit stets jede Gefahr für Leib oder Leben eines Bürgers zu schützen hätten, so würde aus dem gegen diese Pflicht verstoßenden Unterlassen eines Postbeamten, welches den Tod eines Bürgers zur Folge hätte, nicht ohne weiteres folgen, daß er aus § 212 StGB zu bestrafen ist. Erforderlich sei es vielmehr, unabhängig vom Verstoß gegen das Gesetz zu prüfen, ob dieses Unterlassen dem positiven Tun gleichsteht.[259]

---

259 vgl. Armin Kaufmann aaO S. 286

b) Die wilde Abfallbeseitigung

Der Besitzer von Abfällen lagert sie auf einem fremden Grundstück; dabei geht er davon aus, der Eigentümer werde schon etwas unternehmen. Entgegen dieser Vorstellung unternimmt der Eigentümer nichts.

Bei diesem Fall ist Täter des Begehungsdeliktes derjenige, der sich seiner Abfälle auf dem Privatgrundstück eines Dritten entledigt. Fraglich ist es demgegenüber, ob der Eigentümer, der nichts unternimmt, strafrechtlich zur Verantwortung gezogen werden kann. Das Landgericht Koblenz hat in einem solchen Fall die Verantwortlichkeit des Eigentümers angenommen.[260] Der Entscheidung des Gerichts lag der Sachverhalt zugrunde, daß auf einem Grundstück über längere Zeit von Unbekannten Bauschutt, Bitumen, ausgedientes Handwerkszeug, Altreifen u.ä. abgelagert worden waren. Das strafrechtlich relevante Verhalten des Oberbürgermeisters der Gemeinde, der das Grundstück gehörte, hatte die Anklagebehörde darin gesehen, daß er es versäumt habe, geeignete Maßnahmen zur Unterbindung weiterer Ablagerungen zu veranlassen. Das Gericht sah es als erwiesen an, daß der Oberbürgermeister eine Garantenstellung innehatte, vermöge derer er verpflichtet gewesen wäre, gegen weitere Ablagerungen einzuschreiten und für die ordnungsgemäße Entsorgung bereits abgelagerter Abfälle zu sorgen. Diese Garantenstellung ergab sich nach den Entscheidungsgründen aus dem Gesichtspunkt der Zustandsstörung.[261] Anstelle einer Begründung findet sich dort ein Hinweis auf Literatur und Rechtsprechung.[262] Der vom Gericht zitierte STEINDORF führt aus, daß nach polizeirechtlichen Grundsätzen, die hier heranzuziehen seien, auch derjenige Abfallbesitzer werde, auf dessen Grundstück Dritte unberechtigt Abfälle abladen. Auf einen entgegenstehenden Willen komme es nicht an.

Auch STEINDORF gibt keine Begründung dafür, weshalb im Rahmen des § 326 StGB die verwaltungsrechtliche Zustandshaftung gelten müsse und warum diese zu einer Garantenpflicht für den Eigentümer des Grundstücks führt.

---

260 NStZ OLG Koblenz 1987, 281
261 vgl. NStZ 1987, 282
262 L-K-Steindorf § 326 Rn 7 und BayObLGSt 81,171(178); 73, 166(168) sowie OLG Frankfurt/M NJW 1974, 1666 ff

Darüberhinaus müßte unterschieden werden zwischen der Pflicht, gegen weitere Ablagerungen vorzugehen und der weiteren Pflicht, bereits abgelagerte Abfälle zu entsorgen.

Weil die Pflichtigkeit nach dem Abfallgesetz davon abhängt, wer Besitzer der Abfälle ist und das Strafrecht hier dem Abfallgesetz zu folgen hat, bedarf es, bevor von einer Garantenstellung des Grundstückseigentümers die Rede sein kann, der Beantwortung der Frage, ob und unter welchen Voraussetzungen jemand Abfallbesitzer wird b.z.w. werden kann, wenn Dritte sich seines Grundstücks als Müllhalde ungebeten bedienen. Dieser Frage ist das Oberlandesgericht Koblenz nicht nachgegangen.

c) Der Verpächterfall

Der Eigentümer eines Grundstücks überläßt die Nutzung einem Dritten, der dort Abfälle unsachgemäß lagert. Der Eigentümer kümmert sich nicht darum, nachdem der Pachtvertrag abgelaufen ist.

In einem Fall wie diesem hat der Bayerische Verwaltungsgerichtshof die Garantenpflicht eines Verpächters angenommen, vermöge derer er gegen die nicht ordnungsgemäße Abfallbeseitigung seines Pächters einzuschreiten verpflichtet gewesen wäre.[263] Der Pächter hatte gefährliche Chemikalien in einem Wellblechschuppen auf dem gepachteten Grundstück gelagert, die er veräußern wollte. Durch einen Zwischenfall, bei dem dieser Schuppen beschädigt worden war, waren die Chemikalien in einen Zustand geraten, der ihre Verwertung wirtschaftlich nicht mehr vertretbar sein ließ. Nach Ablauf der Pachtzeit wurde das Grundstück zurückgegeben, ohne daß die Chemikalien zuvor vom Pächter ordnungsgemäß entsorgt worden wären. Die Rechtspflicht zur ordnungsgemäßen Beseitigung für den Verpächter ergab sich nach den Gründen der Entscheidung aus dem Gesichtspunkt des vorangegangenen Tuns. Der Verpächter habe sein Grundstück mit Fabrikgebäuden gerade zu dem Zweck des Betriebs einer Lederfabrik verpachtet und damit eine besondere Gefahrquelle für die vom Abfallgesetz geschützten Gemeinschaftsgüter auf seinem Grundstück geschaffen. Durch die vertragliche Überlassung des

---

263 Bay VGH ZfW 1981, 178 ff

Betriebsgeländes habe er dem Pächter zweckgerichtet und bewußt die Möglichkeit eröffnet, das Grundstück in abfallrechtlich relevanter Weise zu nutzen. Hieraus wäre ihm eine Garantenpflicht erwachsen, die ihn verpflichtete, durch vertragliche Vereinbarungen sicherzustellen, daß der Pächter das Betriebsgelände in abfallrechtlich einwandfreier Weise nutze.

2) Anwendung der Grundansätze auf den Überwachergarant im Rahmen des § 326 StGB

a) Vorüberlegung

Der Besitzer von Hausabfall und gefährlichem Abfall ist nur verpflichtet, den bei ihm angefallenen Abfall der beseitigungspflichtigen Körperschaft des öffentlichen Rechts zu überlassen, § 3 I AbfG. Der Besitzer von Sonderabfall und von gefährlichem Sonderabfall muß selbst für die ordnungsgemäße Entsorgung dieser Stoffe sorgen, § 3 III, IV AbfG. Fraglich ist, ob diese verwaltungsrechtliche Pflicht zu einer strafrechtlichen Garantenpflicht führt. Hier ist von folgendem Gedanken auszugehen: die Garantenpflicht formuliert nichts anderes als ein dem strafrechtlich normierten Verbot einer Handlungsweise entsprechendes Gebot einer Verhaltensweise.

Das strafrechtliche Verbot des § 326 I StGB lautet: Beseitige nicht! Es lautet nicht: Verstoße nicht gegen die Überlassungspflicht! Demnach kann sich aus der öffentlich-rechtlichen Überlassungspflicht auch keine strafrechtliche Garantenpflicht mit dem Inhalt ergeben, für eine ordnungsgemäße Überlassung zu sorgen. Eine Garantenpflicht kann sich also nur insoweit ergeben, als es um die unterlassene ordnungsgemäße Beseitigung geht.

Nach der hier vertretenen Ansicht ist auch der Besitzbegriff des Abfallrechts bürgerlich-rechtlicher Natur und von dem Institut der Zustandshaftung verschieden. Dies bedeutet, daß ein Ablegen von Abfällen gegen den erklärten Willen des Grundstückseigentümers nicht dazu führt, daß der Grundstücksinhaber auch Abfallbesitzer wird.[264] Nach den Feststellungen

264 vgl. o. 1. Teil I 2 c)

des Oberlandesgerichts Koblenz[265] hat der verurteilte Oberbürgermeister einen entgegenstehenden Willen nicht erklärt, sondern er hat in Kenntnis der Sachlage nichts unternommen. Unter Zugrundelegung der hier vertretenen Ansicht reicht ein solches Verhalten nicht aus, um von einem abfallrechtlich relevanten Besitz des Bürgermeisters zu sprechen. Nach Abfallrecht sind diejenigen zur Beseitigung oder Überlassung verpflichtet, die die in Rede stehenden Abfälle auf dem gemeindlichen Grundstück abgelegt haben. Damit diese Pflicht auf den Bürgermeister übergehen kann, hätte er die Abfälle in Besitz nehmen müssen. Zur Herbeiführung der Pflichtverlagerung reicht es nicht aus, daß die eigentlich Verpflichteten im Wege der Dereliktion den Besitz an den Abfällen aufgeben, sondern zusätzlich müßte es bei dem Bürgermeister zu einer von seinem Willen getragenen Begründung eines neuen Besitzes gekommen sein, damit als Folge dessen die abfallrechtliche Pflicht der Beseitigung bei ihm entstehen kann.

Angenommen, aus der Haltung des Bürgermeisters könnte eine konkludente Zustimmung zu dem Abladen der Stoffe entnommen werden, so wäre er Abfallbesitzer geworden. Dann erst stellte sich die Frage einer Garantenpflicht.

b) Die Garantenlehren mit sozialethischem Ausgangspunkt und die Grundfallmethode

aa) ANDROULAKIS

Die Frage, wann ein Unterlassen einem Tun gleichzustellen sei, beantwortet ANDROULAKIS in einem zweistufigen Verfahren. Zum einen erfordere die Gleichstellung eine seinsmäßige Vergleichbarkeit der Untätigkeit mit dem erfolgsabwendenden und tatsächlich möglichen aktiven Tun.[266] Andererseits ergebe sich aus dem sozialen Klima, ob eine strafbewehrte Pflicht zur Handlung für den Unterlassenden bestehe.

Die erste Stufe setze voraus, daß der Unterlassende zum Geschädigten, zu einem Schädiger oder zu einer gefährdeten oder gefährlichen Sache im Sinne

265 vgl. OLG Koblenz NStZ 1987, 281
266 Androulakis, Studien zur Problematik der unechten Unterlassungsdelikte, S. 160

einer engeren sozialen Ordnung zugehörig sei.[267] Liege eine solche ontologische Vergleichbarkeit des Unterlassens mit einem aktiven Tun vor, so stehe damit die Existenz der Garantenstellung des Unterlassenden fest.

Die Existenz dieser Garantenstellung eröffne die zweite Stufe der Prüfung durch die Beantwortung der Frage, wann eine strafbare Unterlassung vorliege.[268] Dafür ausschlaggebend sei das jeweils vorherrschende soziale Klima, denn davon hinge die Wichtigkeit der objektiven Bewertungsmaßstäbe ab, die zur Entscheidung über die Strafbarkeit der Unterlassung heranzuziehen seien. Beispielsweise sei hier maßgeblich der Grad der Blutsverwandtschaft, die Befindlichkeit des Opfers im Herrschaftsbereich des Unterlassenden oder die Innehabung eines Monopols zur Abwehr der Gefahr.[269]

Auf den Grundfall angewandt müßte nach der Ansicht von ANDROULAKIS zunächst geprüft werden, ob das Nichtbeseitigen des Abfalls seinsmäßig der umweltgefährdenden Abfallbeseitigung durch positives Tun gleichgestellt werden kann. Dafür ausschlaggebend ist nach seiner Ansicht die soziale Nähe des Unterlassenden zu einer gefährdeten oder gefährlichen Sache. Als gefährliche Sache kann hier der Sonderabfall angesehen werden. Weil der Abfallbesitzer in einem engeren Verhältnis zu seinen Abfällen steht als alle anderen Menschen, wird man seine Nähe im Sinne einer engeren sozialen Ordnung bejahen dürfen. Das Eigentum vermittelt zivilrechtlich die Befugnis, "mit der Sache nach Belieben (zu) verfahren und andere von jeder Einwirkung auszuschließen", § 903 BGB. Deswegen wird man eine Zugehörigkeit auch des Grundstücks zu seinem Eigentümer im Sinne ANRDROULAKIS' bejahen dürfen. Damit könnte die erste von den zwei Stufen, die nach der Ansicht ANDROULAKIS' zu prüfen sind, als erklommen gelten und es dürfte eine seinsmäßige Vergleichbarkeit des umweltgefährdenden, aktiven Beseitigens mit dem Unterlassen einer umweltgerechten Beseitigung angenommen werden.

Bei der zweiten Stufe soll das soziale Klima Aufschluß darüber geben, ob es Wertmaßstäbe gibt, die zu einer rechtlichen Gleichstellung führen. Bereits

267 ders. aaO S. 207 ff
268 ders. aaO S. 219 ff
269 ders. aaO S. 221

hier fällt es schwer, solche objektiven Maßstäbe aufzudecken. Zwar ergibt sich aus dem Beseitigungsgebot des § 3 IV AbfG eine öffentlich-rechtliche Pflicht mit dem Inhalt, Sonderabfall umweltgerecht zu entsorgen, damit ist aber über eine strafrechtliche Vergleichbarkeit gerade noch nichts ausgesagt. Die Theorie ANDROULAKIS' hat sich damit für den Grundfall als unpraktikabel erwiesen.

Angewandt auf den Fall der wilden Abfallbeseitigung ergibt sich das gleiche Problem. Objektive Maßstäbe, die Aufschluß darüber geben könnten, ob der Eigentümer verpflichtet ist, die Abfälle von Dritten, die auf seinem Grundstück lagern, ordnungsgemäß zu beseitigen, lassen sich auf der Grundlage dieser Theorie nicht finden. Dies gilt in gleicher Weise für den Verpächterfall.

Damit hat sich die entscheidende Schwäche dieser Theorie bereits offenbart. Denn anstatt die Frage zu beantworten, wann eine rechtliche Gleichstellung von Tun und Unterlassen im Rahmen des Tatbestandes der umweltgefährdenden Abfallbeseitigung gegeben ist, führt die Theorie ANDROULAKIS' nur dazu, daß die Frage in anderer Form neu gestellt wird.

Darüberhinaus hat SANGENSTEDT dieser Lehre zu Recht entgegengehalten, daß das soziale Klima als Gradmesser für die Wichtigkeit objektiver Wertmaßstäbe keine Rechtspflicht erzeugen könne, die mit dem Bestimmtheitsgebot des Art. 103 II GG in Übereinstimmung zu bringen wäre.

Aber auch das Kriterium auf der ersten Wertungsstufe erscheint nicht geeignet, mit der erforderlichen Bestimmtheit Auskunft über das Bestehen einer Garantenstellung zu geben. Richtig ist zwar der Umstand, daß die Einwohner Berlins nicht die Rettung eines im Rhein Ertrinkenden unterlassen können.[270] Insofern lassen sich aufgrund der räumlichen Nähe eines Unterlassenden zum Opfer Aussagen über die Effizienz der Erfolgsverhinderung machen. Inwiefern die soziale Nähe dazu geeignet sein kann, geht aus

270 ein Beispiel Welzels, Lb. S. 200

den Überlegungen ANDROULAKIS aber nicht mit zureichender Klarheit hervor.[271]

bb) BÄRWINKEL

BÄRWINKEL geht von der These aus, daß die unechten Unterlassungsdelikte von den Begehungsdelikten umfaßt seien.[272] Für die Ermittlung der Voraussetzungen ihrer Strafbarkeit komme es auf die Wertmaßstäbe der sozial-etischen Pflichtenordnung an, weil das Strafgesetz in der Sozialordnung wurzele.[273]

Die Herausarbeitung des Unrechtsgehaltes einer unechten Unterlassung erfordere zuerst eine Grenzziehung zwischen rechtlichen und sozial-ethischen Geboten. Zwar seien beide auf das gleiche Ziel - nämlich die Verwirklichung des Gemeinwohls - gerichtet, das Strafrecht erfasse jedoch nur solche sozialethischen Pflichten, deren Einhaltung für ein befriedigendes Gemeinschaftsleben unbedingt notwendig sei.[274]

Der Inhalt des Gemeinwohls hänge mit den jeweiligen Anschauungen der Gesellschaft zusammen und befinde sich deswegen in einem dynamischen Prozeß. Die Wertentscheidungen dieser Gesellschaft müßten deswegen aus einer Durchleuchtung der gesellschaftlichen Strukturen gewonnen werden.[275] Bei dieser Untersuchung stoße man auf eine Vielzahl sozialer Kleingruppen (z.B. Familie), deren Mitgliedern im sozialen Gefüge der Kleingruppe bestimmte soziale Rollen zufielen. Diesen Rollen komme normative Qualität dergestalt zu, daß sie standardisierte Verhaltensmuster erzeugten.[276] Weil das Recht im Interesse eines störungsfreien menschlichen Zusammenlebens nur rollenmäßiges Verhalten erwarten könne, seien diese Rollen ein Strukturelement der Garantieverhältnisse.

---

271 ähnliche Kritik bei Sangenstedt, S. 126, 127
272 Bärwinkel, Zur Struktur der Garantieverhältnisse bei den unechten Unterlassungsdelikten, S. 53
273 ders. aaO S. 91
274 ders. aaO S. 95
275 ders. aaO S. 98
276 ders. aaO S. 107 ff

Zur Ermittlung von Garantieverhältnissen müßten die sozial-ethischen Verhaltenserwartungen von den sozialen Verhaltensweisen unterschieden werden, die nicht notwendig und dringlich für ein gedeihliches Zusammenleben seien.

Für den Grundfall müßte sich eine Rollenerwartung in der Gesellschaft finden lassen, die dem Besitzer von Sonderabfall auferlegt, diesen Abfall umweltgerecht zu entsorgen. Außerdem müßte sich eine diesbezügliche Erwartungshaltung für ein gedeihliches Zusammenleben als notwendig und dringlich erweisen.

Beim Fall der wilden Abfallbeseitigung müßte eine solchermaßen dringliche und notwendige Rollenerwartung dahingehen, daß der Eigentümer die Abfälle Dritter umweltgerecht zu entsorgen verpflichtet wäre.

Im Verpächterfall müßte der Strafrichter prüfen, ob sich eine dringliche soziale Rollenerwartung ausmachen läßt, die dem Verpächter während oder nach dem Ende der Wirksamkeit des Pachtvertrages auferlegte, für die umweltgerechte Entsorgung der Abfälle seines Pächters die Verantwortung zu tragen.

Das Kriterium der Erwartungshaltung, welche das Gemeinwohl zu verwirklichen geeignet ist, birgt als Antwort auf die Frage, wann in den genannten Fällen eine Garantenpflicht des Abfallbesitzers, Eigentümers oder Verpächters anzunehmen ist, Unwägbarkeiten, die mit dem Gebot der Bestimmtheit von Strafgesetzen schwer zu vereinbaren scheint. Der Strafrichter müßte, um seiner Aufgabe gerecht zu werden, über empirische Untersuchungsergebnisse verfügen oder sich diese für den konkreten Fall verschaffen, mit denen sich eine Erwartungshaltung in der Gesellschaft zweifelsfrei nachweisen ließe. Danach müßte er untersuchen, ob diese Erwartungshaltung im Hinblick auf das Gemeinwohl notwendig ist.

Der Begriff des Gemeinwohls ist vielschichtig. Sofern BÄRWINKEL das Gemeinwohl im Sinne ROUSSEAUs als Gesetz gewordener Wille des Volkes[277] versteht, so handelte es sich bei einer in seinem Sinne zustande

---

277 vgl. dazu Maihofer in H d V S. 180 f

gekommenen Garantenposition um eine aus dem Gesetz, und der dogmatische Umweg über die gesellschaftliche Erwartung wäre nichts anderes, als eine Variante der überkommenen Rechtspflichttheorie.

Wird der Begriff des Gemeinwohls dagegen so aufgefaßt, wie die Rechtsprechung des Bundesverwaltungsgerichts und die herrschende Meinung in der Verwaltungsrechtswissenschaft das Wohl der Allgemeinheit sieht, so wäre darunter das aus vielen besonderen privaten und öffentlichen Einzel- und Teilinteressen abgeleitete, möglicherweise aber auch im Widerstreit zu ihnen stehende, wahre Gemeininteresse zu verstehen.[278] Den Verstoß gegen das allgemeine Wohl mit der Entstehung einer strafrechtlichen Garantenpflicht zu verbinden, ginge über die Funktion des Strafrechts als ultima ratio erheblich hinaus. Nicht nur die Herbeiführung einer polizeilichen Gefahr durch den Verstoß gegen die öffentliche Ordnung wäre davon erfaßt, sondern jeder Verstoß gegen öffentliche Interessen. Schon der Verstoß gegen die öffentliche Ordnung, d. h. der Verstoß gegen die in einem bestimmten Gebiet bestehende soziale und ethische Auffassung über die ungeschriebenen Regeln, die als unverzichtbare Voraussetzung für ein gedeihliches Zusammenleben angesehen werden,[279] rechtfertigt noch nicht die Verhängung einer Strafe.

cc) BRAMMSEN

BRAMMSEN führt Garantenpflichten auf außerrechtliche Pflichtenpositionen zurück, die sich im Alltagsleben als Verhaltenserwartungen darstellen. Diese Verhaltenserwartungen seien sinnvoll aufeinander bezogen und würden sich z. T. in besonders ausgeformten Rollen bündeln, wobei sie zahlreiche Verhaltenssysteme bildeten. Hierzu sei ein reibungsloses Funktionieren erforderlich, damit sich nicht etwaige Fehlfunktionen auf das gesellschaftliche Zusammenspiel auswirkten. Fehlfunktionen seien die Fälle, in denen die Nichtbefolgung irgendeiner Verhaltenserwartung zur Beeinträchtigung von gesellschaftlich anerkannten Werten führe, die sich in den strafrechtlich geschützten Rechtsgütern verfestigt hätten. Garantenpflichten seien deshalb Sonderpflichten, die auf besonderen Ver-

278 vgl. z. Begriff des allgemeinen Wohls Kopp VwVfG § 74 Rn 41 m.w.N.
279 vgl. z. Begriff der öffentlichen Ordnung Friauf in v. Münch, Bes. VerwR S. 220, m. w. N. u. BVerwG E 69, 315 ff, 352

haltenserwartungen beruhten und die sich äußerlich in der Überantwortung eines besonderen sozialen Einflußbereichs manifestiert hätten.[280]

Bei den Verhaltenserwartungen handele es sich um "Muß-Erwartungen", die allgemein in bestimmten Situationen an einen vorab bestimmten Personenkreis gerichtet würden und sich in bestimmten realen Positionen empirisch nachweisbar verfestigt hätten.[281] Garanten seien demnach Träger sozialer Rollen und gleichzeitig Erwartungsadressaten.[282] Um der an sie gerichteten Erwartung gerecht werden zu können, müßten jene Rollenträger die an sie gerichteten Erwartungen kennen.[283] Der Schrankenwärter kenne beispielsweise die Erwartung des Verkehrs, er werde beim Herannahen eines Zuges die Schranken schließen.

Bei den echten Unterlassungsdelikten richte sich an alle Mitglieder der Gesellschaft die gleiche Erwartung ohne Berücksichtigung ihrer sozialen Position und ohne daß es dazu der Überantwortung eines sozialen Einflußbereichs bedürfe. BRAMMSEN versteht sie deshalb als "Jedermann-Delikte". Bei den unechten Unterlassungsdelikten richte sich eine besondere gesellschaftliche Erwartung an den Garanten, die dieser kenne. Insofern bestehe ein wechselseitiges Verhältnis von "Erwartungserwartungen" und unechte Unterlassungsdelikte seien daher Sonderpflichtdelikte.[284]

Die Auffindung einzelner Erwartungverhältnisse werde allerdings dadurch erschwert, daß den Mitgliedern der Gesellschaft die an die soziale Position des Arztes, Aufsehers, Bademeisters ... etc. gerichteten zahlreichen Verhaltenserwartungen nicht aktuell bewußt seien. Aufgrund der oft wiederholten Befolgung würde das Verhalten häufig als selbstverständlich erachtet. Erst der Konflikt, also die Nichtbefolgung der erwarteten und erkannten Verhaltenserwartung, ließe die Regelmäßigkeit der selbstverständlichen Erfolgsvermeidung wieder deutlich werden.[285]

280 Brammsen, Die Entstehungsvoraussetzungen der Garantenpflichten, S. 114/115
281 ders. aaO S. 116
282 ders. aaO S. 117
283 ders. aaO S. 122
284 ders. aaO S. 123
285 ders. aaO S. 127

Um die einzelnen Garantenstellungen aufzuspüren, bedürfe es der Suche nach sozial verfestigten Verhaltenserwartungen, wobei sich an denjenigen Garantenpflichten orientiert werden könne, die in der Rechtsprechung und Literatur anerkannt seien. Soweit im konkreten Fall juristische Anhaltspunkte dieser Art fehlten, müsse bei der Nachprüfung, ob es eine soziale Position gebe, die durch die Überantwortung eines sozialen Einflußbereichs zu einem Erwartungsverhältnis geführt habe, Zurückhaltung geübt werden, um nicht vorschnell noch nicht sozial verfestigte Erwartungserwartungen juristisch zu normieren.[286]

Bei den Garantenpflichten kraft Einfluß- bzw. Verfügungsbefugnis über bewegliche und unbewegliche Sachen, also den sogenannten Sachherrschaftspflichten, ergäbe sich folgendes: Sie seien Grundprämisse für die Herausbildung, Funktionsfähigkeit und Weiterentwicklung komplexer sozialer Systeme. Jeder erwarte, daß ihm in dem jeweiligen Einflußbereich seines Gegenübers keine rechtsgutgefährdenden Situationen bevorstünden.[287]

Bei der Überwachungsgarantenstellung im Hinblick auf unbewegliche Sachen stellt BRAMMSEN Erwartungen gegenüber dem Eigentümer, dem Besitzer und dem Verwalter fest.[288] Diese bestünden nur dann nicht, wenn Dritte vorsätzlich eine Straftat verübten.[289] Bei diesen Fällen fehle es zumeist an einer rechtlichen Befugnis des Sachherrn, dem deliktischen Handeln des Dritten bereits im Vorfeld entgegenzutreten. Denn der Sachherr sei nur zur Sicherung berechtigt, dürfe dem potentiellen Täter aber nicht von vornherein seinen Willen aufzwingen. Die Befugnis einzuschreiten entstehe erst dann, wenn die Voraussetzungen eines Rechtfertigungsgrundes für den Sachherrn bestünden.[290] Beispielsweise hätte sich danach der Eigentümer eines Grundstücks präventiver Abwehrhandlungen gegenüber einem Dritten solange zu enthalten, wie dessen Absicht, unbefugterweise Abfall auf das Grundstück des Eigentümers zu verbringen, nicht als unmittelbar bevorstehend, also *gegenwärtig* i.S. des § 32 StGB anzusehen ist.

286 ders. aaO S. 131
287 ders. aaO S. 236
288 ders. aaO S. 256
289 ders. aaO S. 258
290 ders. aaO S. 269

Es sei im Ergebnis daher zutreffend, wenn Rechtsprechung und Teile des Schriftums in diesen Fällen annähmen, daß eine Garantenpflicht des Sachherrn nicht bestehe.[291]

Für den Grundfall ergibt sich aus der Ansicht BRAMMSENs, daß der Besitzer von Sonderabfällen einer gesellschaftlichen Erwartung ausgesetzt sein müßte, dafür zu sorgen, daß diese Abfälle keine Gefahr für die Umwelt darstellen. Selbst wenn sich dies auch ohne eine empirische Untersuchung bejahen ließe, so gilt auch hier das zur Vereinbarkeit dieses Kriteriums mit dem Gebot zur Bestimmtheit von Gesetzen Gesagte[292].

Im Fall der wilden Abfallbeseitigung fehlt es an einer Garantenstellung noch deutlicher, weil nach der Ansicht BRAMMSENs Erwartungen prinzipiell dann nicht bestehen, wenn Dritte vorsätzlich Straftaten auf fremden Grundstücken begehen.

Für den Verpächterfall muß dies in gleicher Weise gelten. Vor dem Ablauf der Pachtzeit fehlt dem Verpächter zudem die Befugnis, die Rechte eines Sachherrn geltend zu machen. Nach dem Ablauf derselben und der Wiedereinräumung des Besitzes ist es zur Verhinderung zu spät, selbst wenn sich eine diesbezügliche Erwartung gegenüber dem Verpächter nachweisen ließe.

Die Theorie BRAMMSENs vermag die bereits geäußerten Zweifel an der Eignung des Kriteriums der gesellschaftlichen Erwartungshaltungen für die Bestimmung von Garantenpositionen nicht zu entkräften. Die soziologisch untermauerte Erwartungshaltung an einen Menschen vermag auch hier eine rechtliche Kategorie, nach der sich eine Garantenposition identifizieren ließe, nicht hervorzubringen.

Eine Vorstellung der Mitglieder der Gesellschaft als Grundlage einer Garantenposition begegnet denselben Zweifeln im Hinblick auf das Erfordernis der Bestimmtheit von Strafgesetzen, wie sie bereits oben beschrieben wurden.

---

291 ders. aaO S. 271
292 vgl. die Ausführungen zu Bärwinkel soeben 2.Teil C II 2 b) bb)

Haben sich die Vorstellungen der Gesellschaft in einer Norm niedergeschlagen, so wäre auch der Ansatz BRAMMSENs eine andere Variante der Rechtspflichttheorie. Haben sie sich dort nicht niedergeschlagen, so wäre eine darauf fußende Garantenposition von ähnlicher Qualität wie die vom Reichsgericht aus "der Vorstellung von Recht in der Volksgemeinschaft" abgeleitete.[293]

BRAMMSEN selbst gibt außerdem zu, daß die Suche nach den entsprechenden Erwartungshaltungen dadurch erschwert werde, daß den Mitgliedern der Gesellschaft die Erwartung an potentielle Garanten nicht aktuell bewußt sei.[294]

Schließlich sei darauf hingewiesen, daß § 13 I StGB von einer rechtlichen Gleichstellung, nicht von einer gesellschaftlichen Gleichstellung spricht, so daß sich die Ableitung einer Garantenposition aus Vorstellungen oder Erwartungen als contra legem erweist.

dd) HENKEL

Ausgehend davon, daß dem Gesetzgeber aufgrund der Vielfalt möglicher Garantenstellungen nur der Rückzug in den unbestimmten Rechtsbegriff bleibe,[295] hält es HENKEL für die Aufgabe des Rechtsanwenders, die Garantenformel jeweils durch konkrete Rechtsbetrachtung anhand allgemeingültiger Rechtsvorstellungen auszufüllen.

Eine Unterlassung werde strafbar, wenn der Richter im zu entscheidenden Fall zur Überzeugung gelangt, daß die tatsächlichen Umstände den durch den unbestimmten Rechtsbegriff gesetzten Rahmen ausfüllen.[296] Dabei ergebe sich für die höchstrichterliche Rechtsprechung und die Wissenschaft die Aufgabe, die Garantenstellung zu deuten und mittels materieller Zurechnungs- und Differenzierungsmerkmale festzulegen.

---

293 vgl. RGSt 69,323
294 vgl. Brammsen S. 123
295 Henkel, Das Methodenproblem bei den unechten Unterlassungsdelikten, S. 187
296 ders. aaO S. 188

Weitere Voraussetzung für die Strafbarkeit der unechten Unterlassung sei ihre Äquivalenz zum positiven Tun im Hinblick auf ihren sozial-ethischen Unrechtsgehalt.[297] Weil jede Untätigkeit einmalig und situationsgebunden sei, entziehe sich die Frage der sozial-ethischen Äquivalenz einer gesetzlich zu fixierenden Typenbewertung. Vielmehr sei sie nur im Wege eines individuellen Wertungsaktes zu beantworten. Insoweit enthalte die Vorschrift des § 13 I StGB die Ermächtigung für den Tatrichter, seine Entscheidung und den dabei zugrunde gelegten Maßstab jeweils unter Rückgriff auf die sozialethischen Allgemeinvorstellungen zu aktualisieren.

Um über eine Strafbarkeit im Grundfall, bei der wilden Abfallbeseitigung und beim Verpächterfall entscheiden zu können, müßte der Strafrichter demnach mit einem sozial-ethischen Wertungsakt feststellen, ob das fragliche Unterlassen einer umweltgerechten Abfallbeseitigung dem aktiven umweltgefährdenden Beseitigen i.S. des § 326 I StGB entspricht. Diese Vorgehensweise widerspricht aber dem Gebot des Art. 103 II GG, welches dem Strafrichter aufgibt, die Strafe für eine Tat auf ein Gesetz zurück zu führen.[298] Für die Zugrundelegung sozial-ethischer Vorstellungen des Strafrichters ist insoweit kein Raum.

ee) PFLEIDERER

Einen weiteren Versuch zur Klärung der Voraussetzungen für die Entstehung einer Garantenpflicht stellt die Überlegung PFLEIDERERs dar, diese Voraussetzungen aus sogenannten Grundfällen heraus zu entwickeln, in denen das Bestehen einer Garantenpflicht so zweifelsfrei sei, daß sich die Frage nach dem Warum nicht mehr stelle.[299]

Ein "Ur-Grundfall", in welchem man einen ungleich stärkeren Unwert fühle, als wenn sich ein Unbeteiligter passiv verhalten hätte, bilde der Sachverhalt, in welchem die Mutter ihr Kind verhungern lasse.[300] Dieser Sachverhalt vermittle ein so klares Unwerterlebnis, daß es keiner näheren Begründung

297 ders. aaO S. 178 f, 188
298 vgl. dazu auch Schürmann, Unterlassungsstrafbarkeit und das Gesetzlichkeitsprinzip, S. 126 ff, 151
299 Pfleiderer, Die Garantenstellung aus vorangegangenem Tun, S. 95 ff
vgl. auch Schmidhäuser AT 16/40 ff, der sich ebenso einer Grundfallmethode bedient
300 Pfleiderer aaO S. 95; ebenso Arzt JA 1980, 554; Schmidhäuser AT 16/42

bedürfe, um ein Tötungsdelikt zu bejahen. Ähnliches gelte für den Schwimmlehrer, der angesichts seines ertrinkenden Schülers die mögliche Rettung unterlasse.[301] Grundfälle wie diese seien Zentren, um die herum sich die anderen unechten Unterlassungstatbestände gruppierten. Die Grenze des Bereichs, in welchem ein Unterlassen noch strafbar sei, werde überschritten, wenn sich ein Sachverhalt vom Grundfall zu weit entferne.[302]

Der Vergleich der konkreten unechten Unterlassung mit einer gedachten anderen Unterlassung erweise sich so als viel wichtiger, als der Vergleich zu einem positiven Tun. Die Grundfälle dienten also als Festpunkte, deren Begehungsgleichwertigkeit außer Frage stehe. [303]

Für die Fälle der Ingerenz müßten allerdings Grundfälle noch gebildet werden, weil die in der Rechtsprechung und in der Lehre gefundenen Beispiele noch nicht die Qualität von Grundfällen erreicht hätten. PFLEIDERER bestimmt sie für den häuslichen Bereich als Verletzung der Verkehrssicherungspflicht[304], für den gewerblichen Bereich als den Vertrieb gefährlicher Arzneimittel,[305] für den Betrieb mobiler Gefahrquellen die mangelhafte Verwahrung eines bissigen Hundes,[306] die Einschließung eines Anderen sowie die Überlassung gefährlicher Gegenstände an Geisteskranke oder Kinder,[307].

Die Methode der Zugrundelegung von Grundfällen findet sich auch bei SCHMIDHÄUSER. Seine Darstellung ist bemüht, "Phänomene des Soziallebens" in einleuchtenden Wertstrukturen zu erfassen. Dabei sei methodisch von Sachverhalten auszugehen, deren Unwertgehalt in seiner Struktur relativ eindeutig zu analysieren sei.[308]

SCHMIDHÄUSER bildet zwei Untergruppen: die Garantieposition desjenigen, der in unerlaubter Weise durch sein Tun die Gefahr für ein Rechtsgut

---

301 Pfleiderer aaO S. 96
302 ders. aaO S. 120, 121
303 ders. aaO S. 126
304 ders. aaO S. 128
305 ders. aaO S. 133
306 ders. aaO S. 136
307 ders. aaO S. 141
308 vgl. Schmidhäuser LB 2. A. 16/40

schafft oder erhöht und desjenigen, dem im sozialen Leben ein Herrschaftsbereich zugeordnet ist und der nichts unternimmt, um dort wurzelnde Gefahren für ein Rechtsgut zu bannen.[309]

Sowohl der Grundfall PFLEIDERERs mit der das Kind verhungern lassenden Mutter als auch der Fall des Schwimmlehrers, der seinen Schüler ertrinken läßt, ist von dem Tatbestand der umweltgefährdenden Abfallbeseitigung sehr verschieden. Während es sich bei diesen Garanten um die Erfüllung einer Schutzfunktion handelt, geht es bei der hier zu erörternden umweltgefährdenden Abfallbeseitigung durch Unterlassen um die Garantenstellung zur Überwachung einer sachlichen Gefahrquelle. Anwendbar darauf erscheinen prima facie die Ausführungen PFLEIDERERs zu seinen Grundfällen zur Garantenstellung aus dem Gesichtspunkt der Ingerenz. Dabei soll im häuslichen Bereich ausschlaggebender Faktor für die Entstehung einer Garantenposition die Verletzung einer Verkehrssicherungspflicht sein.[310] Darunter versteht er die "Abwehrstellung gegen die typische von einem Haus oder Grundstück ausgehende Gefahr". Sie sei die alltäglichste und selbstverständlichste Pflicht. PFLEIDERER verweist zur Illustration dieser Festellung auf eine Entscheidung des Reichsgerichts, in der die Garantenstellung eines Hauseigentümers zur Verhinderung der Verletzung eines Besuchers bejaht wurde, weil es der Hauseigentümer unterlassen hatte, für das rechtzeitige Anzünden des Lichts im Treppenhaus vor Einbruch der Dunkelheit zu sorgen.[311]

Dem Grundstückseigentümer obliege aber nicht die Verhütung von Schäden, die andere bei dem unbefugten Überqueren eines Grundstücks erlitten, welches sie über einen nicht vom Eigentümer zur Verkehrseröffnung freigegebenen Weg erreicht hätten.

Für die Frage, ob der Eigentümer eines Grundstücks die Garantenposition innehat, für die umweltgerechte Entsorgung seiner eigenen Abfälle zu sorgen, ergibt sich aus der Anwendung der Ausführungen PFLEIDERERs prima facie, daß jeder Grundstückseigentümer die Gefährdung der Umwelt durch eigene Abfälle zu verhindern hat. Er müßte danach seine Abfälle also

309 ders. 16/52f und 16/57f
310 ders. aaO S. 128
311 vgl. RGSt 64, 273

umweltgerecht entsorgen, wenn er eine Bestrafung aus dem Verstoß gegen §§ 326 I, 13 I StGB vermeiden will.

Bei näherem Hinsehen fällt aber auf, daß es PFLEIDERER nur um die Gefahren für Menschen geht, die er dem Grundstückseigentümer zurechnen will, wenn er einen Verkehr eröffnet hat und nicht mehr zurechnen will, wenn es sich um Menschen handelt, die sich ohne eine Verkehrseröffnung auf dem Grundstück aufhalten. Dabei geht es ihm um Gefahren für Individualrechtsgüter. Rechtsgut des § 326 StGB ist aber nicht nur die Gesundheit der Menschen, sondern darüberhinaus der Schutz der natürlichen Lebensgrundlagen des Menschen.[312] Bei letzterem handelt es sich aber um ein Rechtsgut der Allgemeinheit.[313] Fälle, die in seinem Sinne Zentren zur Bestimmung einer Garantenposition zur Überwachung von Gefahrquellen für Rechtsgüter der Allgemeinheit sind, bildet PFLEIDERER nicht.

Hier erweist sich eine Schwäche der Grundfallmethode PFLEIDERERs, die bereits von SANGENSTEDT hervorgehoben wurde: mangels objektiver Kriterien zur Bestimmung der Nähe oder Entfernung eines zu beurteilenden Falles zu dem jeweiligen Grundfall als Zentrum ist die Methode nicht praktikabel.[314] SCHÜNEMANN bemerkt zu der Methode der Grundfälle, daß sich damit der Einfluß von sachfremden Erwägungen auf die Bestimmung der Entfernung eines zu entscheidenden zu einem Grundfall nicht vermeiden ließe.[315] Schließlich bestehen auch Bedenken gegen seine Grundfälle selbst. Zwar wird seiner Wertung, daß das Rechtsgefühl in diesen Fällen klar für eine Garantenposition spricht, nicht widersprochen werden können. Gleichwohl ist das Rechtsgefühl keine tragfähige Grundlage für die Bestimmung von Garantenpositionen. Erforderlich wären gemäß Art. 103 II GG bestimmbare und gemäß § 13 I StGB rechtliche Kriterien, die eine Beantwortung der von der letztgenannten Vorschrift aufgeworfenen Frage erlauben, wann ein Unterlassen einem positiven Tun gleichzustellen ist. Die Bemerkung PFLEIDERERs, es käme eher auf eine Vergleichbarkeit mit anderen Fällen des Unterlassens an, ist mit diesen Anforderungen nicht vereinbar.

---

312 h.M. vgl. z.B. Dreher-Tröndle § 326 Rn 1
313 vgl. Rudolphi. Festschrift f. Dünnebier bei Fn. 45
314 vgl. auch Sangenstedt S. 165
315 vgl. Schünemann, Grund und Grenzen, S. 82

Die gleichen Zweifel müssen der Methode SCHMIDHÄUSERs entgegengehalten werden. Auch dessen Grundfallmethode bleibt greifbare rechtliche Kriterien für die Bestimmung der Nähe eines konkreten Falles zu dem entsprechenden Grundfall schuldig. Die Grundfallmethode kann daher insgesamt nicht überzeugen.

ff) HERZBERG

Ausgehend davon, daß sowohl die aktive Herbeiführung eines Erfolges als auch die unterlassene Verhinderung desselben unter den Oberbegriff des "vermeidbaren Nichtvermeidens" fielen[316] entwickelt HERZBERG seine Garantenlehre. In beiden Fällen müsse dem Nichtvermeider das Geschehen zugerechnet werden, wenn er für die Erlaubtheit oder Unerlaubtheit als Garant einzustehen habe. Die in den Vorschriften der §§ 138, 323c StGB unter Strafe gestellten Taten unterfielen einem allgemeineren Nichtvermeidebegriff.[317]

Für das Vorliegen einer Garantenstellung ausschlaggebend sei die Beantwortung der Frage, ob den Täter eine besondere Verantwortlichkeit im sozialen Leben treffe. Es handele sich bei dieser Verantwortlichkeit gewissermaßen um die Kehrseite der Selbstbestimmung des Menschen.[318] Jeder Mensch stehe im Zentrum eines Herrschaftskreises, der gleichzeitig seine soziale Sphäre bilde. Das Maß an Herrschaft richte sich nach der Nähe des Objekts der Herrschaft zum Zentrum der Sphäre, welches aus der Person als Einheit von Leib und Seele bestehe. Je weiter ein Objekt dieser Herrschaft vom Zentrum entfernt sei, je weniger Herrschaft übe der Mensch darüber aus. Auch die eigene Person sei Objekt dieser Herrschaft. Der Begehungstäter sei deshalb als Garant für die Gefahren aus seiner Person und die Bewegungen seines Körpers verantwortlich. Zur Bestimmung des Garantenbegriffs dürfe das positive Tun nicht als Maßstab herangezogen werden, weil es an einem dogmatischen Vorrecht des positiven Tuns gegenüber dem Unterlassen fehle.[319]

---

316 Herzberg, Die Unterlassung im Strafrecht und das Garantenprinzip, S. 170 ff
317 ders. aaO S. 176
318 ders. aaO S. 320
319 ders. aaO S. 196, 317

Sachlogischer Grund für die Zurechnung sei ein dem Recht vorgelagertes Wert- und Pflichtempfinden, welches den Angehörigen einer Gesellschaft gemeinsam sei. Dieses Empfinden führe zu einem für Begehungs- und Unterlassungstäter nach unterschiedlichen Gesichtspunkten bestimmter, aber im Ergebnis gleich starker Sonderverantwortung. Wenn den Unterlassenden diese Verantwortung treffe, sei eine Begehungsgleichheit nicht mehr erforderlich. [320]

Eine zur Überwachungspflicht führende Sonderverantwortlichkeit treffe den Ingerenten, der nach einem in der Vergangenheit liegenden Tun, welches einen strafrechtlich mißbilligten Erfolg herbeizuführen drohe, untätig bleibe. Es handele sich hier um eine Mutation der Einstandspflicht, die während des aktiven Vorverhaltens entstehe.[321] Zum anderen treffe diese Sonderverantwortlichkeit aber auch den Beherrscher einer Gefahrenquelle in der eigenen Sphäre oder denjenigen, der über andere eine tatsächliche oder rechtliche Befehlsgewalt ausübe. Ebenso wie der Ingerent die Sonderverantwortung über die eigene Person zu tragen habe, so folge die besondere Verantwortung hier aus der tatsächlichen oder rechtlichen Herrschaftsmacht über einen gefährlichen Faktor.[322]

Beschützergarantenstellungen beruhten demgegenüber auf dem Gedanken der mitmenschlichen Solidarität, welchem für ein gedeihliches Zusammenleben der Menschen elementare Bedeutung zukomme. Anders als bei den in jeder zwischenmenschlichen Beziehung geltenden Vorschriften der §§ 138, 323c StGB erfordere die Obhutsgarantie eine besondere Beziehung des Unterlassenden zum gefährdeten Rechtsgut. [323] Der Schutz dieses Rechtsgutes müsse dem Unterlassenden besonders anvertraut sein. Dies sei in den Verhältnissen besonderer menschlicher Verbundenheit gegeben, worin sich die allgemeingültige Pflicht, einander vor Schaden zu bewahren, so verdichtet habe, daß es sachgerecht erschiene, die Untätigkeit einem Bewirkungstatbestand zu unterstellen. Dazu zählen nach HERZBERGs Auf-

---

320 ders. aaO S. 207, 290
321 ders. in: Zur Garantenstellung aus vorangegangenem Tun, JZ 1986, 986, 989
322 ders. Die Unterlassung ... S. 316 ff (320)
323 ders. aaO S. 334 f

fassung die Verhältnisse der Ehe und der Familie,[324], nicht aber außereheliche Lebensgemeinschaften.[325]

Nach der Auffassung HERZBERGs zur Ingerenz ergibt sich für den Grundfall, daß der Abfallbesitzer objektiv sorgfaltswidrig eine Ursache des Erfolges hervorgerufen haben müßte, um Garant für die Abwendung dieser Gefahr zu sein. Die Verursachung der Entstehung von Sonderabfall bringt eine Risikoerhöhung mit sich und ist daher i.S. HERZBERGs sorgfaltswidriges Hervorrufen einer Gefahr. Damit wird im Grundfall der Besitzer von Sonderabfall Garant für diese Gefahr.

Für die wilde Abfallbeseitigung ergibt sich aus der Ansicht HERZBERGs zur Ingerenz, daß der Grundstücksinhaber eine objektive Pflichtverletzung begehen müßte, bevor er Garant für die durch Dritte herbeigeführte Umweltverschmutzung sein könnte. Das schlichte Innehaben eines Grundstücks enthält aber keine denkbare Pflichtverletzung.

Beim Verpächterfall ergibt sich aus dem Gesichtspunkt der Ingerenz nach der Auffassung HERZBERGs ebensowenig eine Garantenstellung des Verpächters, denn der Abschluß eines Pachtvertrages ist zwar kausal im Hinblick auf die Umweltverschmutzung durch den Pächter, beinhaltet aber nicht gleichzeitig ein Überschreiten des erlaubten Risikos dergestalt, daß es objektiv sorgfaltswidrig wäre. Von einem "Hervorrufen einer Gefahr" im Hinblick auf die durch den Pächter verwirklichte Abfallbeseitigung kann hier nicht die Rede sein.

Im Grundfall führt die von HERZBERG vertretene Theorie von der Garantenpflicht aus dem Gesichtspunkt der Zuständigkeit für eigene Gefahrquellen zur Unterlassenstäterschaft des beseitigungsunwilligen Besitzers von Sonderabfällen.

Die Sachherrschaft über das Grundstück begründet aber auch dann eine Garantenpflicht, wenn dort ein strafrechtlich mißbilligter Erfolg durch eine Handlung Dritter verursacht wurde und nach dem Ablauf eines Zeitraums

---

324 ders. aaO S. 338
325 ders. so jetzt in Arbeitsschutz S. 226 ff und 249 ff

noch fortbesteht. Nach dem Ablauf dieses Zeitraums trete die Tatsache in den Hintergrund, daß Verursacher dieses Erfolges Dritte waren. Die Zeit lasse "gewissermaßen Gras über diese Tatsache wachsen".[326] Nach dem Ablauf einer aufgrund des Einzelfalles zu bestimmenden Zeit müsse sich der Eigentümer behandeln lassen, als sei der Erfolg aufgrund eines Unglücksfalles eingetreten. Dann treffe ihn die Garantenstellung desjenigen, der die Gefahrquelle zu überwachen habe. Auf den Tatbestand der wilden Abfallbeseitigung angewandt bedeutet die Lehre HERZBERGs von der Garantenstellung aus der Zuständigkeit für Gefahrquellen, daß der Grundstückseigentümer, der bemerkt, daß Fremde ohne seine Erlaubnis Abfälle abladen, nach dem Ablauf eines durch den Richter im Einzelfall zu bestimmenden Zeitraums so zu behandeln ist, als sei dieser Vorgang mit seiner Zustimmung geschehen. Er muß sich also, um sich nicht dem Vorwurf der umweltgefährdenden Abfallbeseitigung auszusetzen, nach dem Verstreichen dieses Zeitraums um die ordnungsgemäße Entsorgung bemühen, weil er durch Zeitablauf in die Garantenstellung des Überwachers einer Gefahrquelle eingerückt ist.

Anders dürften die Dinge beim Verpächterfall liegen. Der Verpächter hat selbst mit dem Vorgang der Abfallbeseitigung nichts zu tun und vor Ablauf der Pachtzeit auch keine Veranlassung, etwas dagegen zu unternehmen. Nach Rückgabe des Grundstücks an ihn handelt es sich zwar bei dem mit Abfällen verschmutzten Grundstück um eine Gefahrenquelle, für die er allein zuständig ist, denn der Pächter verliert seine Zuständigkeit in dem Zeitpunkt der Wiedereinräumung des Besitzes an den Verpächter. Dieser ist aber unter Anwendung der Maßstäbe HERZBERGs kein Garant für die Verhinderung eines bereits eingetretenen Erfolges. Das wäre nur denkbar, wenn es sich bei § 326 I StGB um ein Dauerdelikt handelte, was die überwiegende Meinung in der Literatur und der Bundesgerichtshof zu Recht ablehnen.[327]

Gegen die Theorie HERZBERGs spricht zunächst die Herleitung einer Sonderverantwortlichkeit aus vorrechtlichen, sozialen Maßstäben. Es handelt sich dabei nicht um eine Anknüpfung an strafrechtliche Gebote, sondern um eine Lösung von der Gleichstellungsanordnung des § 13 I StGB, die

326 Herzberg, Die Unterlassung ... S. 330, 331
327 vgl. o. 1. Teil II 2 b) u. BGHSt 36, 255, 257

entgegen dem klaren Inhalt dieser Vorschrift die Notwendigkeit einer Gleichstellung des Unterlassens mit dem Tun leugnet.[328] Die dogmatische Konstruktion einer Garantenstellung mit sozial-ethischer - anstelle einer rechtlichen - Grundlage muß darüberhinaus auch auf Bedenken im Hinblick auf das Erfordernis der Bestimmtheit strafrechlicher Bestimmungen stoßen.

Insbesondere die Lösung des Falles der wilden Abfallbeseitigung auf der Grundlage der Theorie HERZBERGs begegnet erheblichen Zweifeln. Der Erwerb einer Garantenstellung durch Ablauf einer gewissen Zeit, nach dem sich der Eigentümer eines Grundstücks so behandeln lassen müßte, wie derjenige, der die Abfälle dort unbefugt abgelagert hat, kann auf der Grundlage des § 13 I StGB keinen Bestand haben und ist daher abzulehnen.

c) Die Herleitung von Garantenpositionen aus Vertrauens- und Abhängigkeitsgesichtspunkten

Das Vertrauen des Geschädigten auf ein Handeln des Unterlassenden ist vielfach zur Begründung einer Garantenstellung für wesentlich gehalten worden.[329] Dabei wurde nicht an das Vertrauen als subjektiver, psychologischer Befund gedacht, welches aus einer Erwartungshaltung des Einzelnen entspringt. Das subjektive Erwarten eines Menschen hat für die Beurteilung der Frage, ob eine Garantenstellung des Unterlassenden besteht, außer Betracht zu bleiben, denn sonst würde der kompromißlose Optimist gegenüber dem Skeptiker überproportional begünstigt, weil dann für den Letzteren nur die allgemeine Hilfspflicht bliebe, die durch § 323 c StGB geschützt ist.[330]

Ein Vertrauen, welches in wesentlichem Zusammenhang mit der Entstehung einer Garantenpflicht steht, müsse objektiv berechtigt sein, die subjektive Erwartung sei nicht ausschlaggebend.[331]

---

328 ähnlich auch Sangenstedt S. 172
329 vgl. Sangenstedt S. 221 m.w.N.
330 ebenso Sangenstedt S. 221; vgl. auch Vogler in Lange-FS S. 281 bei FN 83 unter Hinweis auf Blei in Mezger/Blei LB StrR AT, 15. A. S. 93
331 ebenso StA Mannheim NJW 1976, 587; Rudolphi NStZ 1984, 150; M. Schultz S. 138; Welp S. 216; Schultz hält das subjektive Vertrauen aber für ein Indiz dafür, daß ein objektives Vertrauen besteht

aa) NICKEL

In den Fällen, in denen zwischen dem Unterlassenden und dem Opfer ein Abhängigkeitsverhältnis besteht, wie zwischen dem Begehungstäter und dem Opfer, hält auch NICKEL die Gleichstellung einer unechten Unterlassung mit der Begehung für gegeben. Maßgeblich für das Entstehen eines solchen Verhältnisses beim Begehungsdelikt sei das Vorliegen zweier Umstände: die Herrschaft des Handelnden über den Kausalverlauf und die typischerweise bestehende Wehrlosigkeit des Opfers.[332]

Beim unechten Unterlassungsdelikt bestehe ein ebensolches Abhängigkeitsverhältnis, welches durch zwei Elemente gekennzeichnet sei: die Erfolgsabwendungsmöglichkeit des Garanten kraft seiner Herrschaft über die Kausalfaktoren einerseits und der gesteigerten Wehrlosigkeit des Opfers gegenüber dem Nichthandeln des für den Schutz der Rechtsgüter des Opfers zuständigen Garanten andererseits.[333] Gleichwertig seien in beiden Abhängigkeitsverhältnissen die Herrschaft des "Täters", weil dieser die Entscheidung über den Eintritt der Verletzung eines Rechtsgutes treffe.[334] Fraglich sei demgegenüber die Gleichwertigkeit der Position des Opfers im Verhältnis zum "Täter". Anders als beim Tun dürfe man sich beim Unterlassen nicht auf die Geltung der Strafrechtsnorm berufen, weil diese gerade das thema probandum sei.[335]

Bedeutungsvoll seien hier die Schutzfunktionen, die dem Garanten "in der engeren sozialen Ordnung",[336] also auf materiellrechtlicher Grundlage gewisse Schutzfunktionen zuweisen, auf deren Erfüllung der Schutzbefohlene zwingend angewiesen sei. Während also beim positiven Tun das Abhängigkeitsverhältnis aus dem strafrechtlichen Rechtsschutz resultiere, entstehe es beim unechten Unterlassensdelikt aus der außerrechtlichen Zuweisung von Schutzfunktionen an bestimmte Personen: die Garanten. Deshalb stünde der plötzliche Einbruch in die Integrität dem plötzlichen unerwarteten Ausfall einer Schutzinstanz gleich.

332 vgl. Nickel; Die Problematik der unechten Unterlassungsdelikte im Hinblick auf den Grundsatz nulla poena sine lege (Art 103 II GG) S. 181
333 Nickel aaO S. 182
334 ders. aaO S. 183
335 ebenso Welp aaO S. 216
336 Hier greift Nickel einen Gedanken von Vogt ZStW 63, 381 ff (399) auf.

Im Grundfall müßte also der Abfallbesitzer einerseits die Erfolgsabwendungsmöglichkeit kraft seiner Herrschaft über die Kausalfaktoren haben und das Opfer andererseits einer gesteigerten Wehrlosigkeit ausgesetzt sein. Der Besitzer von Abfall hat es allein in der Hand, die umweltgerechte Beseitigung desselben vorzunehmen und sowohl die Allgemeinheit als auch die Umwelt sind wehrlos dagegen, wenn er sich gegen eine umweltgerechte Beseitigung entscheidet. Insoweit macht er sich bei der Ausführung einer solchen Entscheidung nach der Theorie NICKELs strafbar gemäß §§ 326 I, 13 I StGB.

Im Falle der wilden Abfallbeseitigung ist aber auch der Eigentümer eines Grundstücks wehrlos, weil er die Kausalfaktoren nicht beherrscht, wenn Dritte sich des Grundstücks zur unbefugten Beseitigung ihrer Abfälle bedienen. Hier scheidet eine Strafbarkeit des Eigentümers also aus, wenn er diese Abfälle nicht beseitigt.

Ein ähnliches Ergebnis ergibt sich danach für den Fall des Verpächters, der die Abfälle seines Pächters nicht beseitigt.

Bedenken ergeben sich für diesen Ansatz daraus, daß NICKEL die materiellrechtliche Grundlage für die Zurechnung des Erfolges zum Unterlassenden in den Schutzfunktionen vermutet, die dem Unterlassenden in einer engeren sozialen Ordnung zugewiesen sind. Die Untauglichkeit soziologischer Wurzeln allein für die Begründung von Garantenpositionen war bereits Gegenstand dieser Untersuchung. Sie begegnen Zweifeln vor dem Hintergrund der Gleichstellungsanordnung des § 13 I StGB, der von einer rechtlichen Gleichstellbarkeit ausgeht. Außerdem ist das Kriterium der engeren sozialen Ordnung so wenig konturiert, daß es den Anforderungen des Bestimmtheitsgebots nicht entspricht.[337]

337 vgl. bereits oben 2. Teil II 2 b) bb)

bb) VOGLER

VOGLER hält das objektive Vertrauen als sozialen Tatbestand für die Grundlage von Garantenpflichten mit einem bestimmten Inhalt.[338] Die strafrechtliche Haftung trete ein, weil sich der Vertragsgegner auf eine zugesagte Hilfe verlasse und im Vertrauen darauf eine eigene Sicherung seiner Rechtsgüter unterlasse.[339] Dies sei nicht auf Garantenpflichten aus Übernahme beschränkt, sondern darüberhinaus ein allgemeines Rechtsprinzip. Alle Erfolgsabwendungspflichten beruhten darauf, daß der Schutz des gefährdeten Rechtsgutes von dem positiven Tun einer bestimmten Person abhinge und sich die Beteiligten auf das positive Tun dieser Person verließen.

Dieser Ansatz lasse sich kriminalpolitisch damit rechtfertigen, daß andere Personen im Vertrauen auf die Übernahme des Rechtsgüterschutzes bzw. die Überwachung einer Gefahrenquelle entweder eigene Rechtsgüter gefährden oder Schutz- bzw. Überwachungsmaßnahmen unterließen.

Im Grundfall kommt es nach der Ansicht VOGLERs zu einer Garantenposition, wenn das Opfer im Vertrauen auf den Garanten eigene Schutzmaßnahmen gegen eine drohende ökologische Gefahr unterläßt. Opfer einer umweltgefährdenden Abfallbeseitigung sind die Allgemeinheit und die Umwelt als natürliche Lebensgrundlage der Menschen. Auch im Fall der wilden Abfallbeseitigung und in dem des Verpächters müßte die Allgemeinheit auf eine umweltgerechte Beseitigung der Abfälle durch den Unterlassenden vertrauen.

Diese Überlegungen zur Entstehung von Garantenpflichten stießen in der Literatur sowohl auf Zustimmung als auch auf Kritik. Befürwortet wird die Entstehung einer Garantenstellung durch die Erweckung eines Vertrauens im Zusammenhang mit der freiwilligen Übernahme.[340]

---

338 Vogler Zur Bedeutung des § 28 StGB für die Teilnahme an unechten Unterlassungsdelikten S. 280
339 ders. aaO S. 281
340 so Blei Str Bd I 18. A. S. 325; Sch-Sch-Stree § 13 Rn 27; ders. schon in H. Mayer-FS S. 155; vgl. auch S-K-Rudolphi § 13 Rn 58

Kritik wurde insoweit laut, als von SCHÜNEMANN darauf hingewiesen wurde, daß ein objektiver Vertrauenstatbestand die Begleiterscheinung eines Garantieverhältnisses sein könne, aber nicht zugleich deren Entstehungsgrund.[341]

HSÜ[342] bemerkt, daß eine Handlung, die die freiwillige Übernahme einer Garantenstellung bezweckt, dazu führe, daß eine Berechtigung zum Vertrauen für den Geschädigten entsteht. Auch SANGENSTEDT vertritt den Standpunkt, daß das Vertrauen Konsequenz und Begleiterscheinung einer Stellung sei, die durch ein Handeln erworben wurde.[343] Wenn danach also der objektive Vertrauenstatbestand - wie die Garantenposition - Folge einer Handlung wäre, so kann er nicht zugleich Grund für die Entstehung der Garantenposition sein. Die Entstehung von Vertrauen sagt also nichts über die Gründe für die Entstehung einer Garantenposition.

Weder im Grundfall noch in den Fällen der wilden Abfallbeseitigung noch im Verpächterfall kommt es aber zu einer Übernahme der Verantwortung durch den Unterlassenden. Ohne eine solche freiwillige Übernahme fehlt es an der Voraussetzung für ein Vertrauen, so daß es in diesen Fällen entgegen der Auffassung VOGLERs nicht zu einer Garantenstellung des Unterlassenden kommen kann.

cc) WELP

Für WELP besteht das Problem der Unterlassung im Nachweis ihrer Handlungsäquivalenz. Weil es das Merkmal der Unterlassung sei, eine Handlung nicht vorzunehmen, könne die Gleichwertigkeit einer Unterlassung mit einer Handlung nicht direkt hergestellt, sondern nur durch den Rückgriff auf ein Merkmal gefunden werden, das die ausgleichungsbedürftige Eigenschaft des Tuns darstellt.[344] Die Aufgabe einer Gleichstellungstheorie sieht Welp darin, die Kausalität des Tun als Manko der Unterlassung auszugleichen. Die

---

341 so Schünemann Grund und Grenzen ... S. 251; einschränkend dazu M. Schultz Amtswalterunterlassen S. 137
342 Hsü S. 232, 233
343 Sangenstedt S. 223, 224
344 Die folgenden Ausführungen beziehen sich auf Welps Monographie Vorangegangenes Tun als Grundlage einer Handlungsaequivalenz der Unterlassung, hier S. 165, 166

insoweit offenen Tatbestände der unechten Unterlassungsdelikte müßten dann mit Hilfe des Gleichstellungskriteriums aus den Begehungsdelikten abgeleitet werden.

WELP geht von der Voraussetzung aus, daß der Täter eines unechten Unterlassungsdeliktes zu seinem Opfer in einem ähnlich zweiseitigen Abhängigkeitsverhältnis steht wie der Begehungstäter. Der Inhalt dieses Verhältnisses konkretisierte sich in der Täterposition einerseits und der Opferposition andererseits.[345] Dieses Verhältnis ist für WELP das tertium comparationis für die Frage der Gleichstellung von strafbarem Tun und Unterlassen. Beim Begehungsdelikt entstehe dieses Verhältnis allein aus der aktiven Bewirkung eines strafrechtlich relevanten Erfolges durch den Täter und dem Eintritt des Erfolges auf der Seite des Opfers.

Die Täterposition habe ihren Ursprung in dem Umstand, daß das menschliche Handeln final auf die Herbeiführung von Erfolgen gerichtet sei, weswegen dem Menschen die durch seine Handlungen bewirkten Erfolge auch zugerechnet werden könnten.[346]

Die Opferposition hat ihren Grund in der Anfälligkeit eines Menschen gegenüber der Finalität des Anderen, die ihn zum Objekt dieses Anderen macht, in dem sich dessen final ausgeführte Handlung bei ihm in einem Erfolg auswirke.

Wenn ein System das Interesse eines Opfers schütze, indem es dem Täter Handlungen verbietet, folge aus dem Wissen um den Schutz von Opfern gegenüber finalen Handlungen des Täters eine Erwartungshaltung aller, vor bestimmten Angriffen durch das System geschützt zu sein.[347] Hinzu komme, daß sich kein Mensch vor der unberechenbaren, finalen Aktivität eines anderen Menschen schützen könne, woraus sich die Abhängigkeit eines jeden Rechtsgutträgers von der Unterlassung rechtsverletzendender Aktivität ergebe. Das Strafrecht schütze den einen, indem es die Aktivität des

345 ders. aaO S 171
346 ders. aaO S. 173; soweit er hier vom Determinationsvermögen des Menschen spricht, erscheint dies paradox, weil eine Determination des Menschen die freie Entscheidung zur finalen Handlung gerade ausschlösse.
347 ders. aaO S. 175

Anderen verbiete. Damit ermögliche es allen, sich ohne Schutzvorkehrungen (etwa Waffen) am gesellschaftlichen Leben zu beteiligen.[348]

Bei der Unterlassung ergibt sich ein solches Abhängigkeitsverhältnis ebenso. Bei der Ingerenz sei Grundlage einer Garantenstellung eine Vorhandlung. Diese Handlung gewinne ihren Charakter als "Vor-Handlung" durch die danach eintretende Möglichkeit der Abwendung eines Erfolges. In dem Stadium zwischen Vorhandlung und noch anhaltender Möglichkeit der Abwendung des Erfolges sei das Opfer auf die gleiche Weise abhängig vom Täter wie beim Begehungsdelikt, wo es ein ebenso gestaltetes Durchgangsstadium zwischen Handlung und Erfolgseintritt gebe. In diesem Stadium könne der Erfolg durch eine Rettungshandlung abgewendet werden.[349]

Bei unrechtmäßigen Vorhandlungen bestehe durch die Verbote des Strafrechts primär ein Handlungsverbot, aus dem sich sekundär eine Pflicht zur Erfolgsabwendung ergebe.[350] Als zusätzliche Anforderung, welche an die Qualität der *Vor*handlung zu stellen sei, habe die mit der Vorhandlung bewirkte Gefährdung des Rechtsgutes eines anderen adaequat zu sein. Dies bedeute die objektive, aus der ex-ante-Betrachtung zu beurteilende Gefährlichkeit der Handlung im Hinblick auf die Wahrscheinlichkeit einer Rechtsgutsverletzung, wie sie sich aus den Umständen des Einzelfalles ergebe.[351]

Anders verhalte es sich bei erlaubten Vorhandlungen. Entscheidender Ansatzpunkt sei hier der Gesichtspunkt des erlaubten Risikos. Dabei handele es sich um einen Bereich des menschlichen Tuns, der durch einen Interessenskonflikt gekennzeichnet sei. Es kollidiere die individuelle Betätigungsfreiheit mit dem umfassenden Rechtsgüterschutz. Der Konflikt würde zugunsten der Risikohandlung dann gelöst, wenn diese einem durch Ziel oder Mittel konstruierten Tätigkeitsbereich ("Betrieb") angehöre, der einen besonderen, von der Rechtsordnung gebilligten ("objektiven") Zweck verfolge.[352] Weil sich das Erlaubtsein solcher Tätigkeiten nur gegenüber dem

348 ders. aaO 176/177
349 ders. aaO S. 181
350 ders. aaO S. 190
351 ders. aaO S. 201
352 ders. aaO S. 210

Handlungsunwert auswirke, bleibe es bei dem damit verwirklichten Erfolgsunwert. Zwar sei eine erlaubte Tätigkeit trotz ihrer generellen Gefährlichkeit zu dulden, nicht aber der Erfolgseintritt selbst. Die Verkehrsrichtigkeit einer Handlung gewähre kein Eingriffsrecht, sondern sie stelle nur von einem Handlungsverbot frei.

Im Grundfall wäre zur Täterschaft nach der Ansicht WELPs eine aequivalent-kausale Verursachung des Erfolges durch eine Vorhandlung und die unterlassene Abwendung dieses Erfolges notwendig. Als Vorhandlung denkbar erscheint im Grundfall nur die Verursachung der Entstehung des Sonderabfalls, die kausale Vorbedingung einer nicht ordnungsgemäßen Beseitigung ist. Der Besitzer von Sonderabfällen haftet also nach der Theorie WELPs als Garant gemäß §§ 326 I, 13 I StGB, wenn er es unterläßt, seinen Sonderabfall ordnungsgemäß zu beseitigen.

Für eine Haftung des Eigentümers für wilde Müllablagerungen durch Dritte käme es nach der Theorie WELPs darauf an, ob er Garantenpflichten übernommen hat oder ob er durch Ingerenz eine Garantenstellung erlangt hat. Eine Übernahme von Pflichten für den Eigentümer durch die Handlung eines Dritten scheidet aus und bedarf daher keiner weiteren Erörterung. Aus dem Gesichtspunkt der Ingerenz, worunter WELP nicht nur ein pflichtwidriges, sondern auch pflichtgemäßes Vorverhalten versteht, scheidet eine strafrechtliche Haftung nur dann aus, wenn die geschaffene Gefahr vom Unterlassenden nicht aequivalent verursacht wurde. So liegt für WELP der Grund zum Bremsen eines Zuges durch den Lokomotivführer vor einem auf den Gleisen liegenden Menschen nicht in der Beherrschung des Zuges, sondern in der Inbetriebnahme desselben.[353]

Der Eigentümer eines Grundstückes setzt solche Ursachen nicht. Die von jeder kausalen Vorwirksamkeit des Unterlassenden für den Eintritt des Erfolges unabhängige, schlichte Herrschaft über ein Grundstück vermag danach keine Garantenstellung zu begründen.

Anders läge es für den Fall des § 326 I StGB nach der Ansicht WELPS dann, wenn sich der Eigentümer durch eine eigene Handlung in eine In-

353 ders. aaO S. 255

gerenzgarantenstellung hinein manövriert hätte. Das könnte er durch die Eröffnung eines Publikumsverkehrs getan haben, indem er dadurch fremde Risikohandlungen veranlaßt hätte.[354]

Im Fall der wilden Abfallbeseitigung liegen die Dinge aber anders. Ein Verkehr ist nicht eröffnet worden, somit kann sich daraus auch keine Garantenpflicht ergeben. Wenn man in der widerspruchslosen Duldung der Abfallablagerung durch Dritte eine Verkehrseröffnung durch konkludentes Handeln sähe, so führte dies in Anwendung der Überlegungen WELPs zu einer Garantenstellung.

Ohne ein konkludentes Handeln dieser Art kann es also nicht zur Garantenposition kommen, denn einer strafrechtlichen Geltung des Satzes "Eigentum verpflichtet" und der Konstruktion einer strafrechtlichen Zustandshaftung steht WELP ablehnend gegenüber.[355] Nach seiner Ansicht ist die Frage, warum die Nähe des Eigentümers zu einer Gefahrquelle über das Polizeirecht hinaus strafrechtliche Konsequenzen haben sollte, nicht mit diesem Satz zu beantworten.[356] Diese Nähe führe nicht zu einer Garantenstellung, vermöge derer die Unterlassung mit dem positiven Tun gleichgestellt werden könne.[357]

Die Herrschaft über das Grundstück allein ändere nichts daran, daß "Quelle" der Gefahr das Verhalten der Dritten sei. Andernfalls hätte der Verkehrsicherungspflichtige auch einen Mord zu verhindern, der auf seinem Grundstück begangen würde. Die Verkehrseröffnung sei aber ein "intentionaler" Akt, der ein Vertrauen der Allgemeinheit darauf erwecke, daß von dem Grundstück keine Gefahren ausgehen.[358] Das schweigende Dulden des Eigentümers bleibt hinter dem Aussagegehalt eines solchen "intentionalen" Aktes zurück.

Da eine andere Handlung, die zur Begründung einer Ingerenzgarantenstellung tauglich wäre, in den Fällen der wilden Ablagerun-

---

354 ders. aaO S. 246,247
355 so aber Landau, Die strafrechtliche Verantwortung aus Eigentum und Besitz, S. 91
356 Welp; Vorangegangenes Tun S. 259 ff
357 ders. aaO S. 262
358 Welp aaO S. 247/248

gen nicht vorliegt, kann sich für den jeweiligen Eigentümer dieser Grundstücke keine Garantenstellung ergeben, vermöge derer der Eigentümer für die Nichtabwendung einer unsachgemäßen Beseitigung haftbar gemacht werden könnte.

Nach der Ansicht WELPs bedarf es zu einer Garantenstellung aus Ingerenz einer aequivalent kausalen Vorhandlung,[359] die zu einer danach eintretenden Möglichkeit der Erfolgsabwendung führt. Im Verpächterfall wäre dies die Verpachtung des Grundstücks. Diese Handlung des Verpächters hat die Rechtsgutsverletzung, die in der unbefugten Abfallbeseitigung durch den Verpächter liegt, aequivalent verursacht, denn sie kann im Hinblick auf den Erfolg der Abfallbeseitigung nicht weggedacht werden. Damit kann der Verpächter, der unbefugt beseitigte Abfälle seines Pächters nach Ablauf der Pachtzeit nicht selbst entsorgt, Täter gemäß §§ 326 I, 13 I StGB sein.

Nach Ablauf des Pachtvertrages fällt das Grundstück in seinen Besitz zurück. Dieser Besitzerwerb vollzieht sich auch mit dem Willen des Verpächters. Dabei gilt kein Spezialitätsgrundsatz, wonach jeder Gegenstand einzeln in Besitz genommen werden müßte. Vielmehr reicht ein genereller Besitzwille aus,[360] so daß auch auf dem Grundstück befindliche Stoffe in seinen Besitz fallen. Wenn diese Stoffe Abfall sind, so wird der Verpächter auch Abfallbesitzer.

Auch BAUMANN/WEBER gehen davon aus, daß eine Garantenpflicht aus vorangegangenem Tun durch verkehrsgerechtes Handeln ausgelöst werden könne. Anstelle einer Begründung verweisen sie die daran bisher geäußerten Bedenken in den Bereich der Emotionen.[361]

Die Tauglichkeit des Instituts der Ingerenz als Gleichstellungskriterium wird in der Literatur teilweise bestritten. SCHÜNEMANN bemerkt, daß sich im Zeitpunkt der Unterlassung der Ingerent in keiner Weise von einem beliebigen anderen unterscheide; beide hätten lediglich die Möglichkeit zur Abwendung der drohenden Verletzung von Rechtsgütern. Durch eine abgeschlossene Vorhandlung habe der Ingerent den Kausalverlauf aus seinem Einfluß-

---

359 Welp aaO S. 195 ff 197
360 Mü-Ko-Joost § 854 Rn 10; Palandt § 854 Anm.2 (Rn 5); BGHZ 101, 186
361 vgl. Baumann/Weber Lb AT 9. § 18 II 4) bei Fn 66

bereich entlassen.[362] Das Institut der Ingerenzhaftung ließe sich nicht aus einem personalen Zurechnungsprinzip, sondern lediglich aus einer dem Kausalnexus verhafteten Veranlassungshaftung begründen. In der zivilrechtlichen Zustands- und Risikoordnung möge dies berechtigt sein, in dem an der Personhaftigkeit des Menschen orientierten Strafrecht fehle diese Berechtigung. Eine Begehungsgleichheit der Ingerenz sei daher von der Natur der Sache her ausgeschlossen.[363]

Auch von SANGENSTEDT wurde die Gleichstellungstheorie WELPs angegriffen.[364] Die Abhängigkeit zwischen dem Ingerenten und seinem Opfer einerseits und dem Begehungstäter und seinem Opfer andererseits entsprächen sich und gewännen die gleiche rechtliche Qualität, weil sie gegen den vertrauensschaffenden Geltungsanspruch des einschlägigen Begehungstatbestandes verstoßen. Damit seien aber solche Vorhandlungen ausgeschlossen, die nicht gegen strafrechtliche Bestimmungen verstoßen. Ingerent könne demnach nur sein, wer sich pflichtwidrig verhalte. Gerade diese Konsequenz zöge WELP aber nicht, so daß seine Lösung in sich unschlüssig sei.[365]

Darüberhinaus sei die Lage des mit unverbotenem Handeln anderer konfrontierten Bürgers auch von der desjenigen verschieden, der pflichtwidrigem Handeln gegenüber ausgesetzt sei. Pflichtgemäße Handlungen seien jeder rechtlichen Mißbilligung entzogen und sie würden täglich vielfach vorgenommen; jedermann müsse mit ihnen rechnen und könne sich darauf einstellen.[366] Zwar müsse zugegeben werden, daß die rechtsgutschädigende Folge einer pflichtgemäßen Handlung von der Rechtsordnung nicht gebilligt werde. Deshalb erlaube die Rechtsordnung risikoerhöhende Handlungen nur unter dem Vorbehalt gleichzeitiger Sicherung.[367] Daraus ergäben sich aber noch nicht notwendig strafrechtliche Abwendungspflichten.[368] Ob und gegebenenfalls welche strafrechtlichen Abwendungspflichten sich aus Siche-

---

362 Schünemann, Grund und Grenzen, S. 316
363 ders. aaO S. 317
364 vgl. Sangenstedt S. 246 ff
365 vgl. Sangenstedt S. 249
366 vgl. Sangenstedt S. 254; ebenso Rudolphi, Gleichstellungsproblematik S. 178 und JR 1974, 161
367 Sangenstedt aaO S. 255
368 Rudolphi JR 1974, 161; Schünemann Grund und Grenzen S. 121

rungspflichten ergeben, zeige die These WELPs nicht auf. Somit bleibe die Theorie WELPs die Veranschaulichung der Begehungsgleichheit der Ingerenz schuldig.

d) Garantiepositionen aus dem Gesichtspunkt der Gefährdung von Rechtsgütern des Opfers

aa) ARZT

Dieser Autor geht von der These aus, daß zwischen Tun und Unterlassen eine Verwandtschaft bestehe.[369] Sie lägen so nahe beieinander, daß eine Grenzziehung nicht nur in Extremfällen unmöglich sei.[370]

Darüberhinaus meint er, daß in sämtlichen Garantenstellungen eine rudimentäre Schaffung einer Gefahr stecke. Als ein wesentliches Element der Begründung von Garantenpositionen sieht ARZT die Gefährdung von Rechtsgütern an. Das Risiko für ein Rechtsgut könne sowohl unmittelbar als auch mittelbar geschaffen werden. Mittelbar schaffe der Täter das Risiko, wenn er Aufgaben zur Abwehr einer Gefahr an sich ziehe, deren Erfüllung er aber dann versäume.[371]

Unmittelbar schaffe der Unterlassende Gefahren durch gefährliches Vorverhalten. Bei letzterem bestehe ein enger Zusammenhang zur Garantenpflicht aus der Verletzung einer Verkehrssicherungspflicht, die er zu den Garantenpositionen aus dem Gesetz zählt. Bei dieser Garantenstellung bestehe eine Parallele zu den Fahrlässigkeitsdelikten in zweierlei Hinsicht: einmal zwinge das Verletzungsgebot zu sorgfältigem Handeln gegenüber anderen. Gleichzeitig bewirke das Verletzungsgebot, daß die trotz sorgfältigem Verhalten geschaffenen Gefahren anderen gegenüber zu neutralisieren seien. Problematisch sei in beiden Fällen die Bestimmung des Fahrlässigkeitsmaßstabes. Dabei komme es nicht darauf an, ob das Vorverhalten rechtmäßig sei, sondern darauf, ob es sozialadäquat sei.

---

369 Arzt Zur Garantenstellung beim unechten Unterlassensdelikt, JA 1980, S. 535 ff, 648 ff, 712 ff
370 ders. aaO S. 554, mit Fallbeispielen S. 555
371 Arzt, JA 1980, 560, 714

Angewandt auf den Grundfall ergibt sich daraus, daß der Abfallbesitzer eine mittelbare Gefährdung der durch § 326 StGB geschützten Rechtsgüter durch die Übernahme der Verantwortung geschaffen oder durch ein gefährliches Vorverhalten diese Rechtsgüter unmittelbar gefährdet haben müßte. In beiden Fällen müßte die Gefährdung nicht mehr sozialadäquat sein. Von einer Übernahme der Verantwortung für den Schutz der Rechtsgüter der Allgemeinheit kann im Grundfall keine Rede sein. Es fehlt aber auch an einem gefährlichen Vorverhalten, welches nicht sozialadäquat wäre. Die Entstehung von Abfall ist zwangsläufige Folge des Lebens in einer zivilisierten Welt. Beispielsweise fallen in jedem Haushalt Batterien an, die nicht wieder aufgeladen und als Sonderabfall nicht mit dem Hausabfall entsorgt werden können. Gleiches gilt für die täglich anfallenden Abfälle in Krankenhäusern. Wollte man das Entstehenlassen solcher Abfälle bereits als gefährliche Vorhandlung zur Begründung einer Garantenstellung ausreichen lassen, so führte das zu einer uferlosen Ausdehnung der Garantenpflichten.

Im Fall der wilden Abfallbeseitigung fehlt es sowohl an einer Übernahme von Verantwortung als auch an einem nicht mehr sozialadäquaten Vorverhalten. Denn das Eigentum am Grundstück beinhaltet keine Übernahme einer Garantie für die Unversehrtheit der Umwelt und es beinhaltet auch keine gefährdende Vorhandlung.

Auch im Verpächterfall könnte keine Übernahme von Verantwortung angenommen werden. Die Verpachtung eines Grundstücks beinhaltet ja gerade die Übergabe der Verantwortung dafür an den Pächter. Darin kann aber ebensowenig eine gefährliche Vorhandlung gesehen werden, wie im Grundfall beim Entstehenlassen von Sonderabfall.

Die Schwäche der Theorie von ARZT besteht darin, daß sie für die umweltgefährdende Abfallbeseitigung durch Unterlassung keine hinreichend konturierte Garantenstellung hergibt und deshalb die Gefahr einer uferlosen Ausdehnung der Garantenpflicht birgt. Die Kriterien der Übernahme von Verantwortung und des nicht mehr sozialadäquaten Vorverhaltens, bei denen der Autor selbst zugibt, daß der Maßstab der Sozialadäquanz schwer zu bestimmen sei, widersprechen durch die fehlende Schärfe ihrer Kontur dem Gebot der lex certa und erscheinen deshalb nicht praktikabel.

bb) M. SCHULTZ

SCHULTZ vertritt die Auffassung, daß die schlichte Übernahme von Verantwortung für ein Rechtsgut keine Garantenposition bewirkt.[372] Das bei einer solchen Übernahme entstehende Vertrauen des Opfers sei ein Durchgangsstadium, welches den Grund für die Motivation zur Übertragung der Schutzfunktion abgebe. Ausschlaggebend sei es, daß das Opfer eigene Schutzmaßnahmen im Vertrauen auf den Schutz des Unterlassenden nicht ergreife. Die hieraus resultiernde Gefährdung indiziere die Garantenposition.

Bei der Übernahme einer Garantenposition entstehe eine "Innengefahr", wenn der Inhaber des bedrohten Rechtsgutes auf eigene Schutzmaßnahmen auf den Übernehmenden verzichte, weil er dann selbst sein Rechtsgut preisgebe.[373]

Eine "Außengefahr" entstehe bei Konstellationen, in denen eine "Innengefahr" nicht durch die Übernahme von Verantwortung geschaffen wurde, gleichwohl durch die Übernahme Gefahren von außen für ein Rechtsgut entstanden seien. Hier bestehe eine "Innengefahr" schon deswegen, weil der Schutz dieser Rechtsgüter gegenüber Gefahren ohne anderweitige Sicherung entweder unmöglich oder stark eingeschränkt sei. Beispielsfälle für diese Konstellationen bildeten die Fälle der Übernahme des Streudienstes durch den Hausbesitzer und die der Sicherung einer Baustelle durch den Bauherrn. Grund für die Zurechnung des Erfolges sei hier die Herrschaft über die Außengefahr. Entweder schaffe der Unterlassende also die Gefahr oder er trage mindestens zu deren Aufrechterhaltung bei.[374]

Im Grundfall ergibt sich daraus eine Außengefahr für die Rechtsgüter des § 326 StGB, denn die Allgemeinheit verzichtet im Vertrauen auf die umweltgerechte Beseitigung von Abfällen durch den jeweiligen Besitzer auf eigene Schutzmaßnahmen gegen die aus einer umweltgefährdenden Beseitigung drohende abstrakte Gefährdung. Auch das zweite Kriterium der Herrschaft über diese Außengefahr liegt beim Abfallbesitzer vor.

---

372 M. Schultz, Amtswalterunterlassen, S. 139 ff
373 ders. aaO S. 140
374 ders. aaO S. 142

Bei der wilden Abfallbeseitigung besteht zwar eine Herrschaft über das Grundstück. Gleichwohl ist der Eigentümer gegenüber den Dritten, die sein Grundstück zur Müllhalde umfunktionieren, machtlos. Er kann diesen Mißbrauch seines Grundstücks nicht vorhersehen und aus dem Vertrauensprinzip folgt, daß er dies auch nicht vorherzusehen braucht. Auch im Verpächterfall fehlt es dem die umweltgerechte Beseitigung unterlassenden Verpächter an einer Herrschaft, vermöge derer er den Pächter daran hindern könnte, seine Abfälle in einer umweltgefährdenden Art zu beseitigen.

Die Anwendung der Lösung SCHULTZ' auf die Fälle der wilden Abfallbeseitigung und den Fall eines Mißbrauchs der Pacht führt zu Zweifeln, ob seine Kriterien der Außengefahr und der Herrschaft geeignet sind, Aussagen über eine Gleichstellung der Unterlassung und damit über eine Garantenstellung des Opfers einer wilden Abfallbeseitigung zu machen.

SCHULTZ übersieht bei seinem Ansatz zwei Gesichtspunkte: Die Herrschaft über ein Grundstück verleiht nicht die Rechtsmacht, die notwendig wäre, damit der Eigentümer sich gegen einen solchen Mißbrauch wehren könnte. Der Grundstücksinhaber mag aus Notwehrgesichtspunkten berechtigt sein, gegen einen unbefugt Abfall entsorgenden Dritten vorzugehen, den er auf frischer Tat antrifft. Von vornherein kann er sich aber gegen eine heimliche Beseitigung von Abfällen nicht wehren.[375] Dies gilt in gleichem Maße für den Verpächter gegenüber seinem Pächter. Es widerspricht außerdem dem Grundsatz der Eigenverantwortlichkeit, wonach jeder für die Gefahrlosigkeit seines Bereichs verantwortlich ist,[376] die Verantwortung eines Grundstückeigentümers weiter auszudehnen, als sein Einfluß reicht. Die Tatsache, daß es trotz einer rechtlich anerkannten Herrschaft eines Eigentümers über sein an sich ungefährliches Grundstück zu einer wilden Abfallbeseitigung und damit zu einer nicht vorhersehbaren Gefährlichkeit des Grundstücks kommen kann, zeigt, daß Sachen nur in einer begrenzten Weise beherrscht werden können.[377]

375 vgl. Brammsen S. 269
376 vgl. Rudolphi in FS f. Dünnebier, S. 874
377 so zutreffend Landscheidt, S. 89/90

Soweit SCHULTZ davon ausgeht, daß eine von außen veranlaßte Gefahr vom Inhaber der Herrschaft wenigstens aufrechterhalten würde, wenn er nichts gegen sie unternehme, weist er dem Unterlassenden eine Verantwortung zu, deren Existenz er zunächst nachweisen müßte. Erst wenn die Verantwortung für die Abwehr einer Gefahr nachgewiesen ist, kann darüber entschieden werden, inwiefern das Nichteinschreiten genauso bewertet werden darf wie ein Herbeiführen der Gefahr. Insoweit vermag die von SCHULTZ entwickelte Lösung nicht zu überzeugen.

cc) STREE

Ausgehend von einer Analyse der Garantenpositionen aus der Überwachung einer Schutz- und Überwachungsposition und einer Hervorhebung der Unerheblichkeit eines Vertrages kommt STREE[378] zu dem Ergebnis, daß zu der Übernahme noch ein weiteres Moment hinzutreten müsse, damit ein Garantieverhältnis entstehe. Für sich allein reiche die Übernahme eines Pflichtenkreises nicht aus. Ebensowenig hält STREE das Kriterium der Schaffung eines Vertrauensverhältnisses allein für ausschlaggebend. Gleichwohl soll dieses Kriterium die Lösung des Problems näherrücken lassen. Denn wenn das Opfer auf eine Handlung des Unterlassenden vertraue, so werde es oftmals sein eigenes Verhalten darauf einrichten. Das Opfer werde möglicherweise Gefahren auf sich nehmen, von persönlichen Maßnahmen zum Schutz seiner Habe absehen oder es unterlassen, sonstige Mitmenschen zum Schutz seiner Rechtsgüter heranzuziehen. Die Übernahme einer Schutzfunktion habe also eine gewisse Wirkung für ein Rechtsgut, indem sie Schutzpflichtige oder Schutzbereite davon abhielte, den erforderlichen Schutz zu gewähren. In diesen Fällen enthielte die Übernahme von Schutz- oder Überwachungsfunktionen ein Gefahrenmoment, weil sie geeignet sei, sich zu einem schädlichen Erfolg zu entwickeln. Die Übernahme ähnele insoweit dem vorangegangenen Tun. Es liege deshalb nahe, beide Garantieverhältnisse auf eine gemeinsame Rechtsquelle zurückzuführen. Rechtsquelle sei das der Strafrechtsordnung selbst innewohnende Verbot, andere zu verletzen. Dieses Verbot enthalte zugleich das Gebot, selbstgeschaffene Ge-

---

378 Stree in H. Mayer-FS S. 144 ff (153)

fahren zu beseitigen, wenn aus ihnen die Verletzung fremder Rechtsgüter drohe.[379]

Wer in einer gefahrgeneigten Weise die Ursache zu einem widerrechtlichen Erfolg setze, dürfe dem daraus entwickelnden Kausalverlauf nicht seinen Lauf lassen und tatenlos zusehen, wie aus dem vorherigen gefährdenden Verhalten verbotswidrig ein Erfolg hervorginge. Vielmehr habe er in den Kausalverlauf einzugreifen und den drohenden Schaden abzuwenden. Das Verletzungsverbot verwandele sich insoweit für den Verursacher einer Gefahr in ein Verhinderungsgebot, dessen Grundlage das Verletzungsverbot bleibe.[380]

Entsprechendes müsse für die Garantenposition aus einer Übernahme der Verantwortung für eine Gefahrquelle gelten. Wer mit der Übernahme derartiger Aufgaben ein Gefahrenmoment herbeiführe, setze sich in gleicher Weise in Widerspruch zu einem Verletzungsverbot, wenn er seinen Beitrag zur Gefährdung eines Rechtsgutes sich frei entfalten lasse und tatenlos zusehe, wie sich infolge des von ihm bewirkten Gefahrenmoments ein verbotswidriger Erfolg einstelle. Auch hier müsse sich das Verletzungsverbot in ein Verhinderungsgebot umformen.

Allerdings könne das Verhinderungsgebot bei der Übernahme ebensowenig wie bei der Ingerenz sämtliche Erfolge umfassen, die irgendwie mit dem Gefahrenmoment zusammenhingen. Es kämen hier nur naheliegende Erfolge in Betracht. Soweit auch bei der Ingerenz nur naheliegende Gefahren für das geschützte Rechtsgut in Frage kämen, müßte die Vielzahl der Gefahren auf solche begrenzt werden, die für Rechtsgüter bestehen, welche geschützt werden sollen. Nur diese würden im Vertrauen auf den Unterlassenden gewissen Gefahren anheimgegeben. Wer also den Schutz von Rechtsgütern übernehme, habe dafür zu sorgen, daß sich das mit der Übernahme verbundene Gefahrenmoment nicht für diejenigen Rechtsgüter realisiere, deren Schutz dem Übernehmenden anvertraut wurde.[381] Bei der Verantwortlichkeit aus der Ingerenz kämen nur pflichtwidrige Vorhandlungen in Betracht.[382]

379 ders. aaO S. 155
380 ders. aaO S. 156
381 ders. S. 156
382 Sch-Sch-Stree § 13 Rn 35

Ähnlich wie bei der Fahrlässigkeit müsse es sich um die Mißachtung einer Vorschrift handeln, die gerade dem Schutz des betroffenen Rechtsgutes diene. Hieran fehlte es beispielsweise bei Taten im Hinblick auf Schäden, die einem anderen erst aufgrund von Handlungen zur Abwehr einer Tat oder zur Verfolgung des Täters drohten. Ebensowenig seien solche Gefahren pflichtwidrig, die durch das deliktische Handeln eines Dritten enstehen, der eine vom Unterlassenden geschaffene Lage ausnutzt. Wenn jemand einen anderen bewußtlos schlage, hafte er nicht für dessen Rechtsgüter, wenn sie durch einen Dritten in der Zeit geschädigt werden, in der sich der Bewußtlose nicht wehren kann.[383]

Im Grundfall käme nach dem Verständnis STREEs eine Verantwortlichkeit des Abfallbesitzers aus der gefahrgeneigten Setzung der Ursache für einen widerrechtlichen Erfolg nicht in Betracht. Denn das Entstehenlassen von Sonderabfällen ist keine gefährliche Vorhandlung, wie im Zusammenhang mit der Erörterung der Theorie von ARZT bereits ausgeführt wurde.

Bei der wilden Abfallbeseitigung müßte entsprechend dem Ansatz von STREE geprüft werden, ob die abstrakte Gefährdung der Umwelt durch das Verhalten Dritter noch als naheliegend in seinem Sinne angesehen werden kann. Das richtet sich danach, ob Gefahren bestehen, die durch den Unterlassenden geschützt werden müssen. Weil der Grundstücksbesitzer nicht einmal einen Anteil an der Enstehung der abstrakten Umweltgefahr hatte und aus dem Eigentum keine Übernahme einer Schutzgarantie folgt, muß in Anwendung der Gedanken STREEs auch der Grundstückseigentümer im Fall der wilden Abfallbeseitigung straflos zu bleiben.

Für den Fall des Verpächters, der die vom Pächter liegengelassenen Abfälle nicht beseitigt, wäre zu prüfen, ob in der Verpachtung des Grundstücks die gefahrgeneigte Setzung einer Ursache zu einer abstrakten Umweltgefahr zu sehen ist, die naheliegt. In konsequenter Anwendung der Gedanken STREEs liegt darin eher eine Übernahme für den Pächter. Als Ergebnis kann demnach festgehalten werden, daß sich in keinem der drei leading cases eine Strafbarkeit gemäß §§ 326 I StGB ergeben hat. Dies führte zu einem Leer-

383 Sch-Sch-Stree § 13 Rn 35a

laufen der Vorschrift als unechtes Unterlassungsdelikt, womit dem Gleichstellungskriterium des Naheliegens einer Rechtsverletzung erhebliche Zweifel begegnen.

e) Garantiepositionen aus der Herrschaft über die rechtsgutsgefährdenden Umstände

aa) RUDOLPHI

RUDOLPHI unterscheidet ähnlich wie KAUFMANN prinzipiell zwei Grundtypen der Garantenstellungen. Es handelt sich dabei in beiden Fällen um ein Geschehen, welches zu einer Rechtsgutsverletzung hindrängt und welches von dem Unterlassenden beherrscht wird. Dabei sei einerseits zwischen einem Geschehen zu unterscheiden, in welchem der Unterlassende die Herrschaft über eine Gefahrenquelle hat, und andererseits einem Geschehen, in welchem die Gefahr einem Rechtsgutsträger droht, den der Unterlassende aus einem Obhutsverhältnis zu beschützen verpflichtet ist.

Bei der Untersuchung des sachlichen Grundes der strafrechtlichen Erfolgsabwendungsgarantie kommt RUDOLPHI zu dem Ergebnis, daß sich aus der Definition des Garanten zweierlei ergibt: Der Garant sei eine Instanz, die Schutzaufgaben gegenüber Rechtsgütern zu erfüllen habe, und er sei jemand, der die maßgebliche Entscheidungsmacht habe, über das Ob der Verwirklichung einer Gefahr zu befinden.[384]

Die Ursache dafür, daß es Garantenstellungen gibt, hat nach seiner Ansicht rechtliche und soziale Gründe. Letztere bestünden in der Tatsache, daß das Einzelne für sich allein hilflos gegenüber vielen Gefahren ist, die sich aus dem menschlichen Zusammenleben für ihn ergeben, welches durch eine immer weiter um sich greifende Technisierung, Spezialisierung und Aufgabenteilung gekennzeichnet sei. Um existieren zu können, seien die Menschen auf die vielfältige Hilfe des Staates und ihrer Mitbürger angewiesen.[385] Erstere bestünden darin, daß der Unterlassungstäter dem Begehungstäter nur

384 Rudolphi SK § 13 Rn 21
385 ders. Gleichstellungsproblematik S. 107

dann in strafwürdiger Weise gleicht, wenn er aufgrund seiner Schutzaufgabe die letzte und maßgebliche Entscheidung über den Eintritt des tatbestandsmäßigen Unrechtserfolges hat und damit das Geschehen beherrscht. Drohten jemandem Gefahren aus einem Bereich, den er nicht beherrscht, so hat er in aller Regel keine rechtliche Handhabe, sich wirksam präventiv dagegen zu schützen. Jeder Bürger sei deswegen darauf angewiesen, daß der Nachbar die in seinem Herrschaftsbereich gelegenen Gefahrenquelle selbst eindämmt.[386]

RUDOLPHI unterscheidet zwei Grundtypen für Garantenstellungen: diejenigen zur Überwachung bestimmter Gefahrquellen und die zur Verteidigung bestimmter Rechtsgüter. [387] Beide hätten gemein, daß der Unterlassende von der Rechtsordnung dazu auf den Posten gestellt sei, das drohende Unrecht abzuwenden.

Der erste Garantentyp habe Gefahrenquellen im eigenen Herrschaftsbereich und aus der Verantwortung für selbst ausgelöste Kausalprozesse zu überwachen. Die dem zweiten Grundtyp unterfallenden Garanten verdankten ihre Stellung familiären Obhutsverhältnissen, einer Organstellung, einer engen Gemeinschaftsbeziehung, der einverständlichen Übernahme einer Schutzfunktion oder dem einseitigen Ergreifen einer Schutzaufgabe. [388]

Der hier besonders interessierende erste Grundtyp zur Überwachung bestimmter Rechtsgüter treffe zunächst den Inhaber der Herrschaft über Grundstücke und Gebäude. Sie hätten beispielsweise für die Absicherung von Gruben, die Beleuchtung eines gefährlichen Treppenhauses und die Ausbesserung schadhafter Teile des Hauses zu sorgen.[389] Desgleichen treffe auch den Inhaber eines gefährlichen Betriebes die Pflicht, die von diesem ausgehenden Gefahren einzudämmen. Beispielsweise müsse ein Sportplatz gegenüber einer Straße abgesichert werden. Ebenso hierher gehörten die Inhaber industrieller Betriebe, die verpflichtet seien, die Gefahren einzudämmen, die von ihrem Betrieb für die Rechtsgüter der Umwelt ausgehen.

386 ders. SK § 13 Rn 27
387 ders. in Lackner-FS S. 863, 872 ff
388 ders. für die Garanten des ersten Typs S-K § 13 Rn 24 ff, für die des zweiten Typs aaO Rn 46 ff
389 ders. S-K § 13 Rn 28

Die in einem Betrieb anfallenden Abwässer und sonstigen schädlichen Stoffe stellten eine Gefahr dar. Die Quelle für diese Gefahr liege innerhalb der Herrschaftssphäre des Betriebsinhabers. Dritte könnten sich in der Regel gegen diese Gefahren nicht schützen und seien daher in ihrer Unversehrtheit davon abhängig, daß der Herrschaftsinhaber die aus seiner Sphäre nach außen dringenden Gefahren wirksam eindämme. Weil die Rechtsordnung dem Betriebsinhaber die Herrschaft über seinen Bereich gewährleiste, obliege ihm im Ausgleich dafür die Garantenpflicht, diesen Betrieb so abzusichern, daß Gefahren für Dritte nicht entstehen. Er sei also Garant dafür, daß die in seinem Betrieb und in den dort anfallenden schädlichen Stoffen schlummernden Gefahren sich nicht für die schutzlosen Dritten oder die Umwelt realisierten.[390] Danach ergibt sich für den Grundfall, daß jeder Abfallbesitzer als Beherrscher der Gefahrenquelle Abfall dafür verantwortlich ist, daß sich darin wurzelnde Gefahren nicht zum Nachteil für die Umweltgüter auswirken. Unterläßt er die umweltgerechte Beseitigung der Abfälle so haftet er aus §§ 326 I, 13 I StGB.

Für die Fälle der wilden Abfallbeseitigung ergibt sich im Hinblick auf den Grundstücksinhaber als Beherrscher dieses Raumes folgendes: Verantwortlicher der Gefahrenquelle im Sinne einer Garantenstellung ist nicht der Grundstücksinhaber, denn er beherrscht vor dem Ablegen weder die Abfälle noch den Dritten, der dort rechtswidrig seine Abfälle ablegt. Der Besitz eines Grundstücks vermag auch nicht den Vorwurf des pflichtwidrig ausgelösten Kausalverlaufs oder der pflichtwidrigen Schaffung einer Gefahr fremder Straftaten zu rechtfertigen. Eine Garantenstellung, vermöge derer der Grundstücksinhaber verpflichtet wäre, der Ablegung von fremden Abfällen entgegen zu treten, ist nach der Ansicht RUDOLPHIS also nicht anzunehmen.

Für den Verpächterfall ergibt sich nach der Garantenlehre RUDOLPHIs für den Zeitraum vor Rückgabe des Grundstücks folgendes: Der Pächter, der die umweltgefährdende Abfallbeseitigung begeht, ist keine Gefahrquelle des Verpächters. Der Verpächter kommt als Garant auch nicht unter dem Gesichtspunkt der pflichtwidrigen Auslösung eines schadenstiftenden Kausalprozesses in Betracht. Zwar hat der Verpächter den schadenstiftenden Ver-

390 ders in Lackner-FS S. 873/874

lauf durch Abschluß und Durchführung des Pachtvertrages ausgelöst, jedoch steckt darin keine Pflichtwidrigkeit.

Ebensowenig denkbar erscheint eine Garantenstellung des Verpächters wegen der pflichtwidrigen Schaffung der Gefahr einer Straftat. Selbst wenn man in der Verpachtung eines Gewerbegrundstücks die Schaffung einer solchen Gefahr sähe, so ist die Verpachtung selbst nicht pflichtwidrig. Die bloße Verursachung einer Gefahr reicht nach der Lehre RUDOLPHIs zur Begründung einer Garantenstellung nicht aus.

RUDOLPHIs Lehre hatte in der Literatur sowohl ein positives als auch ein negatives Echo. Seine grundsätzliche Überlegung, daß der Garant derjenige sei, der die maßgebliche Entscheidungsmacht habe, über das Ob der Rechtsgutsverletzung zu entscheiden, begegnete der Skepsis von NICKEL[391], der bezweifelt, daß RUDOLPHI mit dem Kriterium der Maßgeblichkeit der Entscheidungsmacht eine Analyse des Unrechtsgehalts beim unechten Unterlassen gelungen sei. Deshalb könne seine Parallelisierung im Wege der Ziehung von innertatbestandlichen Analogieschlüssen zur Ermittlung der leitenden Wertgesichtspunkte für die verschiedenen Garantenstellungen nicht überzeugen.

Zustimmung erhielt RUDOLPHI u.a. von SANGENSTEDT, der darauf hinweist, daß die Überlegungen RUDOLPHIS einen Weg weisen, der die Garantenproblematik sowohl in Übereinstimmung mit dem Gleichstellungsgebot des § 13 I StGB als auch mit dem Bestimmtheitsgebot zu lösen geeignet ist.[392] Insbesondere verdient Zustimmung, daß dieser Autor die Wertgesichtspunkte aus der Rechtsordnung ableite. Die Ableitung aus außerrechtlichen Wertvorstellungen habe sich als mit dem Geboten der Rechtsstaatlichkeit und dem Nulla-Poena-Satz als unvereinbar erwiesen.[393]

bb) SCHÜNEMANN

Ein weiteres Modell für ein System von Garantenstellungen schlägt Schünemann vor. Er geht dabei von folgendem Gedankengang aus: für die im StGB

391 Nickel aaO S. 83
392 Sangenstedt aaO S. 281
393 ders. aao S. 283

vorgesehenen unechten Unterlassungsdelikte kommen nur begehungsgleiche Unterlassungen in Frage. Die Begehungsgleichheit hängt davon ab, welche besonderen Eigenarten der Handlung bei dem jeweiligen Deliktstypus die Strafbarkeit begründen. Bei den Erfolgsdelikten liegt der Grund für die Strafbarkeit in der Zurechnung des Erfolges zu einer Person. Der Grund dafür liegt in der Beziehung der Person und ihrer Körperbewegung als unmittelbarem Grund des Erfolges. Bei der Unterlassung kann die Zurechnung des Erfolges also nur dann möglich sein, wenn sie sich zum Erfolg ebenso verhält wie eine Begehung. Eine solche Gleichstellung erfordere ein allgemeines Prinzip, die Herrschaft über den Grund des Erfolges.[394] Im Gegensatz zu der Ansicht WELPS müßte der Lokomotivführer den Zug vor einem auf den Gleisen liegenden Menschen nicht abbremsen, weil er den Zug in Betrieb genommen hat, sondern weil er ihn im entscheidenden Moment beherrscht.

Für die unechte Unterlassung der umweltgefährdenden Abfallbeseitigung kommt es also darauf an, ob der Abfallbesitzer als Herrscher über den Grund des Erfolges angesehen werden kann.

Im Grundfall, in dem der Besitzer seine Sonderabfälle nicht beseitigt, läßt sich eine Garantenstellung des Abfallbesitzers ohne weiteres bejahen. Denn den Grund des Erfolges, die Sonderabfälle, beherrscht niemand anders als der Abfallbesitzer.

Anders verhält es sich in dem Fall der wilden Abfallbeseitigung, denn der Abladende verliert seine Herrscherposition ebenso wie den Besitz an den Stoffen mit der Beendigung des Ablagerns und dem Verlassen des Grundstücks.[395]

Nach SCHÜNEMANN bedarf es einer "aktuellen" in die Zukunft gerichteten Herrschaft, die der Dritte in jenem Moment aufgibt, in welchem er das Grundstück nach dem unbefugten Abladen des Abfalls verläßt. Die potentielle Möglichkeit der Abwendung des Erfolges durch den Dritten, der

394 Schünemann: Grund und Grenzen .. S. 237
395 ders. aaO S 316

ja zurückkehren könnte, um den Abfall wieder mitzunehmen, reicht nicht aus, um von einer Herrschaft im SCHÜNEMANN'schen Sinne zu sprechen.

Fraglich ist, ob der Grundstückseigentümer in seine Herrscherstellung einrückt. SCHÜNEMANN geht von zwei Subtypen der Herrschaft aus, der existentiell vorgegebenen (des Menschen über seinen Körper) und die aus einem Willensakt erwachsene, bei der es einer Ergreifung durch den Menschen bedarf. Beide seien nicht kongruent mit denen in der Rechtslehre schon früher entworfenen Modellen des "sozialen Herrschaftsbereichs" bzw. der strafrechtlichen Ausprägung der Zustandshaftung. Die Herrschaft beziehe sich auf den Grund des Erfolges nicht auf das Rettungsmittel und erfordere darüberhinaus ein Willenselement.

Dies zugrunde gelegt, ergibt sich für den Eigentümer eines Grundstücks, welches Dritte zur Müllhalde machen, daß die Herrschaft über den Grund einer abstrakten Umweltgefährdung eines Willensaktes bedarf, der diese Herrschaft begründet. Dabei soll dieser Willensakt nicht in etwas Innerpsychologischem bestehen, sondern mit der Herrschaft durch eine Körperbewegung über ein Geschehen vergleichbar sein.

Zu einer Vergleichbarkeit bedarf es zunächst, daß ein solcher Willensakt äußerlich sichtbar wird. Fehlt es an einem sichtbaren Willensakt, so kann eine die Garantenstellung begründende Herrschaft nicht festgestellt werden.

Damit entfällt eine Strafbarkeit des Grundstückseigentümers, solange er nicht die Abfälle in einem äußerlich erkennbaren Willensakt seiner Herrschaft einbezieht. Das schlichte schweigende Dulden reicht dazu nicht aus. Nach dem SCHÜNEMANN`schen Garantenpflichtmodell ergibt sich, daß weder der den Abfall ablegende Dritte noch der Grundstücksinhaber als Garanten für eine umweltgefährdende Abfallbeseitigung gelten können. Der Dritte hat den Tatbestand zuvor bereits durch positives Tun verwirklicht.

Für den Verpächterfall ergibt sich nach der Ansicht SCHÜNEMANNs für die Dauer des Pachtvertrages keine Garantenstellung des Verpächters, weil dieser über den Grund des Erfolges keine Herrschaft hat. Es ist allein der Pächter, der die tatsächliche und rechtliche Möglichkeit hat, seine Abfälle ordnungsgemäß zu beseitigen, solange er das Grundstück besitzt. Nicht anders verhält es sich mit der Garantenstellung des Verpächters nach Ablauf der Pachtzeit, wenn der Pächter ihm den Besitz wieder eingeräumt hat. Der Erfolg der umweltgefährdenden Beseitigung der Abfälle ist zu diesem Zeitpunkt bereits eingetreten. Die erst jetzt begründete Herrschaft des Verpächters über das Grundstück vermag nicht mehr über den Erfolg zu entscheiden. Nach der Ansicht SCHÜNEMANNs bleibt somit der Verpächter straflos, wenn sein Pächter eine umweltgefährdende Abfallbeseitigung begangen hat.

Das Kriterium der Herrschaft zur Bestimmung der Voraussetzung einer Garantenposition verdient Zustimmung. Es hat den Ansätzen, die mit sozialen oder sozial-ethischen Werten arbeiten, voraus, daß es eine greifbare Größe ist, die zu einer besseren Bestimmbarkeit der Beziehung zwischen dem Unterlassenden und der Gefährdung eines Rechtsgutes führt, als sie durch den Rückgriff auf (mindestens) schwer bestimmbare Vorstellungen in der Gesellschaft geleistet werden kann.[396]

Das Problem des Gedankens der Herrschaft besteht darin, daß es einer normativen Zuordnung bedarf, um aus der Fähigkeit mit der beherrschten Sache nach Belieben verfahren zu können, rechtliche Konsequenzen ziehen zu können. Wie sich bei der Erörterung des Besitzes nach bürgerlichem Recht zeigt, führt nicht diese Fähigkeit allein zu zivilrechtlichen Folgen. Hinzu kommen muß der Wille des Berechtigten. Das Bürgerliche Gesetzbuch knüpft erst an die vom Willen des Besitzers getragene Herrschaft über eine Sache das Recht zur Verteidigung dieser Herrschaft, indem es dem Besitzer Abwehrbefugnisse verleiht, und Pflichten, z. B. zu sorgfältigem Umgang mit der Sache. Sowohl Rechte als auch Pflichten bestehen aber nur aufgrund einer normativen Bestimmung. Das schlichte Haben einer Sache führt weder zu Rechten noch zu Pflichten. M.a.W. ist die tatsächliche Verfügungsgewalt erst dann Auslöser für rechtliche Pflichten, wenn für diese Pflichten eine normative Grundlage besteht.[397]

---

396 ähnlich auch Sangenstedt aaO S. 293
397 vgl. auch Sangenstedt aaO S. 300

Art. 14 I GG garantiert den Schutz aller vermögenswerten Rechte. Gleichzeitig spricht es aber eine Sozialbindung des Eigentums aus, indem es anordnet, das der Gebrauch des Eigentumes zugleich dem Allgemeinwohl dienen soll. Die Schwäche des Ansatzes von SCHÜNEMANN besteht darin, daß er die Notwendigkeit einer normativen Grundlage nicht sichtbar berücksichtigt. Er macht die Zurechnung eines Erfolges aufgrund einer Herrschaft vom Herrschaftswillen abhängig. Es wurde zwar im ersten Teil dieser Untersuchung ausgeführt, daß eine willenlose Herrschaft nicht möglich erscheint. Wenn der Wille zur Herrschaft aber der alleinige Anknüpfungspunkt für eine Zurechnung eines Erfolges zum Beherrschenden bliebe, dann könnte sich der Garant aus der mit der Herrschaft verbundenen Garantenposition konsequenterweise dadurch befreien, daß er sich von diesem Willen durch einen allseits vernehmlichen Protest lossagt, sobald das Rechtsgut eines Dritten oder eines der Allgemeinheit durch die von ihm beherrschte Sache gefährdet zu werden droht. Insoweit bedarf das Kriterium der Herrschaft noch einer Ergänzung.[398]

cc) SANGENSTEDT

Auch SANGENSTEDT gehört zu jenen Autoren, die als Wurzel einer Überwacher-Garantenstellung die Herrschaft einer Person über eine Person oder Sache ansehen.[399] Sein Ausgangspunkt ist die Entscheidunghoheit eines Menschen über eine Gefahrenquelle. Wem von der Rechtsordnung die faktische Kompetenz der Entscheidung über eine Gefahrenquelle zugewiesen ist, etwa dem Besitzer einer Sache, der müsse ihre Gefährlichkeit gegenüber dem Inkompetenten eindämmen. Des Beherrschers Pflicht gehe dahin, das Risiko eines Schadens, d.h. der Wahrscheinlichkeit der Realisierung einer Gefahr, auf das zulässige Maß zu beschränken. Seine Gefahrüberwachung müsse dazu führen, daß die von ihm beherrschte Gefahrquelle innerhalb des erlaubten Risikos bleibe oder - anders gesagt - das allgemeine Lebensrisiko des Einzelnen nicht erhöhe.

Entsprechendes gelte für Eltern gegenüber ihren Kindern oder für die Organe von juristischen Personen im Hinblick auf deren Mitglieder oder Sa-

398 Mit der Beschaffenheit dieser Ergänzung wird sich noch eingehend zu befassen sein, vgl. u. Stellungnahme.
399 vgl. Sangenstedt S. 379 ff

chen.[400] Diese Pflicht könne auch delegiert werden, sofern der Delegation im einzelnen Fall keine Rechtsvorschriften entgegen stünden und sofern sie in einem äußerlich erkennbaren Akt vollzogen werde.[401]

Inhalt dieser Garantenpflicht sei es, den "dinglichen Gefahrenherd" einzudämmen, d.h. dafür zu sorgen, daß der Risikoprozeß die Grenzen seines sächlichen Organisationskreises nicht überschreite und auf eine fremde Interessensphäre übergriffe. Sofern sich das Risiko bereits in einem Schaden realisiert habe, also z. B. von einer chemischen Anlage Schadstoffe bereits ausgetreten seien, so stehe der Beherrschende der Gefahrenquellen jedem anderen gleich, sei also nur noch nach den Grundsätzen der unterlassenen Hilfeleistung dazu berufen, eine Schadenseskalation zu verhüten.[402] Eine Garantenstellung aus vorheriger pflichtwidriger Unterlassung erörtert SANGENSTEDT konsequenterweise nicht, weil er die Garantenposition aus dem Gesichtspunkt der Ingerenz generell ablehnt.[403] Die Feststellung einer Überwachungsgarantenstellung bereitete keine Schwierigkeit, sofern die gefährliche Entwicklung den Organisationsradius ihres Urhebers noch nicht verlassen habe. Habe sie diesen aber verlassen, so reduziere sich die Abwendungsmöglichkeit des Unterlassenden auf ein Maß, welches für jeden anderen auch zuträfe, weil es in diesem Moment an dem die Garantenposition konstituierenden Merkmal der Herrschaft fehle.[404]

Der Grund für die Beendigung der Garantenstellung bei Schadenseintritt sei die Tatsache, daß die besondere, eine Garantenpflicht begründende Verbindung des Unterlassenden zum Risiko weggefallen sei, weil es nicht mehr in seiner Macht stehe, daß Risiko einzuschränken. In dem Zeitpunkt, in dem der Kausalverlauf dazu geführt habe, daß sich das Risiko realisiert habe, sei es der Herrschaft des Unterlassenen entglitten und könne von ihm nicht mehr beeinflußt werden, als durch jeden anderen.

Nach der Ansicht SANGENSTEDTs ist Träger einer Garantenstellung also derjenige, der während des Bedrohungsprozesses im Hinblick auf ein

---

400 ders. aaO S. 381, 382
401 ders. aaO S. 384
402 ders. aaO S. 305
403 vgl. ders. aaO S. 319 ff u. 387
404 ders. aaO S. 320, 321

Rechtsgut zu einem Zeitpunkt inaktiv bleibt, in dem er eine ähnlich absolute Entscheidungshoheit inne hat, wie sie einem Menschen über die Steuerung seiner Körperbewegung zukommt.[405] Dem Sachherrn, welcher nach SANGENSTEDT der faktische Inhaber eines privat oder gewerblich genutzten Grundstücks ist, kommt danach innerhalb seines dinglichen Verfügungsraumes jene spezifische Entscheidungshoheit zu, die sich bei der Unrechtsanalyse des Begehungsdelikts als garantiebegründendes Merkmal gezeigt habe, denn er ist es, dem die Rechtsordnung die Handhabe zur Abwehr jeder eigenmächtigen direkten Einflußnahme zugewiesen habe.[406]

Die Herrschaft über eine Person oder Sache begründe nur dann eine Garantenpflicht, wenn die Gefährlichkeit der Sache jenseits der Toleranzgrenze liege, die das erlaubte Risiko setzt. Wann der Bereich des unerlaubten Risikos erreicht ist, richte sich nach metastrafrechtlichen Sorgfaltsnormen. Dafür kämen die Gesetze des Umweltschutzes aber auch allgemein anerkannte Erfahrungssätze in Betracht, die es erlauben, einen "Basisgefahrenwert" zu bestimmen, dessen Überschreiten die Grenze zwischen erlaubtem und nicht erlaubtem Risiko bestimme.[407]

Problematisch sind nach Ansicht SANGENSTEDTs die Fälle, in denen jene Sorgfaltsregeln nicht herangezogen werden könnten, weil sie (noch) nicht vorhanden seien. Hier sei eine Lösung noch nicht in Sicht.[408]

Ähnlich wie für RUDOLPHI und SCHÜNEMANN ist auch für SANGENSTEDT die Entscheidungshoheit eines Menschen über eine Gefahrenquelle ausschlaggebend. Da es allein der Abfallbesitzer ist, dem die faktische Entscheidung über den weiteren Verbleib der in seinem Besitz befindlichen Sonderabfälle zukommt, trifft ihn im Grundfall aus dem Gesichtspunkt der Entscheidungshoheit über eine Gefahrenquelle die Garantenpflicht, für eine ordnungsgemäße Entsorgung einzustehen. Auch das zweite Erfordernis nach der Lehre SANGENSTEDTs, die Überschreitung des erlaubten Risikos, ist erfüllt. Denn dafür ist es ausreichend, daß der Täter eine gesetzlich angeordnete Sorgfaltspflicht verletzt; diese wäre hier §

---

405 Sangenstedt, 1987, S. 379
406 ders. aaO S. 381
407 ders. aao S. 396
408 ders. aaO S. 398

3 IV AbfG, wonach der Besitzer von Sonderabfällen diese selbst zu entsorgen hat.

Nach SANGENSTEDT trifft im Grundfall die Garantenstellung den faktischen Inhaber eines privat oder gewerblich genutzten Grundstücks, der während des Bedrohungsprozesses im Hinblick auf ein Rechtsgut inaktiv bleibt, in dem er eine ähnlich absolute Entscheidungshoheit inne hat, wie sie einem Menschen über die Steuerung seiner Körperbewegung zukommt. Diese Entscheidungshoheit kommt im Hinblick auf das Grundstück und darauf abgelegten eigenen Abfällen dem Besitzer des Grundstücks zu. Unterläßt er die ordnungsgemäße Beseitigung der Abfälle, so hat er strafrechtlich dafür einzustehen.

Wie SANGENSTEDT zutreffend hervorgehoben hat, kann die tatsächliche Verfügungsgewalt erst dann Auslöser für rechtliche Pflichten sein, wenn dafür eine rechtliche Grundlage besteht. [409] Daran fehlt es aber, wenn Abfälle ohne den Willen des Grundstücksinhabers abgelagert werden. Maßgeblich für den Besitzerwerb, der die normative Grundlage für Rechte und Pflichten sein könnte, ist die vom Willen getragene Herrschaft, woran es bei der wilden Ablagerung gerade fehlt. Im Fall der wilden Abfallbeseitigung durch Dritte kommt dem Grundstücksinhaber keine Entscheidungshoheit zu, die ihn befähigte, das Ablegen der Abfälle maßgeblich zu beeinflussen. Er ist folglich nicht Überwachergarant für diese Dritten.

Im Verpächterfall ist zwischen der Situation vor Ende des Pachtvertrages und derjenigen nach Ende des Pachtvertrages zu unterscheiden. Vor Ende des Pachtvertrages ist der Pächter für seine Abfälle allein verantwortlich, denn er allein hat die maßgebliche Entscheidungshoheit. Nach dem Ablauf der Vertragsdauer ist der Bedrohungsprozeß abgelaufen, so daß sich die nun mögliche Entscheidungshoheit des Verpächters nicht mehr auswirken kann.

Die Auffassung SANGENSTEDTs, welche die Figur des erlaubten Risikos zum ausschlaggebenden Kriterium im Zusammenhang mit der Herrschaft als der maßgeblichen Entscheidungsmacht über den Eintritt einer Gutsverletzung erhebt, überzeugt nur insoweit, als sie die Herrschaft als ausschlaggebendes

---

409 Sangenstedt aaO S. 300

Moment für den Erwerb einer Garantenposition anerkennt. Das Kriterium, welches die Grenzen der aus der Herrschaft fließenden Garantieposition bestimmen soll, begegnet Zweifeln. Wie SANGENSTEDT darlegt, läßt sich diese Größe anhand von Gefährdungen definieren, die von der Gesellschaft als sozialadäquat in Kauf genommen werden.[410] Dabei hätten außerstrafrechtliche Normen die Funktion, Anhaltspunkte dafür zu liefern, welche Gefahren noch und welche nicht mehr hingenommen werden dürften. Insbesondere die Normen des Umweltrechts seien hier heranzuziehen. Wo solche Normen fehlten, müsse die Inkaufnahme anhand einer konkretisierenden Interessenabwägung ermittelt werden. Dazu seien die konkret betroffenen Interessen des Unterlassenden einerseits gegen die Interessen des Opfers andererseits abzuwägen.[411] Für den Strafrichter bedeutet diese Auffassung, daß er in Ermangelung gesetzlicher Vorschriften die situationsbezogene Fragestellung durch eine konkretisierende Interessenabwägung zu beantworten hätte. Dies wäre, wie SANGENSTEDT selbst zugibt, ein sehr aufwendiges Verfahren mit beträchtlichen Ungewißheiten.

f) Garantenpositionen aus den Gesichtspunkten der Organisationszuständigkeit und der institutionellen Zuständigkeit

Ein anderes Garantenmodell hat JAKOBS[412] entwickelt, er teilt die Garantenpositionen in zwei große Gruppen ein: diejenigen kraft Organisationszuständigkeit und solche kraft institutioneller Zuständigkeit.[413] Die förmliche Rechtsquelle sei hier irrelevant insbesondere schaffe ein Gesetz keine Garantenpflicht, sondern kläre allenfalls die Grenzen einer Organisationszuständigkeit oder einer Institution. Die beispielsweise häufig herangezogene Schlußfolgerung, die eheliche Garantenpflicht gelte auch für eheähnliche Intimgemeinschaften sei verfehlt, weil sich diese Schlußfolgerung von der rechtlichen Anerkennung der Institution Ehe löse. Ein rechtlich anerkanntes Ersatzverhältnis für die Ehe fehle aber, so daß eheähnliche Lebensgemeinschaften keine Garantenpflichten erzeugten.[414] Bei den Pflichten aus der Zuständigkeit für den eigenen Organisationskreis bestünde die

---

410 vgl. ders. aaO S. 390 ff
411 vgl. ders aaO S. 397, 400
412 Jakobs Lb 29/26 ff
413 ders. aaO 29/28
414 Jakobs aaO 29/66; ebenso: Sch-Sch-Stree § 13 Rn 17; a.A. aber: S-K- Rudolphi § 13 Rn.51; Maurach-Gössel AT § 46 II C 4a; L-K-Jescheck §13 Rn 25

Verantwortlichkeit aufgrund derselben Erwägungen, wie beim Begehungsdelikt: es gehe um die Rücksichtnahme bei der Gestaltung des eigenen Organisationskreises. In Beachtung der Organisationskreise der anderen Rechtsgutsträger müsse jeder seinen Organisationskreis so verwalten, daß daraus keine schädlichen Wirkungen nach außen dringen könnten. Der Organisationskreis definiere sich durch den Bereich des Aufwandes, der notwendig sei, um Schäden für andere zu vermeiden. Einer Verknüpfung mit Gegenständen oder Handlungen bedürfe es nicht.[415] Zu diesem Bereich könne auch die Überwachung deliktisch Handelnder[416] und Rettungshandlungen nach vorangegangener Gefährdung [417] gehören.

Neben dieser Haftung kraft Organisationszuständigkeit als Gegenstück zur freien Entfaltung der Person trete eine Garantenhaftung bei der Verletzung der Pflicht zur Aufopferung ein, also bei der Verletzung der Garantie zur Solidarität. Diese Pflichten seien an Institutionen gebunden, wie beispielsweise die Ehe, das Verhältnis zwischen Eltern und Kindern oder besondere Vertrauensverhältnisse. Die Garantie des Rechtsgutes werde dabei von einer Garantie der Institution flankiert. Die durch die Verletzung solcher Pflichten gekennzeichneten Unterlassungsdelikte hätten bei den Begehungsdelikten ihr Gegenstück in den besonderen Pflichtdelikten.[418] Ihr Zweck bestehe in der Garantie einer durch Institutionen verbürgten solidarischen Zuwendung zugunsten verletzbarer Rechtsgüter. Verstöße gegen diese Pflichten könnten aber nur dann die Qualität der Begehungsdelikte erreichen, wenn die Institutionen für den rechtlichen Bestand von demselben elementaren Gewicht sei, weil es für die Institution keine allgemeine organisatorische Alternative gebe.[419] Als insoweit gleichwertige Institutionen sieht JAKOBS die öffentlich-rechtlichen Sonderrechtsverhältnisse (Schulverhältnis, Wehrpflichtverhältnis und Strafgefangenenverhältnis)[420] und die Pflicht der Polizei zur Gewährung elementarer Sicherheit[421] an.

---

415 ders. aaO 28/14
416 vgl. hierzu eingehend Timpe, Strafmilderungen S. 176 ff
417 Jakobs aaO 29/28
418 ders. aaO 28/15; ebenso Hüwels, fehlerhafter Gesetzesvollzug S. 124; Timpe aaO S. 188
419 ähnlich Hüwels, aaO S. 129; Timpe aaO S. 190ff, 193
420 vgl. Jakobs aaO 29/74; zustimmend Hüwels aaO S. 179
421 ablehnend insoweit Hüwels aaO S. 179 ff

Im Grundfall befindet sich der Abfall im Organisationskreis des Abfallbesitzers, der die daraus drohenden Gefahren für die Umweltgüter durch eine umweltgerechte Beseitigung neutralisieren kann. Soweit er das unterläßt, macht er sich aus §§ 326 I, 13 I StGB strafbar.

Wenn JAKOBS' Theorie auf den Fall der wilden Abfallbeseitigung angewandt wird, scheint sie zu einer Garantenposition zu führen. Denn der von Dritten unbefugt auf ein Grundstück verbrachte Abfall befindet sich im Einflußbereich des Grundstückseigentümers. Weil der Organisationskreis keiner Anknüpfung an ein Verhalten bedarf, sondern sich danach bemißt, welcher Aufwand zur Verhinderung von Schäden an Rechtsgütern notwendig ist, muß der Eigentümer die drohenden Schäden aus seiner Sphäre eindämmen, die fremden Abfälle also selbst beseitigen.

Auch im Verpächterfall käme es danach zu einer Garantenpflicht des Verpächters. Während der Laufzeit des Pachtvertrages dürfte aber einer Garantenposition des Verpächters der Organisation des Verpächters entgegen stehen, der zunächst dazu führt, daß jener selbst für die Beseitigung seiner Abfälle zuständig ist. Fällt aber das Grundstück am Ende der Laufzeit des Vertrages an den Verpächter zurück, tritt wieder dessen Organisationskreis in den Mittelpunkt.

Zunächst fällt auf, daß diese Ansicht zu einer erheblichen Erweiterung der Garantenpositionen führt. Denn im Unterschied zu den auf die Herrschaft als maßgebliches Kriterium für die Entscheidungsmacht abstellenden Ansichten ist die von JAKOBS vertretene Garantenposition aus einer persönlichen Sphäre des Unterlassenden, dem Organisationskreis, sehr viel weiter, wie die Anwendung seiner Theorie auf die drei leading cases gezeigt hat. Die Vertreter einer auf die Herrschaft gegründeten Garantenposition unterstellen nur den Bereich der persönlichen Einflußsphäre der Pflicht zur Überwachung durch den Unterlassenden, über den er unmittelbare Entscheidungshoheit hat. Demgegenüber definiert sich der Organisationskreis nach dem Aufwand, der zum Schutz der bedrohten Rechtsgüter erforderlich ist.[422]

---

422 vgl. auch die Kritik von Sangenstedt aaO S. 350, 351

Kurz gesagt: der Herrschaftsgarant muß nur soweit überwachen, wie er tatsächlich kann, der Garant kraft Organisationskreis muß darüberhinaus soweit überwachen, wie es zum Schutz des Rechtsgutes notwendig ist. Das läuft darauf hinaus, daß jeder unbedingt für den gefahrlosen Zustand seiner Sphäre solange und ohne Rücksicht darauf, weshalb und von wem den Rechtsgütern eine Gefahr droht, als Garant haftet.[423] Dies geht über eine an die Herrschaft gebundene Verantwortung hinaus und beinhaltet die strafrechtliche Ausprägung einer Zustandshaftung, wie sie uns aus dem Polizeirecht bekannt ist. Mit dem Prinzip der Eigenverantwortlichkeit und der Orientierung des Strafrechts an der Personhaftigkeit des Menschen[424] erscheint dieses Gleichstellungsmodell schwer vereinbar.

Darüberhinaus hält es JAKOBS für irrelevant, welche förmliche Rechtsgrundlage für diese Haftung besteht. Es verdient zwar Zustimmung, wenn er, insoweit übereinstimmend mit ARMIN KAUFMANN, davon ausgeht, daß ein Gesetz allein noch nichts über eine Garantenposition aussagte. Als völlig irrelevant kann die Rechtsordnung, die sich in den Gesetzen widerspiegelt, aber nicht im Hinblick auf die Gleichstellung von Tun mit dem Unterlassen angesehen werden, zumal § 13 StGB die rechtliche Gleichstellung verlangt. Es wird noch zu erörtern sein, inwiefern sich ihre Bedeutung auf die Bestimmung der Grenzen von Garantenpositionen beschränkt.

423 ähnlich bereits Traeger S. 94
424 vgl. o. bei der Kritik der Ansätze von Welp 2. Teil C II 2 c) cc)

g) Garantenpositionen aus der Verletzung einer Verkehrssicherungspflicht

aa) GALLAS

GALLAS anerkennt Garantenstellungen aus Übernahme, Ingerenz und im Verhältnis der Eltern zu ihren Kindern.[425]

Bei der Eröffnung eines erlaubten aber gefährlichen Betriebes treffen den Inhaber Sicherungspflichten. Dabei handele es sich um die Sorgfaltspflichten der Fahrlässigkeitsdelikte.[426] Ihre Einhaltung ist Voraussetzung für die ausdrückliche oder konkludente Erlaubnis der Staatsgewalt für die ihrem Bestehen zugrundeliegende Tätigkeit.[427]

Wenn trotz Einhaltung dieser Sicherungspflichten die Rechtsgüter Dritter oder der Allgemeinheit Schaden nehmen, so bestehe möglicherweise eine moralische, keinesfalls aber eine rechtliche Rettungspflicht für den Inhaber, weil eine Garantenstellung zweifelhaft sei. Die Verletzung der allgemeinen Solidaritäts- und Menschenpflicht in Unglücksfällen, worunter nach GALLAS offensichtlich die zu verstehen sind, in denen es trotz sorgfältigen Betriebs zu einer Rechtsgüterverletzung kommt, kann nur über § 323 c StGB bestraft werden.[428] Diese Vorschrift sei gerade für den Grenzbereich zwischen Moral und Recht gedacht.

Für den Grundfall bedeutet diese Ansicht, daß den Besitzer von Sonderabfällen Sicherungspflichten treffen, vermöge derer er die von diesen Stoffen ausgehenden Gefahren überwachen muß; m.a.W.: er ist Garant für deren ordnungsgemäße Beseitigung.

Unter diesem Blickwinkel ist für eine Zustandshaftung des Grundstückseigentümers kein Raum, dessen Grundstück von Dritten zur Müllhalde umfunktioniert wird. Denkbar erscheint in diesen Fällen nur eine Strafbarkeit aus unterlassener Hilfeleistung zu sein, wenn sich aus der Ablagerung von

---

425 Gallas, Studien zum Unterlassungsdelikt, S. 94
426 ähnlich auch Stree in Hellmut-Mayer- FS S. 145 ff
427 Gallas aaO S. 86 ff
428 ders. aaO S. 88 ff

Abfällen Gefahren für Dritte ergeben und der Eigentümer diesen nicht abhilft. Diese Konstellation bedarf hier keiner Erörterung.

Im Verpächterfall kann nach dieser Theorie nur dann von einer Garantenstellung des Verpächters ausgegangen werden, wenn er als Abfallbesitzer und die Verpachtung bereits als Eröffnung eines Betriebes zu gelten hätte. Weil der Verpächter nicht Besitzer der vom Pächter produzierten Abfälle ist, kommt hier keine Garantenstellung in Betracht.

Die Konstruktion einer Garantenpflicht mit dem Gedanken der Verkehrssicherungspflicht ist auf Zustimmung gestoßen.[429] Als zu weitgehend wird es allerdings empfunden, wenn aus dem Zusammenhang zwischen der Sachherrschaft und dem Gedanken der Verkehrssicherungspflicht eine unbegrenzte Haftung des Inhabers der Sache mit der Begründung hergeleitet wird, einzig der Sachinhaber sei befugt auf seine Sache einzuwirken.[430] Die fehlende Befugnis eines Dritten hindert diesen Dritten nicht unbedingt daran, gleichwohl auf die Sache dergestalt einzuwirken, daß es zu einer Verletzung von Rechtsgütern des Sachinhabers und/oder der Allgemeinheit kommt, wie der Fall der wilden Abfallbeseitigung deutlich zeigt.

Wenn aus der Verletzung einer Verkehrssicherungspflicht ohne weiteres auf eine Garantie für die Abwendung von Gefahren für die strafrechtlich geschützten Rechtsgüter geschlossen wird, so wäre die Garantenhaftung aus der Verletzung einer Verkehrssicherungspflicht mit einer Zustandshaftung gleichzusetzen.

Die schlichte Verknüpfung der - ursprünglich - zivilrechtlichen Garantenpflicht mit einer Strafrechtlichen[431] begegnet aber Bedenken. Der Bundesgerichtshof hat die Frage, ob aus jeder zivilrechtlichen Verkehrssicherungspflicht ohne weiteres eine Strafrechtliche folgt zu Recht bezweifelt.[432] Dem ist schon deswegen zuzustimmen, weil die Verletzung der zivilrechtlichen Verkehrssicherungspflichten Schadenersatzansprüche

---

429 vgl. etwa Wessels AT § 16 II 6.; Jescheck, LB S. 566
430 so aber Wessels aaO
431 so Jescheck LB S. 566
432 BGH NJW 1990, 2560

nach sich ziehen, die Verletzung von Garantenpflichten aber zu dem stärkeren Eingriff der Strafe führt.

bb) LANDSCHEIDT

Dieser Autor untersucht die Garantenstellung aus verantwortlicher Stellung in bestimmten Räumlichkeiten.[433] Für ihn ist die Wurzel einer solchen Garantenpflicht die Verkehrssicherungspflicht, d.h. die Pflicht dazu, eigene Sachen so zu halten, daß sie für andere keine Gefahren bergen. Um dieser Pflicht zu genügen, müsse der Inhaber der Sache nicht gegen alle denkbaren, entfernten Möglichkeiten eines Schadenseintritts vorgehen. Vielmehr seien nur die Maßnahmen zu treffen, die im Rahmen des Zumutbaren geeignet wären, diejenigen Gefahren von Dritten abzuwehren, die bei bestimmungsgemäßem oder nicht ganz fern liegendem bestimmungswidrigen Umgang mit der Sache drohen. [434]

Da das allgemeine Gefährdungsverbot an der Vorhersehbarkeit und der Vermeidbarkeit orientiert sei, habe die Verkehrssicherungspflicht stets auch die Art der Verkehrssicherung im Blick. Ein Gastgeber müsse demnach beispielsweise in seiner Eigenschaft als Verkehrssicherungspflichtiger geeignete Vorkehrungen treffen, damit niemand in das in seinem Garten gelegene Schwimmbecken stürze.

Sofern Gefahren aus der Sache drohten, die nicht auf ihre mangelnde Verkehrssicherheit zurückzuführen seien, seien sie für den Inhaber der Sache nicht vorhersehbar. Diese Situation sei dadurch gekennzeichnet, daß bis zu dem Zeitpunkt, in dem ein Rechtsgut in eine Krisenlage gerate, nicht der geringste Anlaß bestünde, irgendwelche Sicherheitsvorkehrungen zu treffen. Gerade wenn sich die zum Gefahrenherd gewordene Sache unter normalen Umständen hinsichtlich der Beeinträchtigung von Rechtsgütern völlig indifferent zu verhalten pflege, dann habe der Inhaber weder die Veranlassung

433 die folgenden Ausführungen beziehen sich auf die Monographie von Landscheidt: Zur Problematik der Garantenpflichten aus verantwortlicher Stellung in bestimmten Räumen, Berlin 1984
434 Landscheidt aaO S. 84

noch die Pflicht, in dieser Hinsicht wachsam zu sein, die Sache zu beobachten oder sonst auf sie aufzupassen.[435]

Erweise sich eine an sich völlig ungefährliche Sache in einer Ausnahmesituation als gefährlich, so zeige sich, daß der Inhaber in ihrer Eigenschaft als potentieller Gefahrenherd eben nicht mehr oder weniger beherrsche als jeder Dritte. Richtigerweise sei daher davon auszugehen, daß ein Rauminhaber nur für die Verkehrssicherheit seiner Räumlichkeiten einzustehen habe. Rettungspflichten enstünden für ihn nur dann, wenn ihm eine pflichtwidrige Vorsorgeunterlassung vorzuwerfen sei.[436]

Im Grundfall ist nach dieser Lehre zu untersuchen, ob das Unterlassen der ordnungsgemäßen Beseitigung des Sonderabfalls nachteilige Auswirkungen auf die Verkehrssicherheit der Wohnung oder anderer Räumlichkeiten des Besitzers hat. Die Verkehrssicherheit eines Raums bedeutet nach LANDSCHEIDT die Vermeidung der Gefahr einer Rechtsgutsverletzung. Der Anwendbarkeit dieses Ansatzes auf § 326 StGB steht das Fehlen einer Fähigkeit der Umwelt, Trägerin von Rechten und Pflichten zu sein, nicht entgegen. Denn LANDSCHEIDT versteht unter Sicherung des Verkehrs den Schutz von Menschen, also Trägern von Rechten, die in einem Raum oder räumlichen Bereich verkehren und geschütztes Rechtsgut des § 326 StGB ist nicht die Umwelt um ihrer selbst, sondern um des Menschen Willen (anthropozentrischer Ansatz).[437]

Darüberhinaus wird durch die Vorschrift des § 326 StGB auch die Gesundheit der Allgemeinheit geschützt,[438] so daß unter Verkehrssicherheit auch der Schutz von Menschen gegen Beeinträchtigung der Umweltgüter verstanden werden muß. M.a.W.: ein gefahrloser Verkehr beinhaltet es auch, daß Menschen außerhalb von zugelassenen Abfallbeseitigungsanlagen mit Sonderabfällen nicht in Berührung kommen. Damit wird der Besitzer von Sonderabfällen, der diese nicht aus dem von ihm beherrschten Raum durch ord-

---

435 ders. aaO S. 89
436 ders. aaO S. 90
437 im Gegensatz zum ökozentrischen Ansatz, der vom Gesetzgeber verworfen wurde; vgl. insoweit BTDrs 8/3218 S. 19
438 vgl. Dreher-Tröndle § 326 Rn 1

nungsgemäße Beseitigung entfernt auch nach der Theorie LANDSCHEIDTs Garant. Seine Unterlassung führt zur Täterschaft gemäß §§ 326 I, 13 I StGB.

Auf den Fall der wilden Abfallbeseitigung angewandt führt die Ansicht LANDSCHEIDTs dazu, daß den Inhaber eines Grundstücks eine Pflicht zur Verhinderung eines strafbaren Erfolgs nur dann trifft, wenn der Erfolg auf mangelnde Verkehrssicherheit zurück zu führen oder Folge einer pflichtwidrigen Vorsorgeunterlassung ist. In den Fällen, in denen sich Dritte unbefugterweise ihrer Abfälle auf dem Grundstück eines ahnungslosen Inhabers entledigen, fehlt es an einer pflichtwidrigen Vorsorgeunterlassung, denn ein solches Handeln kann von dem Inhaber in aller Regel nicht vorhergesehen werden und deswegen auch keinen Anlaß geben, Vorsorgemaßnahmen zu ergreifen. Ebensowenig kann es sich in diesen Fällen um eine durch mangelnde Verkehrssicherheit ausgelöste Folge handeln, denn der Gefahrenherd wird durch das unbefugte Abladen ja erst auf dem Grundstück geschaffen. Eine Pflicht, die Straftaten Dritter auf dem eigenen Grundstück abzuwenden, besteht daher jedenfalls nicht unter dem Gesichtspunkt der dinglichen Gefahrenquelle.

LANDSCHEIDT untersucht aber auch die Fälle, in denen ein Mensch den Gefahrenherd in einer Räumlichkeit darstellt. Dabei seien grundsätzlich zwei Konstellationen denkbar: Die fraglichen Personen unterstehen dem Inhaber in einem Befehls-, Aufsichts- oder sonstigen Autoritätsverhältnis. Dann spiele die Inhaberschaft des Raums keine Rolle mehr, sondern nur jenes Autoritätsverhältnis, welches den alleinigen Anknüpfungspunkt für Garantenpflichten darstelle. Die andere Konstellation bestehe darin, daß das Verhältnis zwischen Inhaber und Drittem kein Autoritätsverhältnis sei. Dann greife das Prinzip der Eigenverantwortlichkeit des Menschen für sein Verhalten.[439]

Zu einer Verantwortlichkeit des Rauminhabers für die Taten eines anderen trotz des Prinzips der Eigenverantwortlichkeit kann es in den Fällen kommen, in denen die Inhaberschaft eine rechtlich begründete Macht bewirkt, es also wegen der Rauminhaberschaft zu einem Autoritätsverhältnis zwischen Inhaber und Dritten komme, vermöge dessen der Inhaber gegen Straftaten

439 Landscheidt S. 102/103

des Dritten einzuschreiten verpflichtet wäre.[440] Nicht ausreichend dazu sei das Hausrecht. Es verleihe zwar den durch Art 13 I GG gewährleisteten Schutz der Wohnung auch gegenüber privaten Dritten durch § 123 StGB. Damit korrespondiere aber keine Pflicht des Hausrechtsinhabers, in jedem Fall der Verletzung des Hausrechts dagegen einzuschreiten, denn das Hausrecht erschöpfe sich in der Befugnis, Störer des Hausfriedens zum Verlassen der Wohnung aufzufordern. Das Hausrecht verleihe seinem Inhaber nicht die Befugnis, den Störer des Hausfriedens zu einem bestimmten Verhalten zu zwingen. Daher ließe sich eine Aufsichtspflicht aus der Autoritätsstellung des Hausrechtsinhabers nicht ableiten.

Für die wilde Abfallbeseitigung bedeutet das die Straflosigkeit des Rauminhabers, wenn Dritte ihre Abfälle in dem innegehabten Raum ablegen. Er ist auch aufgrund des Hausrechts nicht dazu verpflichtet, dagegen einzuschreiten.

Für den Verpächterfall fragt es sich, ob der Pachtvertrag ein Autoritätsverhältnis der Vertragsparteien begründet, vermöge dessen der Verpächter in der Lage und verpflichtet ist, gegen die unbefugte Abfallbeseitigung seines Pächters einzuschreiten. Dann müßte dieses Vertragsverhältnis im Laufe seiner Dauer wenigstens eine diesbezügliche Weisungsbefugnis für den Verpächter gegenüber dem Pächter beinhalten. Eine Weisungsbefugnis dieser Art besteht aber nicht. Vielmehr ergibt sich aus der Vorschrift des § 581 II BGB die Anwendbarkeit der Vorschriften über die Kündigung wegen vertragswidrigem Gebrauch einer Mietsache, soweit es sich nicht um landwirtschaftliche Pacht handelt. [441] Die unbefugte Abfallbeseitigung durch den Pächter ist sicher eine solche Vertragsverletzung. Die Rechtsmacht des Verpächters beschränkt sich hier aber nur darauf, bei einem vertragswidrigen Gebrauch des Grundstücks das Vertragsverhältnis, welches mögliche Basis eines Autoritätsverhältnisses sein könnte, zu beenden. Eine Weisungsbefugnis ergibt sich daraus nicht. Insoweit kann es nicht zu einer Garantenstellung des Verpächters für die unerlaubte Abfallbeseitigung seines Pächters kommen.

---

440 Landscheidt S. 104

441 vgl. Mü-Ko- Voelskow § 581 Rn 18

Die Ansicht LANDSCHEIDTs verdient grundsätzlich vor allem deshalb Zustimmung, weil sie die Garantiehaftung aus der Verletzung einer Verkehrssicherungspflicht an zusätzliche Kriterien knüpft und ihr damit eine gegenüber der schlichten Zustandshaftung eigenständige Kontur verleiht. Diese Differenzierung ist vor dem Hintergrund der Bedenken gegenüber einer schlichten Verknüpfung von Verkehrssicherungspflichten mit Garantenpflichten, die darin bestehen, daß zivilrechtliche Verkehrssicherungspflichten Ansprüche auf Schadenersatz, Garantenpflichten aber eine Strafe nach sich ziehen,[442] zu begrüßen.

Darüberhinaus hat LANDSCHEIDT den Blick dafür geschärft, daß ein Mensch nur die Gefahren bekämpfen kann, die er wenigstens voraussehen kann und gegen die er auch vorzugehen berechtigt ist.

Indessen ergibt sich aus den von LANDSCHEIDT erarbeiteten Grundsätzen nicht mit hinreichender Klarheit, wie sich Garantenpflichten aus der Verletzung von qualifizierten Verkehrssicherungspflichten zu denen aus dem Gesichtspunkt der Ingerenz und denjenigen aus dem Gesichtspunkt der Herrschaft über die einer Sache innewohnende Gefahr verhalten. [443]

3) Eigenes Modell für die Begründung von Garantenpositionen zur Überwachung von sachlichen Gefahren

Nach fast allen untersuchten Theorien zu den Voraussetzungen einer Garantenstellung im Rahmen des § 326 I StGB besteht im Grundfall Einmütigkeit darüber, daß der Besitzer von Sonderabfall in jedem Fall Garant für die ordnungsgemäße Beseitigung seiner Stoffe ist.

Im Fall der wilden Abfallbeseitigung kommt die überwiegende Mehrheit zu dem Ergebnis, daß den Inhaber des Grundstücks keine Verantwortlichkeit trifft.

Für den Verpächterfall ergibt sich ein ähnliches Bild.

---

442 vgl. BGH NJW 1990, 2562
443 auch Jescheck befürwortet eine Abgrenzung der Garantenpflicht aus der Verletzung einer Verkehrssicherungspflicht zu anderen Entstehungsgründen: LB S. 566

a) Der Fall der wildem Abfallbeseitigung und die Ansätze bei HERZBERG und JAKOBS

Bei der wilden Abfallbeseitigung käme nur nach der Ansicht HERZBERGS und der von JAKOBS eine Garantenstellung des Grundstückeigentümers aus dem Gesichtspunkt der Sachherrschaft in Betracht. Diese Auffassungen begegnen Bedenken.

HERZBERG macht die Entstehung einer Garantenstellung von einem im einzelnen Fall zu bestimmenden Zeitablauf abhängig. Nach dem Ablauf einer gewissen Zeit müsse sich ein Grundstücksinhaber so behandeln lassen, als habe er die Gefahr hervor gerufen.[444] Aus abfallrechtlicher Sicht bemerkenswert an dieser Konstruktion erscheint zunächst, daß ein Grundstücksinhaber auch durch Zeitablauf nicht Abfallbesitzer wird, sondern nur dann, wenn er die von Dritten abgelagerten Stoffe mit seinem Besitzwillen seiner Herrschaft unterwirft. Dies kann freilich auch durch die Äußerung eines generellen Besitzwillens erfolgen. Unterbleibt eine solche Inbesitznahme, so fehlt nach der zivilrechtlichen Anschauung vom Abfallbesitz bereits die Basis für eine Garantenstellung.

Wenn es zu einem solchen Besitzerwerb kommt, so treten die Voraussetzungen der Garantenstellung zu einem Zeitpunkt ein, in dem das durch § 326 StGB geschützte Rechtsgut bereits verletzt wurde, denn der Sondermüll kann erst dann der Herrschaft des Grundstückinhabers unterliegen, wenn er bereits durch den Dritten auf dem fraglichen Grundstück abgelegt und damit unerlaubt entsorgt wurde, die abstrakte Gefährdung also schon besteht.

Ein solcher sozusagen nachträglicher Erwerb einer Garantenstellung wäre aber nur denkbar, wenn es sich bei § 326 I StGB um ein Dauerdelikt handelte. Dann könnte das Unterlassen des Inhabers die Aufrechterhaltung der unerlaubten Beseitigungssituation bedeuten. Die Auslegung des Tatbestandes als Dauerdelikt ist aber zu Recht überwiegend auf Kritik gestoßen.[445] Wenn es sich bei diesem Tatbestand aber nicht um ein Dauerdelikt handelt,

444 vgl. Herzberg, Die Unterlassung ... S. 328
445 vgl. o. 1. Teil II 2 b)

so bleibt es bei dem soeben Gesagten: die Rechtsgutsverletzung erfolgt zu einem Zeitpunkt, in welchem der Grundstücksinhaber keine Garantenstellung inne hat. Nach der polizeirechtlichen Theorie der unmittelbaren (letzten) Verursachung[446] mag dies zu einer Störerhaftung führen, derzufolge auch der nicht selbst herbeigeführte abfallrechtswidrige Zustand eines Grundstücks beendet werden muß. Strafrechtlich kann den Grundstücksinhaber aber keine Verantwortung treffen.

Es scheint überhaupt fraglich, ob hier wirklich von Herrschaft gesprochen werden kann. Denn wie LANDSCHEIDT bemerkt hat, zeigt die Tatsache, daß aus einem unter normalen Umständen harmlosen Gegenstand unter besonderen Umständen ein gefährlicher Umstand werden kann, daß Sachen nur in einer begrenzten Weise beherrscht werden können.[447] Wenn Herrschaft aber nur in einer begrenzten Weise möglich ist, so muß auch die Zurechnung von Gefahren gegenüber dem Inhaber eines Herrschaftsbereichs begrenzt sein. Eine Zurechnung ist nur insoweit gerechtfertigt, wie der Inhaber eines Herrschaftsbereichs den ihm zugerechneten Gefahren auch wirksam begegnen kann. Insoweit verdient es Zustimmung, wenn SANGENSTEDT von der Entscheidungshoheit spricht, über den Eintritt des Erfolges zu bestimmen.[448] Wegen des zwingenden Erfordernisses einer realen Möglichkeit zur Erfolgsabwendung ist die Zurechnung nur solange sinnvoll, wie das Stadium des Erfolgseintritts noch nicht erreicht ist oder, wie RUDOLPHI es ausgedrückt hat, während des Geschehensablaufs, der zu einer Rechtgutsverletzung hindrängt.[449] Dieser Zeitpunkt ist überschritten, wenn der Sonderabfall bereits auf dem Grundstück liegt. Es hat sich dann bewahrheitet, daß die Herrschaft des Grundstückinhabers eben nicht soweit reicht, die Ablagerung durch Dritte rechtzeitig zu verhindern. Dann fehlt es aber auch an einer Grundlage für die Zurechnung des Erfolges.

Auch JAKOBS, der die Garantenhaftung aus der Innehabung eines Organisationskreises herleitet, vermag im Hinblick auf die Zurechnungsgrundlage nicht zu überzeugen. Während es im Polizei- und Ordnungsrecht vertretbar

446 vgl. hierzu nur Friauf in v. Münch, Bes. Verwaltungsrecht S. 232 ff
447 Landscheidt aaO S. 89/90
448 Sangenstedt aaO S. 381
449 Rudolphi Gleichstellungsproblematik S. 99

erscheinen mag, mit der Theorie der unmittelbaren Verursachung[450] denjenigen als Störer in Anspruch zu nehmen, der die tatsächliche Gewalt über die Sache ausübt, unabhängig davon, ob er in irgendeiner Weise an der Entstehung der Gefahr beteiligt war, kann dies im Strafrecht keine Geltung beanspruchen. Selbst die sonst unbeschränkte, polizeirechtliche Störerhaftung aus dem gefährlichen Zustand von Sachen findet ihre Grenze dort, wo ein unbefugter Dritter durch mißbräuchliche Benutzung einer an sich ungefährlichen Sache die Gefahr herbeiführt.[451]

Aus strafrechtlicher Sicht ist es entscheidend, ob ein Erfolg in der Außenwelt einem Menschen als sein Werk zugerechnet werden kann.[452] Dazu reicht die schlichte Tatsache, daß es ohne ein Grundstück nicht zu einer wilden Abfallbeseitigung kommen kann, nicht aus, weil sich aus dieser Tatsache eine objektive Zurechenbarkeit der rechtlich mißbilligten Gefahr einer umweltgefährdenden Abfallbeseitigung zu einem Menschen, der ein Grundstück sein Eigen nennt, nicht ergibt. Objektiv zurechenbar ist dem Eigentümer eines Grundstücks ein durch das Verhalten anderer Menschen hervorgerufener Unrechtserfolg nur dann, wenn ein Verhalten des Eigentümers die rechtlich mißbilligte Gefahr des Erfolgseintritts geschaffen und diese Gefahr sich auch tatsächlich in dem erfolgsverursachenden Geschehen realisiert hat.[453]

Daran fehlt es im Fall der wilden Abfallbeseitigung. Hier besteht lediglich eine bloße Ursächlichkeit darin, daß ohne ein Grundstück Dritte ihren Abfall dort nicht hinterlassen können. Daraus ergibt sich noch keine Verantwortlichkeit für die aus der Ablagerung herrührenden Gefahren, die für das Entstehen einer Garantenpflicht aber zu Recht als erforderlich angesehen wird.[454] Die Theorie der Garantenhaftung aus der Zuständigkeit für einen Organisationskreis ist wegen ihrer erheblichen Ausdehnung der Garantenhaftung abzulehnen.

---

450 vgl. dazu Friauf in v. Münch Besonderes Verwaltungsrecht S. 232
451 BVerwG DVBl 1986, 360 ff, 361
452 vgl. S-K-Rudolphi vor § 1 Rn 38
453 vgl. Rudolphi aaO vor § 1 Rn 57 m.zahlr. N.
454 vgl. Herzberg aaO S. 328

b) Der Verpächterfall und der Ansatz bei Welp

Zuzustimmen ist WELP darin, daß er eine strafrechtliche Geltung des Satzes "Eigentum verpflichtet" ablehnend gegenüber steht. Nach seiner Ansicht ist die Frage, warum die Nähe des Eigentümers zu seinem Grundstück über das Polizeirecht hinaus strafrechtliche Konsequenzen haben sollte, nicht mit diesem Satz zu beantworten.[455] Diese Nähe führt im Fall der wilden Abfallbeseitigung nicht zu einer Garantenstellung. Um so mehr überrascht es, wenn seine Theorie im Verpächterfall dazu führt, daß der Verpächter wie ein polizeirechtlicher Zustandstörer für eine Gefahr haftbar gemacht wird, an deren Verwirklichung er keinen Anteil hatte.

Das Ergebnis einer Garantenpflicht im Verpächterfall ist auch aus abfallrechtlicher Sicht zweifelhaft, denn der Verpächter ist vor Ablauf des Pachtvertrages nicht Abfallbesitzer, weil der Verpächter weder den Besitz am Grundstück noch an den darauf befindlichen Abfällen hat.

Aber auch in strafrechtlicher Hinsicht begegnet diese Auffassung Bedenken, denn sie führt dazu, daß ein verkehrsgerechtes Verhalten pönalisiert wird.[456] Das gilt gleichermaßen für die Entscheidungen des Bundesgerichtshofes, in denen der verkehrsgerechte Ausschank alkoholischer Getränke als garantenpflichtbegründend für den Gastwirt angesehen wird.[457] Es widerspricht aber dem Prinzip der Eigenverantwortlichkeit, wenn verkehrsrichtiges Verhalten als Veranlassung fremder Risikohandlungen dem "Vorhandelnden" als Veranlassung zugerechnet wird. Der Einwand WELPs, ein verkehrsrichtiges Verhalten gebe dem Handeln keine Eingriffsbefugnis, geht fehl. Ihm ist entgegenzuhalten, daß seine These nicht die Frage beantwortet, unter welchen Voraussetzungen eine infolge verkehrsrichtigen Verhaltens eintretende Gefahr zwingend zu einer Abwendungspflicht führt. Sie setzt vielmehr bereits voraus, daß im Ablaufenlassen eines solchen Prozesses ein Eingriff gerade des Unterlassenden liegt.

---

455 vgl. Welp aaO S. 259 f; a. A. aber Landau S. 91
456 ablehnend gegenüber einer Garantenpflicht aus verkehrsgerechtem Tun äußert sich auch Schmidhäuser, Lb 16/54 ohne Begründung
457 vgl. BGHSt 4, 20, (23/24)

Diese Unterstellung ist schon deshalb nicht gerechtfertigt, weil dafür nicht einmal andeutungsweise eine Begründung gegeben wird. Es ist auch kein Grund ersichtlich, weshalb man die Zurechnung in den Fällen riskanter Dritthandlungen über den Dritten hinaus auch auf den Unterlassenden ausdehnen soll. Im Ergebnis würde dann das verkehrsgerechte Handeln eines eigentlich Unbeteiligten von diesem Dritten erfolgreich zu einer von der Rechtsordnung mißbilligten Herbeiführung von Gefahren benutzt.

Das verkehrsrichtige Handeln eines Menschen kann sich dadurch nachträglich zu der Vorhandlung eines strafbaren Unterlassens wandeln, ohne daß sich der Handelnde dagegen wehren könnte, sofern er nicht seinen Nächsten von dessen verkehrswidrigem Handeln zurückhält. An dieser Stelle mag an die Erkenntnis von KRESS[458] erinnert werden, daß es nicht die Aufgabe des Strafrechts sei, Menschen dazu anzuhalten, Gutes zu tun, sondern nur darin besteht, die Menschen zur Achtung der strafrechtlichen Gebote in gleichem Maße anzuhalten, wie zur Achtung der Verbote. Eine Garantenposition, die in der Pflicht mündet, andere Menschen an verkehrswidrigem Verhalten zu hindern, schießt darüber hinaus. Es kann nicht Aufgabe des Strafrechts als ultima ratio sein, den einzelnen dazu zu zwingen, seinen Nächsten von verkehrswidrigem Handeln zurückzuhalten.

Die Konsequenz der Lehre WELPS, die in einer Verschiebung der Verantwortlichkeiten besteht, widerspricht darüberhinaus dem Vertrauensprinzip, welches für den verkehrsrichtig Handelnden bedeutet, daß er sich auf die Verkehrsrichtigkeit der Handlungen Dritter verlassen kann. Weil dem so ist, hat er bei Geltung des Vertrauensprinzips keine Veranlassung, präventive Abwehrmaßnahmen gegen das verkehrwidrige Handeln Dritter zu ergreifen. Das gilt erst recht auch dann, wenn sich der andere zur Verwirklichung eines mißbilligten Erfolges eines Kausalverlaufs bedient, der in rechtmäßiger Weise begann.

Die Verantwortung, die aus dem Eigentum eines Grundstücks folgt, kann bei verkehrsgerechter Ausübung also nicht dazu führen, daß der Eigentümer für die umweltgefährdenden Handlungen seines Verpächters strafrechtlich geradestehen muß.

---

458 Kress aaO Art 112 Anm. 3

Auch in kriminalpolitischer Hinsicht erscheint es sinnwidrig, den verkehrsrichtig Handelnden dem verkehrswidrig Handelnden gleichzustellen, denn dies liefe der Apellfunktion des Strafrechts zuwider. Der verkehrswidrig Handelnde müßte dann nicht mehr Nachteile fürchten als der andere.

Eine strafrechtliche Verantwortlichkeit muß sich deswegen auf verkehrswidriges Setzen eines Risikos beschränken. Die Erweiterung auf verkehrsrichtiges Verhalten ist verfehlt. In Betracht kommt hier allein die Jedermannspflicht des § 323c StGB.

c) Die Notwendigkeit der Ergänzung des Herrschaftsgedankens und des Gesichtspunktes der Ingerenz

Der Gesichtspunkt einer dergestalt eingeschränkten Ingerenz ist aber allein auch nicht tragfähig. Fällt nämlich nur verkehrswidriges Verhalten in den Bereich des Verhaltens, der die Haftung aus Ingerenz begründet, so haftete der Besitzer von Sonderabfällen nicht für die Unterlassung der Beseitigung. Die aequivalente Verursachung von Sonderabfall kann trotz des prinzipiellen Vermeidegebots im Abfallrecht[459] nicht als verkehrswidrig gelten. Krankenhausabfälle entstehen beispielsweise zwangsläufig mit der täglichen Krankenhausversorgung. Bei der Krankenversorgung kann man nicht von einem verkehrswidrigem Verhalten sprechen. Andererseits können sich Garantenstellungen aber auch aus der vom Willen getragenen Herrschaft über sachliche Gefahren ergeben. An diese Herrschaft müssen jedoch konkretisierende Anforderungen gestellt werden, denn allein die faktische Herrschaft als Entstehungsgrund für eine Garantenstellung führte, wie sich gezeigt hat[460], zu nicht sachgerechten Ergebnissen.

Vor diesem Hintergrund wird deutlich, daß sowohl der Gedanke der Herrschaft als auch der Ingerenz einer Ergänzung bedürfen, die es ermöglicht, zu akzeptablen Ergebnissen zu kommen.

---

459 vgl. dazu § 1a AbfG; Kloepfer § 12 Rn 56, 57
460 vgl. soeben C II 3 a) u. o. C II 2 e) bb)

Wenig erfolgversprechend erscheint hier der Ansatz BRAMMSENs, der die Garantenpflichten aus gesellschaftlichen Erwartungshaltungen herleiten will. Zunächst spricht gegen diese Lehre, daß auch eine festverwurzelte Erwartung in der Gesellschaft ohne rechtliche Qualität bleibt, sofern sie sich nicht in einer Norm unserer Rechtsordnung niedergeschlagen hat. Schon seit FEUERBACH werden rechtliche, nicht lediglich soziale Pflichten für erforderlich gehalten.[461]

Außerdem spricht § 13 I StGB von einem rechtlichen Einstehenmüssen, nicht von einem gesellschaftlichen. Wenn sich aber eine Erwartung in einer Norm niedergeschlagen haben muß, so scheint die Lehre BRAMMSENs nichts anderes zu sein, als die Fortführung der Rechtspflichttheorie, die einen Gesetzesverstoß zur Begründung einer Garantenstellung fordert aber auch genügend sein läßt. Hat sie sich nicht niedergeschlagen, so ist eine darauf fußende Garantenstellung von ähnlicher Qualität, wie diejenige, die das Reichsgericht aus der "Vorstellung von Recht in der Volksgemeinschaft"[462] abgeleitet hat. Eine solche Ableitung widerspricht aber dem Bestimmtheitsgebot; denn sowohl Erwartungen als auch Vorstellungen von Recht, die nicht rechtlich normiert sind, bergen die naheliegende Gefahr der Spekulation darüber, was verboten sein soll, anstatt es für den Bürger in bestimmbarer Weise festzulegen. Im übrigen führte diese Auffassung zu einem kaum erträglichen Maß an Rechtsunsicherheit.

Schließlich ist der Ansatz von BRAMMSEN vor dem Hintergrund der Garantiefunktion des Strafrechts schwer zu rechtfertigen. Die Garantiefunktion schließt es aus, daß strafbegründende Merkmale außerhalb des Rechts (beispielsweise durch die Annahme einer gesellschaftlichen Erwartung) zur Beurteilung der Strafbarkeit eines Verhaltens herangezogen werden.

Die Annahme von Garantenpflichten aus gesellschaftlichen Erwartungen muß daher abgelehnt werden.

---

461 vgl. dazu o. 2.Teil B
462 RGSt 69, 323

d) Der Gedanke der Verkehrssicherung als ergänzendes Kriterium

Vielversprechender scheint es zu sein, den Gedanken der Verkehrssicherung heranzuziehen. Dabei kann es - soweit ersichtlich - als unbestritten angesehen werden, daß es die Verkehrssicherungspflicht jedem gebietet, die von ihm beherrschte gefährliche Sache für Außenstehende ungefährlich zu halten. Der Grund dafür besteht darin, daß Außenstehende auf Gefahrquellen in fremden Herrschaftsbereichen nicht einwirken dürfen und sich infolge dessen darauf verlassen müssen, daß derjenige, dem die Verfügungsgewalt und die Verantwortung innerhalb des eigenen Herrschaftsbereichs obliegt, die daraus herrührenden Gefahren unter Kontrolle hält und wirksame Sicherungsvorkehrungen gegen eine Schädigung seiner Mitmenschen trifft.[463] Die Tatsache, daß Außenstehende sich auch darauf verlassen dürfen, folgt aus dem anerkannten Vertrauensprinzip wonach das eigene verkehrsgerechte Verhalten dazu berechtigt, auf das ebenso verkehrsgerechte Verhalten des Nächsten zu vertrauen. Insofern besteht ein Zusammenhang zwischen der Pflicht, den allgemeinen Verkehr von eigenen, sachlichen Gefahren freizuhalten und der strafrechtlichen Pflicht, für die Abwendung von Gefahren einzustehen.

Wenn jemand also die Möglichkeit zu risikomindernder Ausübung seiner Herrschaft verstreichen läßt, indem er etwas risikoerhöhendes tut oder etwas risikominderndes unterläßt, so ist dies zugleich ein objektiv sorgfaltswidriges Vorverhalten, wenn er damit in vorhersehbarer Weise die Rechtsgüter Dritter in Gefahr bringt.

Die Garantenstellung aus vorangegangenem pflichtwidrigem Tun, aus der Herrschaft über eine sachliche Gefahr und aus dem Gesichtspunkt der Verkehrssicherungspflicht schließen sich folglich nicht aus, sondern ergänzen sich. Ihre gemeinsame Wurzel besteht darin, daß die Rechte eines Menschen an den Rechten eines anderen Menschen enden, also im "neminem laede".[464] Ingerenz, Herrschaft und Verkehrssicherung erweisen sich damit

463 vgl. Wessels, StrR AT § 16 II 6 a); ebenso Jescheck LB § 59 IV 4 b) S. 566
464 vgl. Jescheck aaO § 59 IV 4 a) S. 564

als drei voneinander verschiedene Aspekte derselben Pflicht, in den Grenzen der Sorgfalt die Rechte des anderen zu wahren.

Allerdings hat der Bundesgerichtshof zu Recht Zweifel daran angemeldet, daß jede zivilrechtliche Verkehrssicherungspflicht zu einer strafrechtlichen Garantenpflicht führt.[465] Dem ist schon deswegen zuzustimmen, weil die Verletzung von zivilrechtlichen Verkehrssicherungspflichten Schadenersatzansprüche nach sich zieht, die Verletzung von Garantenpflichten aber zu dem stärkeren Eingriff der Strafe führt. Gleichwohl ist aber nicht zu verleugnen, daß der Gesetzgeber den strafrechtlich geschützten Rechtsgütern durch die Androhung von Strafe für ihre Verletzung einen besonders intensiven Schutz zuteil werden läßt. Die Existenz zivilrechtlicher Sorgfaltspflichten steht den strafrechtlichen also nicht entgegen. Verkehrssicherungspflichten intensivieren den Schutz der Rechtsgüter in Abhängigkeit vom Ausmaß der zu kontrollierenden Gefahr.[466]

Der strafrechtliche Schutz der Verkehrssicherheit führt demnach zu einer Garantenstellung, wenn derjenige, der eine Sache willentlich beherrscht, einen Geschehensablauf aufzuhalten unterläßt, der sonst zu einer vorhersehbaren Verletzung geschützter Rechtsgüter führte, seine Herrschaft also nicht sichernd einsetzt.[467]

SCHÜNEMANN bemerkt zurecht, es komme bei der Gleichstellung der Unterlassung einer Erfolgsabwendung mit dem Herbeiführen des Erfolges auf die Herrschaft über den Grund des Erfolges an[468] oder, wie es SANGENSTEDT formuliert, auf die Entscheidungshoheit des Unterlassenden[469]. Beide Autoren führen indes nicht aus, wie sich die aus der Herrschaft stammende Garantenstellung sinnvoll begrenzen ließe.[470]

Wie der Fall der wilden Abfallbeseitigung gezeigt hat, darf die aus der Garantenstellung folgende Verpflichtung nur soweit reichen, wie die Herrschaft

465 BGH NJW 1990, 25 60
466 Chr. v. Bar Verkehrspflichten S. 114/115
467 für die Garantenpflicht: S-K-Rudolphi § 13 Rn 27; für die Verkehrssichungspflicht vgl. V. Bar S. 114
468 Schünemann aaO S. 237
469 Sangenstedt aaO S. 381
470 vgl. auch Sch-Sch-Stree § 13 Rn 15

über das eigene Grundstück ein schadenverhütendes, also sicherndes Eingreifen erlaubt. Denn die in der Herrschaft wurzelnde Verpflichtung zur Abwendung von vorhersehbaren Gefahren kompensiert das geringere Maß an Herrschaft der gefährdeten Verkehrsteilnehmer gegenüber dem allein zum Eingreifen befugten Inhaber einer gefährlichen Sache.

Die Grundlage der Verpflichtung zum Eingreifen für den Inhaber der gefährlichen Sache wegen seiner Herrschaft besteht in dem Mißverhältnis der Einflußmacht des Inhabers einerseits und der Ohnmacht der übrigen Verkehrsteilnehmer andererseits. Das Übermaß an Verpflichtung des Inhabers korrespondiert mit seinem Übermaß an faktischem und rechtlichem Einfluß und muß infolge dessen auch dort enden, wo ein Übermaß an Einfluß gegenüber den anderen Verkehrsteilnehmern nicht mehr besteht.

Wenn das Mißverhältnis dadurch zu einem ausgeglichenen Verhältnis wird, daß der Inhaber einer Sache ebenso viel oder wenig Einfluß auf die gefährliche Sache wie alle anderen Verkehrsteilnehmer hat, also den übrigen Verkehrsteilnehmern nicht mehr verhältnismäßig überlegen ist, stehen sich beide hinsichtlich ihrer Einflußmacht gleich. Es besteht dann kein Grund mehr, weshalb der Inhaber einer gefährlichen Sache zur Abwendung einer Gefahr mehr zu tun verplichtet werden soll als alle anderen Verkehrsteilnehmer. Auch der sorgfältige Inhaber der Herrschaft kann hier nicht mehr zur Abwendung einer Gefahr tun als jeder andere Verkehrsteilnehmer. Inhaber und Verkehrsteilnehmer stehen sich im Hinblick auf ihren Einfluß auf die Gefahr gleich. Es besteht dann kein sachlicher Grund, den Inhaber einer über die allgemeine Hilfspflicht des § 323c StGB hinausgehenden Pflicht zu unterwerfen.

Diese Gleichheit zwischen den Verkehrsteilnehmern und dem Inhaber einer Sache besteht immer dann, wenn es beiden an Mitteln tatsächlicher Einflußnahme fehlt, eine drohende Rechtsgutsverletzung zu verhindern. Dies ist beispielsweise bei einer Naturkatastrophe der Fall, die einen in einem privaten Park stehenden Baum zu entwurzeln droht.[471]

---

471 ein Beispiel bei Traeger S. 92 ff

Aber auch, wenn das finale Tun eines Menschen, der nicht der Inhaber ist, die ursprünglich ungefährliche Sache zu einer gefährlichen Sache macht, beispielsweise dann, wenn die Kuhweide eines Bauern von Dritten zur Müllkippe gemacht wird, stehen sich der Bauer und übrige Verkehrsteilnehmer in ihrer Hilflosigkeit gleich. Es kann in diesen Fällen nicht zu einer Garantenstellung kraft überlegener Sachherrschaft kommen, die dem Inhaber die Abwendung der drohenden Gefahr geböte, weil der Inhaber aus keinem Grund bessergestellt ist als alle anderen Verkehrsteilnehmer. Hier wird es selbst an der allgemeinen Solidaritätspflicht des § 323c StGB fehlen. Insoweit verdient GALLAS Zustimmung, wenn er äußert, daß derjenige, der seine Sicherungspflichten erfüllt, bei gleichwohl eintretenden Rechtsgutsverletzungen nicht als Garant haften soll. [472]

Die Sicherungspflichten eines Sachinhabers reichen, kurz gesagt, nur soweit wie seine faktische und rechtliche Herrschaftsmacht. Wer die durch die eigene Herrschaftsmacht begrenzten Sicherungspflichten verletzt, haftet für die Folgen. Verletzungen dieser Sicherungspflicht können auf zweifache Weise erfolgen: durch ein Tun, welches eine bereits an sich gefährliche Sache gefährlicher macht oder durch Unterlassen, welches den verkehrswidrigen Grad von Gefährlichkeit einer Sache nicht auf ein verkehrsgerechtes Maß mindert.

Die Intensität seiner Anstrengung, den Verkehr vor den vorhersehbaren Gefahren aus den von ihm beherrschten Sachen zu sichern, ergibt sich aus dem Grad, mit dem sich das Risiko eines Schadens zum Nachteil eines Teilnehmers am Verkehr durch sein Verhalten erhöht hat. Der konkrete Inhalt der Handlungspflicht muß sich folglich aus dem konkreten Einzelfall ergeben.

Ein Faktor zur Bestimmung der Handlungspflicht ist die Reichweite der dem Gefahrquelleninhaber zustehenden Herrschaft, weil es unter Berücksichtigung des Zusammenhangs zwischen Sicherungspflicht und Herrschaftsmacht nicht möglich ist, den Bereich der einen weiter zu spannen als den der anderen. Ein weiterer Faktor besteht in der Vorhersehbarkeit eines Schadens. Denn auch wenn der die Gefahr realisierende Schaden für ein Rechtsgut im

472 Gallas, Studien zum Unterlassungsdelikt, S. 90

Rahmen der Herrschaft des Gefahrquelleninhabers noch abzuwenden gewesen wäre, so kann ihm daraus nur dann eine Garantenstellung erwachsen, wenn er mit dieser Gefahr rechnen konnte. Um es an einem Beispiel zu verdeutlichen: Der gewerbliche Betreiber einer Abfallsammelstelle stellt Tonnen auf, in welche von Dritten nach ihrer Zusammensetzung getrennt Sonderabfälle gefüllt werden. Diese Tonnen sind eine Gefahrquelle, denn sie enthalten Abfälle. Der Unternehmer muß also dafür sorgen, daß sich die in den Tonnen schlummernde Gefahr für das Rechtsgut der Umweltmedien nicht realisiert. Dazu gehört, daß sie sicher stehen, also nicht durch Witterungseinflüsse umfallen können und für seine Kunden in den Geschäftszeiten frei zugänglich sind.

Wenn ein einzelner Kunde Sonderabfall unter die Hausabfälle mischt, deren Entsorgung der Unternehmer nicht vertraglich übernommen hat und die der Kunde auch nicht im Abfallnachweis angegeben hat, so führt das dazu, daß Sonderabfall auf einer Deponie entsorgt wird, die dafür nicht eingerichtet ist. Dies ist ein Schaden, den abzuwenden die Aufgabe des § 326 StGB ist. Er resultiert aus der Gefahrquelle Abfalltonne, die im Herrschaftsbereich des Unternehmers steht. Nach dem oben Gesagten entsteht dem Unternehmer eine Garantenstellung, wenn er die ihm mögliche Sicherungsmaßnahme gegen eine vorhersehbare Gefahr nicht ergreift. Daß einzelne Kunden der Versuchung, sich auf bequeme Art ihrer Sonderabfälle in den vom Unternehmer bereitgestellten, aber nur für bestimmte Sonderabfälle gedachten Tonnen zu entledigen, nicht werden widerstehen können, ist ein vorhersehbarer Umstand. Fraglich ist hier, ob es dem Unternehmer faktisch möglich ist, dagegen präventiv etwas zu unternehmen. Das wird jedenfalls insoweit möglich sein, als er ein Schild anbringt, allgemeine Geschäftsbedingungen zum Bestandteil des Entsorgungsvertrages macht oder auf andere Weise seinen Kunden die ordnungsgemäße Benutzung der bereitgestellten Tonnen aufgibt und die Einhaltung dessen gelegentlich überprüft.

Unterläßt der Entsorgungsunternehmer diese Maßnahmen und es kommt infolge dessen dazu, daß Sonderabfälle aus seiner Tonne in eine dafür nicht ausgelegte Beseitigungsanlage geraten, so ist für ihn eine Garantenpflicht entstanden und er haftet aus dem Gesichtspunkt der Unterlassung einer möglichen Sicherungsmaßnahme gemäß §§ 326 I, 13 I StGB.

Angewandt auf den Grundfall der leading cases bedeutet dies, daß es immer dann zu einer Garantenposition des Grundstückseigentümers kommt, wenn dieser die ihm mögliche Sicherungsmaßnahme gegenüber einer vorhersehbaren Gefahr nicht ergreift.

Bei Tätigkeiten, die die Entstehung von Sonderabfällen zur Folge haben, muß der Besitzer dieser Abfälle beispielsweise dafür sorgen, daß sie nicht unkontrolliert in die Umweltmedien gelangen oder daß sie nicht gemeinsam mit Hausabfällen entsorgt werden. M. a. W.: der Besitzer muß aktiv etwas dafür tun, daß sich die durch die Abfälle drohende Gefahr einer Umweltverschmutzung nicht realisiert. Dabei steigen die Anforderungen, die an ihn zu stellen sind, mit dem Grad von Gefährlichkeit, den ein Stoff von sich aus hat. Diese Anforderungen können aber nicht über die Möglichkeiten hinausgehen, die der Abfallbesitzer aufgrund des tatsächlich und rechtlich gegebenen Maßes von seiner Herrschaft hat. Sonst entstünde aus einem begrenzten Recht auf Herrschaft eine Pflicht zur unbegrenzten Garantie.

Für den Fall der wilden Abfallbeseitigung ergibt sich daraus, daß der Eigentümer nicht Garant zur Abwendung einer unbefugten umweltgefährdenden Abfallbeseitigung Dritter wird. Der Grundstückseigentümer muß wegen des Vertrauensprinzips nicht damit rechnen, daß Dritte sein Grundstück zur illegalen Deponie machen. Auch seine tatsächliche Herrschaft reicht nicht soweit, präventiv gegen solche Dritte vorzugehen. Wollte man hier anders entscheiden, so hätte das zur Folge, daß jeder sein Grundstück durch das Aufstellen von Zäunen oder anderen präventiven Maßnahmen vor der Benutzung als wilde Deponie schützen müßte.

WELP hat behauptet, daß sich die Ingerenz nicht sachgerecht mit dem Gedanken der Herrschaft modifizieren ließe.[473] Dem ist zu widersprechen; wenn der Täter die ihm zur Verfügung stehende Herrschaft nicht verkehrsgerecht nutzt, provoziert er dadurch Gefahren und wird damit zum Ingerenten. Sein Beispiel, daß die Pflicht zur Verhinderung der Folgen eines Jagdunfalls davon abhinge, ob der Unterlassende das eigene oder ein fremdes Gewehr gebrauche, ist nicht geeignet, eine tragfähige Illustration

473 Welp aaO S. 251

seiner These zu sein. Wenn jemand mit dem eigenen Gewehr auf einen Menschen schießt und ihn trifft, haftet er für den eingetretenen Schaden aus positivem Tun. Wenn jemand mit einem fremden Gewehr auf einen Menschen schießt und trifft, so kommt es für die Garantenstellung eines Waffenbesitzers darauf an, ob er seine Gefahrquelle Gewehr in verkehrsgerechter Weise gegenüber einer vorhersehbaren Gefahr überwacht hat. Wenn er das Gewehr beispielsweise fertig geladen an einen Baum lehnt und sich dann entfernt, so führt das ohne weiteres zu einer Garantenstellung für einen folgenden Fehlgebrauch der Jagdwaffe, wenn der Waffenbesitzer einen Fehlgebrauch objektiv vorhersehen kann und durch sein Tun die ihm zustehende Herrschaft nicht verkehrsgerecht ausschöpft.

Umgekehrt beurteilt sich der Fall, in dem ein Waffenbesitzer seine Waffen sorgfältig gegen unbefugte Benutzung sichert und sein erwachsener Sohn trotzdem mit einer dieser Waffen einen Mordanschlag ausführt. Weil er den Entschluß zur Begehung eines Mordes in aller Regel nicht vorhersehen kann, handelt dieser Waffenbesitzer verkehrsgerecht und erwirbt insofern keine Garantenstellung, vermöge derer er den Mord verhindern müßte.

Die Behauptung SCHÜNEMANNs, die Ingerenz sei zur Begründung einer Erfolgshaftung nicht mehr vonnöten,[474] ist ebensowenig stichhaltig. Nach seiner Auffassung von Herrschaft, die eine aktuelle Tendenz in die Zukunft aufweisen muß, verliert der achtlose Gewehreigentümer, der sein Gewehr an einen Baum lehnt und sich entfernt, die Herrschaft über das Gewehr. Damit fehlt bei diesem Inhaber einer Gefahrquelle das garantiebegründende Merkmal. Er bleibt also hinsichtlich der Tötung durch denjenigen, der sich das Gewehr nimmt, straflos. Der die Gefahr vorhersehende Besitzer eines Jagdgewehrs kann sich demnach seiner Verantwortung jederzeit dadurch entziehen, daß er seine Herrschaft aufgibt, anstatt Sicherungsmaßnahmen zu ergreifen, also das Gewehr beispielsweise entlädt. Er würde dadurch für seine Achtlosigkeit gegenüber den Rechtsgütern Dritter geradezu belohnt. Dies ist ein Ergebnis, welches nicht hingenommen werden kann. Vielmehr muß die unterlassene Sicherungsmaßnahme gerade dazu führen, daß der Jagdgewehrbesitzer entweder den drohenden Erfolg der Tötung eines anderen

474 Schünemann aaO S. 313

durch eine Rettungshandlung verhindert oder gemäß § 13 I StGB dafür strafrechtlich zur Verantwortung gezogen wird.

e) Zusammenfassung

Um die Konsequenzen einer an der Verkehrssicherungspflicht orientierten Garantenstellung zur Überwachung einer sachlichen Gefahrquelle noch einmal zu verdeutlichen, seien sie im folgenden zusammengefaßt:

Die Kritik der Lehre an einer Garantenstellung aus einer rein faktischen Herrschaft ohne normative Grundlage hat zu der Erkenntnis geführt, daß an die vom Willen getragene Herrschaft als garantiebegründendes Merkmal konkretisierende Anforderungen gestellt werden müssen.

Dabei hat sich gezeigt, daß die faktische Herrschaft ohne normative Grundlage nicht ausreicht, um die aus der Herrschaft folgende Garantenstellung sinnvoll zu begrenzen. Andererseits hat die Auseinandersetzung mit der im Ergebnis abzulehnenden Einbeziehung von verkehrsrichtigem Vorverhalten in die Ingerenzhaftung den Blick dafür geschärft, daß der Gedanke der Verkehrssicherung einen wichtigen Gesichtspunkt für die Konkretisierung der aus der Herrschaft folgenden Garantenstellung beinhaltet. Soweit Außenstehende nicht auf eine Gefahr einwirken können, dürfen sie sich entsprechend dem Vertrauensprinzip darauf verlassen, daß derjenige, der darauf einwirken darf, den Verkehr vor der Gefahr sichert. Ingerenz, Herrschaft und Verkehrssicherung erweisen sich demnach als drei von einander verschiedene Aspekte derselben Pflicht, in den Grenzen der objektiven Sorgfalt die Rechte des Nächsten zu wahren (neminem laede). Folglich muß der Beherrscher einer sachlichen Gefahr aufgrund der Pflicht zur Verkehrssicherung seine Herrschaft so ausüben, daß die Rechte der einzelnen Teilnehmer des Verkehrs (Individualrechte) oder der Gesamtheit der Teilnehmer (Rechte der Allgemeinheit) gewahrt bleiben. Ob dies im konkreten Fall gegeben ist, muß durch eine ex-ante Betrachtung des Strafrichters entschieden werden.

Die Verpflichtung des Beherrschers geht nicht dahin, auch andere Menschen zu verkehrsgerechtem Verhalten im Hinblick auf ihre sachlichen Gefahren anzuhalten. Hier kann er sich seinerseits darauf verlassen, daß diese anderen sich ebenso verkehrsgerecht verhalten wie er selbst. Jeder ist also nur für die eigenen sachlichen Gefahren verantwortlich. Deswegen besteht weder im Fall der wilden Abfallbeseitigung noch im Verpächterfall eine Garantenstellung, weil weder der Grundstücksinhaber noch der Verpächter die sachliche Gefahr (den Abfall) auf normativer Grundlage beherrscht. Die strafrechtliche Verkehrssicherungspflicht verlangt aber andererseits, daß der Beherrscher einer sachlichen Gefahr die ihm zu Gebote stehenden Mittel auch ausschöpft. Daher besteht im Grundfall eine Garantenstellung des Abfallbesitzers. Unterläßt er die verkehrsgerechte Ausübung der Herrschaft gänzlich oder nur teilweise, so muß er für die darauf zurückzuführende Erhöhung des Risikos für den Nächsten oder die Allgemeinheit durch die abstrakte Gefahr aus dem Abfall strafrechtlich so einstehen, als ob diese Erhöhung auf seinem positiven Tun beruht.

4) Der Beschützergarant im Rahmen der umweltgefährdenden Abfallbeseitigung

Ein Beschützergarant ist nach der Funktionenlehre derjenige, der für ein Rechtsgut dergestalt auf den Posten gestellt ist, daß er es gegen denkbare Schäden beschützen muß.[475]

Aufgabe dieser Garantenstellung ist es nach heute h.M., bestimmte Rechtsgüter vor einzelnen Gefahren zu schützen, und zwar gleichgültig von wem oder durch was diese Gefahren ausgelöst wurden.[476] Diese Aufgabe stellt sich unter den Voraussetzungen, daß das Opfer generell oder partiell unfähig zu eigenem Schutz ist und außerdem in einer Beziehung zum Unterlassenden steht, die diesen zum Schutz verpflichtet. Um festzustellen, inwiefern eine Beschützergarantenstellung für die durch § 326 StGB geschützten Rechtsgüter enstehen kann, muß zunächst geklärt werden, wer oder was mögliches Opfer einer umweltgefährdenden Abfallbeseitigung ist. Durch § 326 StGB werden neben dem Leben und der Gesundheit des Menschen auch seine natürlichen Lebensgrundlagen, nämlich die Umweltmedien Wasser,

475 vgl. Armin Kaufmann aaO S. 283
476 vgl. nur S-K-Rudolphi § 13 Rn 46

Luft, Boden, Pflanzen und Tiere geschützt. Dies entspricht der h.M.[477] Die extreme Gegenposition der Vertreter des ökozentrischen Umweltschutzbegriffs versteht die Natur als Träger eigener Rechte.[478] Sie scheint mit dem Gebot des Art 1 GG, die Würde des Menschen zu achten und zu schützen, nicht in Einklang zu stehen, denn nach unserer Rechtsordnung steht der Mensch im Vordergrund aller rechtlichen Wertung und nicht die Natur. Rechte der Natur gegenüber dem Menschen, worauf der ökozentrische Begriff der Umwelt hinaus liefe, sind auf dem Boden dieser Rechtsordnung nicht denkbar. Weil die Natur ihre "Rechte" auch nicht anders als durch Menschen geltend machen könnte, wirft der ökozentrische Umweltschutzbegriff zudem die von seinen Vertretern ungelöste Frage auf, wer die Rechte der Natur gegenüber den Menschen berufen wäre geltend zu machen. Ein Recht der Natur gegenüber dem Menschen ist daher abzulehnen.[479]

Ein Beschützergarant im Rahmen des § 326 I StGB müßte also für die durch diese Vorschrift geschützten Rechtsgüter auf den Posten gestellt sein. Das durch § 326 StGB geschützte Rechtsgut ist die Umwelt in ihren Medien Boden, Wasser, Luft sowie der Tier- und Pflanzenwelt als natürliche Lebensgrundlage der Menschen und die menschliche Gesundheit.[480] Daher sind die Träger der Rechtsgüter einer unversehrten Umwelt alle Menschen bzw. die Allgemeinheit.

Beschützergarantenstellungen wurden bisher vornehmlich im Hinblick auf die Verletzung von Individualrechtsgütern untersucht.[481] Die Beschützergarantenstellung für Rechtsgüter der Allgemeinheit ist in der Wissenschaft bisher nur im Zusammenhang mit der Frage untersucht worden, inwiefern der Amtsträger einer Umweltbehörde oder der Betriebsbeauftragte für den Umweltschutz Beschützergaranten bei der Abwehr von Gefahren für die Umwelt sein können.[482]

---

477 vgl. L-K-Steindorf § 326 Rn 1; Dreher-Tröndle § 326 Rn 1; Lackner Anm. 4 vor § 324; Laufhütte/Möhrenschlager ZStW 92 912

478 vgl. dazu v. Lersner NVwZ 1988, 988; aber auch VG Hamburg NVwZ 1988, 1088

479 im Ergebnis ebenso Kloepfer aaO Rn 24 a.E.

480 vgl. soeben Fn. 468

481 vgl. etwa Schünemann Grund und Grenzen S. 342 ff; Herzberg Unterlassen S. 355; Brammsen aaO S. 182 ff

482 Rudolphi Lackner-FS S. 863 m.w.N.; Sangenstedt insbes. S. 610 ff; Winkelbauer NStZ 1986, 149; Dahs NStZ 1986, 100 ff; Geisler NJW 1982, 11 ff

a) Der Amtsträger als Beschützergarant

Die Garantenstellung von Umweltschutzbehörden und den darin tätigen Amtsträgern werden unterschiedlich beurteilt.

aa) Die bejahenden Auffassungen

WINKELBAUER weist darauf hin, daß zur öffentlichen Sicherheit zwar auch Individualrechtsgüter gehörten, gleichwohl würden diese durch die Ordnungsbehörden nicht im Interesse des Einzelnen geschützt. Dies hätte zur Folge, daß der Einzelne nicht der Obhut der Behörde anvertraut sei, sondern die Behörde aus Gründen des öffentlichen Interesses an der Beseitigung normwidriger Zustände handele, die das einzelne Individuum gewissermaßen stellvertretend für alle anderen bedrohe.[483] Indessen hieße dies nicht, daß die öffentlich-rechtlichen Pflichten generell keine Garantenpflichten zu begründen vermöchten. Gerade die Stellung der Umweltbehörden beweise das Gegenteil.

WINKELBAUER hält die Amtsträger der Umweltschutzbehörden für geborene Beschützergaranten, denn sie hätten einen genau abgesteckten Aufgabenbereich, innerhalb dessen ihnen nur der Schutz eines oder weniger Rechtsgüter obliege. Hinzukäme, daß anders als bei den Straftaten gegen die Individualrechtsgüter, das Allgemeingut Umwelt ohne eine Obhutspflicht der Behörden schutzlos gestellt wäre.[484] Gegen eine Beschützergarantenstellung spreche insbesondere nicht das Argument, daß beispielsweise die Wasserbehörden nur zur ordnungsgemäßen Wasserbewirtschaftung berufen seien und nicht zur Gewährleistung reinen Wassers. Hier würde übersehen, daß Garantenpflichten nicht absolut, sondern nur bei rechtswidrigen Angriffen bestünden, so daß bei der rechtmäßigen Wasserbewirtschaftung die Schutzpflicht nicht gefordert sei.

---

483 Winkelbauer JZ 1986, 1120; so auch Wolff/Bachof § 125 II b)
484 Winkelbauer, Die strafrechtliche Verantwortung von Amtsträgern im Umweltstrafrecht NStZ 1986, 149, 151 ebenso Horn NJW 1981, 5f; im Anschluß daran auch OLG Frankfurt UPR 1988, 28, 31

SANGENSTEDT bejaht eine Beschützergarantenstellung von Amtsträgern ebenso. Er hält die Herrschaft über ein *gefährdetes Rechtsgut* für ebenso *gleichwertig* i. S. des § 13 I StGB wie die Herrschaft über eine *Gefahrquelle*. Sie sei deshalb als obhutsgarantieerzeugendes Element anzusehen. Wer Träger der faktischen Entscheidungshoheit über die angegriffene Integrität eines Rechtsguts sei, der beherrsche auch eine der wesentlichen Ursachen der Rechtsgutsverletzung. Außerdem weise die Beziehung des Unterlassenden zum geschützten Rechtsgut die gleichen Elemente auf wie die Beziehung des Überwachers zu der Gefahrquelle. Hier ebenso wie dort sei die Hilfe des Opfers oder anderer ausgeschlossen.[485]

Herrschaft bedeutet für SANGENSTEDT die exklusive Entscheidungsmacht darüber, "welche der diversen auf Verwirklichung in der Realität drängenden inneren und äußeren Anreize endlich die Oberhand gewinnen, ..".[486]

Weise die Beziehung eines Menschen zu einem Rechtsgutträger diese Merkmale auf, dann sei es in erster Linie dieser Mensch, dem die Primärverantwortlichkeit für die Unversehrtheit des Gutes zufiele. Strafrechtlich habe er deswegen innerhalb seines Herrschaftskreises für den Nichteintritt drohender Integritätseinbußen wie ein potentieller Aktivtäter einzustehen. Er sei dann ursprünglicher Obhutsgarant der ihm faktisch zugeordneten Interessen.[487]

Eine Überführung der Garantenhaftung in öffentliche Trägerschaft sei dort plausibel, wo spezifische Umstände gegeben seien, die eine Verlagerung der Primärverantwortlichkeit auf den Staat unabwendbar erscheinen ließen. Dies sei vor allen Dingen dann der Fall, wenn übergeordnete Gründe des Gemeinwohls einem Verbleib jener Zuständigkeit in privater Hand entgegenstünden und die Heranziehung hoheitlicher Organe rechtlich notwendig machten.[488] Bei den Rechtsgütern der Umwelt sei dies zwingend, weil sie keine individuellen Träger habe, sondern die Allgemeinheit Träger der Rechtsgüter sei.

---

485 Sangenstedt aaO S. 421
486 Sangenstedt aaO S. 378
487 Sangenstedt aaO S. 505
488 ders. aaO S. 460

Die Beschützergarantie für Amtsträger befürwortet auch BRAMMSEN, der seine Auffassung an dem Beispiel von Polizei- und Justizvollzugsbeamten entwickelt. Vor allem die Polizeibeamten übten die kollektive Aufgabe des Wachehaltens und Alarmgebens sowie des Schutzes des alltäglichen Soziallebens aus.[489]

Gemäß den polizeilichen Generalklauseln seien die Polizisten hauptsächlich mit der Abwehr der dem Einzelnen oder der Allgemeinheit drohenden Gefahren beschäftigt. Hinzu käme außerdem die Strafverfolgung nach Maßgabe der StPO. Aus der Überprüfung dieser Pflicht zur Verhinderung von Straftaten ergebe sich eine Verhaltenserwartung der Gesellschaft dergestalt, daß der Amtsträger die Personen in seinem Aufgabenbereich vor rechtsgutsverletzenden Erfolgen bewahren müsse. Zu diesem Zweck habe die Gesellschaft die Polizei mit zahllosen Sachmitteln, Personal und Rechten ausgestattet und erst eine Orientierung an einem erfolgsabwendenden Eingreifen der Polizeibeamten gestatte ein relativ sicheres Zusammenleben auf engem Raum. Schließlich sei auch nicht einzusehen, weshalb der Polizeibeamte, der auf einem Streifengang eine Tötung nicht verhindere, auf der gleichen Stufe stehen solle, wie der neben ihm stehende Landstreicher.[490]

Auch TRÖNDLE befürwortet eine Beschützergarantie für Amtsträger.[491] Er sieht den Grund dafür in der gesetzlich fixierten Dienstpflicht des Amtsträgers, die Einhaltung der Gesetze in seinem Zuständigkeitsbereich zu gewährleisten. [492]

bb) die verneinenden Auffassungen

Bereits GRÜNWALD schlug vor, eine Strafdrohung für Ordnungsbeamte zu schaffen, die es unterlassen Straftaten zu verhindern. Dies sei deshalb geboten weil Unterlassungen dieser Art ihren Unwertgehalt nicht aus dem nicht

---

489 Brammsen aaO S. 190
490 ders. aaO S. 193
491 Dreher-Tröndle § 13 Rn 6
492 ebenso Sch-Sch-Stree § 13 Rn 52

abgewendeten Handlungsunrecht schöpften, sondern den Unwert einer Amtspflichtverletzung hätten.[493]

GEISLER geht davon aus, daß sich die Garantenstellung eines Amtsträgers nicht ohne weiteres aus einer Zuständigkeit für die Durchsetzung eines Umweltschutzgesetzes ergibt.[494] Denn bei jeder Abwägung, die er bei seiner Arbeit zu treffen habe, müsse er auch andere Rechtsgüter in Betracht ziehen. Insofern könne man den Amtsträger auch als einen Garanten für das Wohl der Allgemeinheit oder für ein rechtmäßiges Verwaltungshandeln bezeichnen. Die Tätigkeit des Amtsträgers, der Umweltschutzgesetze durchsetze, bestehe gerade nicht immer darin, Gefahren aus allen Richtungen für das von ihm verwaltete Rechtsgut abzuwehren, sondern er müsse sogar Beeinträchtigungen zulassen, auch wenn er beim Umfang dieser Beeinträchtigungen an das durch das entsprechende Gesetz vorgegebene Höchstmaß gebunden sei. GEISLER folgert daraus, daß von einer Garantenstellung des Amtsträgers jedenfalls dann nicht gesprochen werden könne, wenn eine Rechtsvorschrift so schwierig auszulegen ist, daß über ihren Inhalt ernsthafte Diskussionen möglich sind. Dies sei im Umweltrecht häufig der Fall.

Auch RUDOLPHI meldet Zweifel an, ob dem Amtsträger als Amtswalter der Umweltschutzbehörden die einzelnen Rechtsgüter der Umweltschutzgesetze in so intensiver Weise anvertraut wurden, daß man von einem Obhutsverhältnis sprechen kann.[495]

Aus einer rein formal bestehenden öffentlich-rechtlichen Pflicht des Amtsträgers, Rechtsgüter zu schützen, folge noch nicht die Existenz einer Garantenpflicht. Vielmehr seien zuvor zwei zusätzliche Wertungen erforderlich: einmal, daß die öffentlich-rechtliche Pflicht des Amtsträgers dem Schutz desselben Rechtsgutes diene und zum zweiten, daß diese öffentlich-rechtliche Pflicht gerade auch den weiteren besonderen Anforderungen genüge, die nach § 13 StGB an eine Garantenpflicht zu stellen seien. Die öffentlich-rechtliche Pflicht müsse den Schutz des Rechtsgutes auch vor der konkreten, ihm drohenden Gefahr umfassen und die Verhinderung der Straftat müßte um dieses Schutzguts willen, nicht wegen eines anderen,

493 vgl. Grünwald ZStW 70, 425,428
494 Geisler NJW 1982, 11, 13
495 vgl. Rudolphi in FS Dünnebier S. 871 ff bei FN 45

erfolgen. Die Beschützergarantenstellung eines Amtsträgers setze voraus, daß er rechtlich dafür einzustehen habe, daß der strafrechtlich mißbilligte Erfolg nicht eintrete. Eine rechtliche Pflicht genüge aber selbst dann nicht diesen Anforderungen, wenn ihre Erfüllung zwar die drohende Straftat verhindere, aber diese Verhinderung um eines anderen Rechtsgutes willen erfolge.[496] Für die Handlungspflichten, die sich aus den §§ 138, 323c StGB ergäben, sei dies in Lehre und Rechtsprechung anerkannt.[497]

Andererseits erwüchsen zahlreichen Amtsträgern aufgrund ihrer Pflichtenstellung solche Schutzpositionen im Hinblick auf die fiskalischen Rechtsgüter des Staates. Ihre Garantenstellung bilde insoweit das Korrektiv für die Handlungsunfähigkeit des Staates als juristischer Person und aus der Tatsache, daß es der Amtsträger im Rahmen seiner Zuständigkeit übernommen habe, die Rechtsgüter des Staates zu schützen. Anwendungsbeispiele bildeten das Eigentum und das Vermögen des Staates, aber auch Staats- und Amtsgeheimnisse sowie die Wahrung hoheitlicher Funktionen.

Problematisch sei es, ob zu diesen Rechtsgütern auch diejenigen der Allgemeinheit zählten, insbesondere die Rechtsgüter der Umwelt.

Das Rechtsgut der Reinheit der Gewässer z. B. gehöre der Allgemeinheit, Träger des Rechtsgutes seien deswegen alle Bürger gleichermaßen. Erfüllten alle Bürger die mit dieser Trägerschaft verbundenen Schutzpflichten gewissenhaft, so gehörte das Rechtsgut der Reinheit der Gewässer zu den bestgeschützten überhaupt.

In der Realität sehe die Intensität eines solchen Schutzes aber ebensowenig gut aus wie bei anderen Rechtsgütern der Allgemeinheit. Konstruiere man aus der Tatsache, daß in den Umweltschutzgesetzen Rechtsgüter der Allgemeinheit geschützt werden, eine Beschützergarantenstellung, so liefe das darauf hinaus, daß der Amtsträger als Garant die Allgemeinheit vor einzelnen ihrer Mitglieder beschützen müßte.[498]

---

496 Rudolphi, Anm. zu BGH JR 1987, 335, 336
497 vgl. Rudolphi aaO S. 337
498 Rudolphi in Dünnebier-FS, S. 871 ff bei Fn 49

Des weiteren übten die Wasserbehörden keine tatsächliche Herrschaft über die Gewässer aus, so daß ein Verhältnis tatsächlicher Obhut zwischen ihnen und den geschützten Gewässern gerade nicht bestehe. Die Aufgabe der Wasserbehörden bestehe in der ordnungsgemäßen Wasserverwaltung und nicht in der Pflicht zur Abwehr jedweder Gefahren. Eine solche Pflicht der Wasserbehörden führte im übrigen zu einer uferlosen Ausdehnung der Garantenstellung. Übertrage man solch umfassende Pflichten auch auf andere Ordnungsbehörden, so wären sie zur Abwendung eines jeden rechtswidrigen Verhaltens der Bürger verpflichtet. Das führte zu einer allumfassenden Garantenpflicht des Staates und zu einer falschen Verteilung der Verantwortung zwischen Bürger und Staat.[499]

Ebenso ablehnend äußert sich HERZBERG, der den Garantenpflichten aus beruflicher Sonderstellung skeptisch gegenübersteht. Zwar sei es die berufliche Pflicht von Polizisten, gegen Straftaten einzuschreiten, die die öffentliche Sicherheit und Ordnung störten. Daraus folge aber noch keine Beschützergarantenstellung. Beruflich anvertraut sei den Ordnungshütern die öffentliche Sicherheit und Ordnung. Die Pflicht, einen Bürger zu schützen, sei bloßer Reflex dieser Pflicht.[500]

SCHÜNEMANN räumt ein, daß eine Haftung des Amtsträgers kriminalpolitisch wünschenswert sein mag; er bezweifelt aber, ob sich eine Beschützergarantie dogmatisch halten läßt. Sofern man aus der öffentlich-rechtlichen Pflicht zum Einschreiten gegen Gefahren eine solche Garantie folgere, sei dies nur unter gleichzeitiger Inanspruchnahme der überkommenen Rechtspflichttheorie möglich. Ohne diesen Rückgriff sei eine Beschützergarantie nur bei dem Bestehen einer umfassenden Fürsorgekompetenz denkbar, nicht aber schon bei einer bloßen Überwachung der Bürger durch die Polizei.[501]

cc) Stellungnahme

Die Zweifel an einem Obhutsverhältnis der Umweltbehörden zu den Rechtsgütern der Umwelt erscheinen berechtigt. Umweltbehörden sind Ord-

499 vgl. dens. aaO bei Fn 51
500 Herzberg aaO S. 355 f, 356 a.E.
501 Schünemann ZStW 96, 311

nungsbehörden; ihre Pflicht besteht darin, die öffentliche Sicherheit und Ordnung aufrecht zu erhalten und sie präventiv zu schützen (Gefahrenabwehr). Die Rechtsgüter der allgemeinen Sicherheit bestehen in den Individualrechtsgütern, dem Staat, seinen Einrichtungen und deren ungetrübter Funktion sowie der gesamten Rechtsordnung.[502] Die öffentliche Ordnung ist die Überzeugung einer bestimmbaren Gemeinschaft von Individuen über die ungeschriebenen Regeln, die zu einem gedeihlichen Zusammenleben als unabdingbar angesehen werden.[503] Die öffentliche Ordnung scheidet vor dem Hintergrund der lex certa wegen mangelnder Bestimmtheit als mögliche Grundlage für eine Garantenstellung aus.

Zur öffentlichen Sicherheit gehören insbesondere auch die Normen des Strafrechts. Die drohende Schädigung strafrechtlich geschützter Güter wie etwa das Eigentum oder das Vermögen eines Einzelnen ist eine von den Ordnungsbehörden abzuwendende Gefahr für die öffentliche Sicherheit. Gleiches gilt, wenn die Solidargemeinschaft der Versicherten vor einem Betrüger geschützt werden oder die Teilnehmer am allgemeinen Straßenverkehr vor einem betrunkenen Autofahrer. Die Amtspflichten der Ordnungsbehörden umfassen sowohl Rechtsgüter der Allgemeinheit als auch solche des Individuums. Der Schutz von Individualgütern durch die Polizei erfolgt allerdings nicht im privaten Interesse des Betroffenen.[504] Die öffentliche Sicherheit ist vielmehr nur dann berührt, wenn die konkrete Gefahr Ausstrahlungswirkungen in die Öffentlichkeit erzeugt und damit ein öffentliches Interesse an ihrer Abwehr besteht.[505] Das öffentliche Interesse besteht nicht aus der Summe der Interessen aller oder einer Mehrheit, sondern ist von der Ausrichtung auf das Ganze der menschlichen Gemeinschaft geprägt.[506] Für die Individualrechtsgüter ist es demnach offenkundig, daß sie den Ordnungsbehörden nicht anvertraut sind. Zu einem anderen Ergebnis gelangt man nur, wenn man von der überkommenen Rechtspflichttheorie ausgeht. Denn danach reicht allein das Bestehen einer Rechtspflicht zum Handeln aus, um zu einer Garantenstellung des Unterlassenden zu führen. Weil eine solche Rechtspflicht zum Handeln bei Gefahren für die öffentliche Sicherheit

502 vgl. Friauf in v. Münch Bes. VwR S. 218
503 vgl. Friauf aaO S. 220
504 vgl. Friauf aaO S. 218; BGH DVBl 1975, 579 ff, 580
505 vgl, z.B. § 1 PolG Baden-Würtemberg:"... soweit es im öffentlichen Interesse geboten ist..."
506 vgl. v.Münch in Erichsen/Martens Allg. VerwR § 1 Rn 16,17

nur in den Fällen besteht, in denen das öffentliche Interesse ein Einschreiten gebietet, könnte es aber selbst mit der Rechtspflichttheorie auch nur in diesen Fällen zu einer Garantenstellung der Ordnungshüter kommen.

Es ist kein Grund ersichtlich, weshalb für die Rechtsgüter der Allgemeinheit hier etwas anderes gelten sollte. Wenn Ordnungsbehörden gegen eine konkrete Umweltverschmutzung einschreiten müssen, so handeln sie nicht zum Schutz eines einzelnen Rechtsgutes der Allgemeinheit, sondern nur sofern und soweit das Wohl der Allgemeinheit dies erfordert. Ob und inwiefern ein solches Erfordernis gegeben ist, läßt sich nicht allgemein, sondern nur für den jeweils konkreten Fall entscheiden.[507] Der zuständige Amtsträger ist bei dieser Entscheidung dem Gebot des pflichtgemäßen Ermessens unterworfen. Er kann, wie GEISLER zu Recht bemerkt, im einzelnen Fall sogar verpflichtet sein, den Schutz eines Rechtsgutes der Allgemeinheit im Interesse des Wohls der Allgemeinheit zu vernachlässigen.[508] Beispielsweise kann er dem Betreiber einer nur genehmigungspflichtigen Abfallbeseitigungsanlage gem. § 7 II AbfG einen Zeitraum einräumen, in dem dieser einen zwischenzeitlich eingetretenen, genehmigungswidrigen Zustand wieder beseitigt, um einen sonst (bei Wegfall der Deponie) eintretenden Entsorgungsnotstand zu verhindern.

Wie auch der oben [509] erwähnten Äußerung GEISLERs zu entnehmen ist, muß es den Umweltschutzbehörden um die Gefahrenabwehr bei Wahrung der Opportunität gehen. Damit besteht keine Zuordnung der Rechtsgüter der Umwelt zu den Amtsträgern, wie sie für eine Beschützergarantenstellung zu Recht für erforderlich gehalten wird.

Weil zum Schutz auch der Rechtsgüter der Allgemeinheit ein Ordnungshüter nur dann einschreiten muß, wenn eine Gefahrenabwehr aus öffentlichem Interesse geboten ist, käme es nur unter Zugrundelegung der überkommenen Rechtspflichttheorie zu einer Garantenstellung des Amtsträgers für diese Rechtsgüter.

---

507 vgl. v.Münch aaO Rn 17
508 vgl. Geisler, NJW 1982, 11,13
509 vgl. Geisler NJW 1982, 11,13

Die Pflicht der Ordnungsbehörden und die persönliche Dienstpflicht der Amtsträger beinhalten die Wahrung des Wohls der Allgemeinheit.[510] Daraus ergibt sich eine Aufklärungs- und Betreuungspflicht der Beamten gegenüber Bürgern, aber keine Pflicht zur Wahrung der Rechtsgüter der Allgemeinheit, die das Kriterium des Anvertrautseins erfüllte.

Dem steht die Argumentation SANGENSTEDTs nicht entgegen, daß das Fehlen eines individuellen Trägers bei den Rechtsgütern der Allgemeinheit die Überführung der Garantenhaftung in öffentliche Trägerschaft erforderlich mache. Wenn schon Individualrechtsgüter, deren Schutz unter dem Gebot des Art 1 GG der Vorrang gegenüber anderen Rechtsgütern eingeräumt ist, von den Ordnungsbehörden nur geschützt werden müssen, sofern dies zum allgemeinen Wohl erforderlich ist und selbst diese den Ordnungsbehörden nicht anvertraut sind, so ist für einen besonderen Garantenschutz von Rechtsgütern der Allgemeinheit durch die Ordnungsbehörden kein Raum.

b) Der Abfallbeauftragte als Beschützergarant

Beim Abfallbeauftragten handelt es sich um eine Person, deren Bestellung gemäß §§ 11a ff AbfG sowohl in Abfallbeseitigungsanlagen als auch in Betrieben vorgeschrieben ist, in denen regelmäßig gefährliche Abfälle gemäß § 2 II AbfG anfallen.

Die Bestellung des Abfallbeauftragten erfolgt entweder durch den Betreiber der Anlage oder durch die zuständige Behörde. Die Fälle in denen der Betreiber den Beauftragten zu bestellen hat, sind durch eine Rechtsverordnung über den Betriebsbeauftragten geregelt, in welcher die Anlagen aufgezählt sind, bei denen die Bestellung zu erfolgen hat, § 11a I AbfG.

Die zuständige Behörde kann den Beauftragten darüberhinaus in den Fällen bestellen, in denen die Bestellung durch den Betreiber zwar durch Rechtsverordnung nicht vorgeschrieben ist, die Behörde aber nach Anwendung des pflichtgemäßen Ermessens zu dem Ergebnis kommt, daß wegen besonderer

---

510 vgl. Fürst/Finger/Mühl/Niedermayer Gesamtkommentar zum öffentlichen Dienstrecht § 52 Rn 66

Schwierigkeiten bei der Entsorgung von Abfällen die Bestellung eines Beauftragten notwendig ist, § 11a II AbfG.

Ob ein unter diesen Voraussetzungen bestellter Betriebsbeauftragter für die Abfallbeseitigung Beschützergarant im Rahmen des § 326 I StGB für die Unversehrtheit der Umweltmedien ist, hängt von den Pflichten ab, die ihn treffen und von der Frage wem gegenüber sie bestehen.

Die Pflichten des Abfallbeauftragten richten sich nach § 11b AbfG. Dort sind sie wie folgt beschrieben:

> "(1) Der Betriebsbeauftragte für Abfall ist berechtigt und verpflichtet,
> 1. den Weg der Abfälle von ihrer Entstehung oder Anlieferung bis zu ihrer Entsorgung zu überwachen,
> 2. die Einhaltung der für die Entsorgung von Abfällen geltenden Gesetze und Rechtsverordnungen sowie der aufgrund dieser Vorschriften erlassenen Anordnungen, Bedingungen und Auflagen zu überwachen, insbesondere durch Kontrolle der Betriebstätte in regelmäßigen Abständen, Mitteilung festgestellter Mängel und Vorschläge über Maßnahmen zur Beseitigung dieser Mängel,
> 3. die Betriebsangehörigen über schädliche Umwelteinwirkungen aufzuklären, die von den Abfällen ausgehen können, welche in der Anlage anfallen oder entsorgt werden, sowie über Einrichtungen und Maßnahmen zu ihrer Verhinderung unter Berücksichtigung der für die Entsorgung von Abfällen geltenden Gesetze und Rechtsverordnungen,
> 4. in Betrieben nach § 11 a Abs. 1 Satz 2
> a) auf die Entwicklung und Einführung umweltfreundlicher Verfahren zur Reduzierung der Abfälle,
> b) auf die ordnungsgemäße und schadlose Verwertung der im Betrieb entstehenden Reststoffe oder
> c) soweit dies technisch nicht möglich oder unzumutbar ist, auf die ordnungsgemäße Entsorgung dieser Reststoffe als Abfälle hinzuwirken,
> 5. bei Abfallentsorgungsanlagen auf Verbesserungen des Verfahrens der Abfallentsorgung einschließlich einer Verwertung von Abfällen hinzuwirken.
> (2) Der Betriebsbeauftragte für Abfall erstattet dem Betreiber der Anlage jährlich einen Bericht über die nach Absatz Nr. 1 bis 5 getroffenen und beabsichtigten Maßnahmen."

Zunächst obliegt dem Beauftragten die Überwachung der Abfälle von ihrer Enstehung oder Anlieferung bis zu ihrer Entsorgung.

Zusammengefaßt treffen den Beauftragten also vier Pflichten: Überwachung, Aufklärung, Initiative und Bericht. Die Frage, ob diese Pflichten zu einer Beschützergarantenstellung führen, wird teilweise bejaht, teilweise verneint.[511]

aa) Die bejahenden Auffassungen

Unter bestimmten Voraussetzungen nimmt RUDOLPHI eine Garantenstellung des Betriebsbeauftragten für den Umweltschutz an. Als Garant sei der Beauftragte beispielsweise für die Verhinderung einer betrieblichen Gewässerverunreinigung anzusehen, wenn er seine gesetzlich bestimmten Pflichten zur Überwachung, Kontrolle und Information nicht erfülle und es deswegen zu einer Gewässerverunreinigung komme.[512] Dies sei teleologisch durch die Institution des Beauftragten begründet. Die Institution des Beauftragten sei sowohl nach dem Willen des Gesetzgebers als auch nach dem objektiven Sinn und Zweck des Gesetzes dem Schutz der Umweltmedien zu dienen bestimmt. Die Erfüllung seiner Pflichten führten gerade dazu, daß Gefahren für das jeweilige Umweltmedium aufgezeigt und deren Bekämpfung ermöglicht würden. Insoweit folge aus der gesetzlichen Pflichtenstellung des Beauftragten, daß ihm das jeweilige Umweltmedium anvertraut sei und er folglich rechtlich dafür einzustehen habe, daß der tatbestandsmäßige Unrechtserfolg nicht deshalb eintrete, weil ihm eine drohende oder bereits eingetretene Gefahr verborgen geblieben wäre.

Auch das Amtsgericht Frankfurt hat eine solche Garantenstellung für den Gewässerschutzbeauftragten im Rahmen des § 324 I StGB angenommen.[513] Nach dieser Vorschrift wird die umweltschädigende Einleitung von Stoffen in ein Gewässer bestraft. Auch den Gewässerschutzbeauftragten treffen die Pflichten zur Überwachung, Aufklärung, Initiative und zum jährlichen Bericht, § 21b WHG.

Der Entscheidung des Amtsgerichts lag folgender Sachverhalt zugrunde: Der Angeklagte war Gewässerschutzbeauftragter für ein Werk eines Che-

---

511 vgl.einerseits AG Frankfurt/a.M. NStZ 1986, 72, 74/75; andererseits Rudolphi Lackner-FS S. 863,876 ff

512 vgl. Rudolphi Lackner-FS S. 877

513 AG Frankfurt/a.M. aaO S. 72, 74/75

miekonzerns. Ihm wurde zum Vorwurf gemacht, er habe es zugelassen und billigend in Kauf genommen, daß aus einem Kanal Abwässer, die mit Schadstoffen in einer Höhe jenseits der erlaubten Grenzwerte befrachtet waren, in den Rhein flossen.

Seine Garantenpflicht habe sich daraus ergeben, daß die Gewässer in ihrer ökologischen Beschaffenheit gerade auch seiner Obhut unterstellt wären. Deswegen träfe ihn die Pflicht, sie vor Verunreinigung zu beschützen. Dieses "Auf den Posten gestellt sein" ergebe sich aus der gesetzlichen Regelung, die vorsehe, daß der Beauftragte von der zuständigen Wasserbehörde zu überwachen sei und sie im Falle seiner Unfähigkeit seine Abberufung verlangen könnte.

bb) Die entgegengesetzten Auffassungen

Nach anderer Auffassung besteht für den Umweltschutzbeauftragten keine Beschützergarantenstellung. Seine Pflichten beschränkten sich auf die Überwachung, die Information, die Initiative und den jährlichen Bericht. Diese Pflichten dienten der Überwachung der jeweiligen Anlage und ihrer ökologischen Auswirkungen. In der ökologisch verantwortlichen Handhabung dieser Auswirkungen liege der Kern, aber zugleich auch die Beschränkung seiner Aufgaben, die sich in der Überwachung der jeweiligen Anlage erschöpften.[514] Ein Abfallbeauftragter kann nach dieser Ansicht durch die Vernachlässigung der mit seinem gesetzlichen Aufgabenbereich verbundenen Pflichten nicht zum Täter einer unerlaubten Abfallbeseitigung werden, weil ihm eine Garantenstellung fehlt.[515]

Ablehnend gegenüber einer Beschützergarantenstellung des Umweltbeauftragten hat sich auch ARNDT geäußert.[516] Ausgehend von einer modifizierten Rechtspflichttheorie lehnt er sowohl eine aus einer natürlichen Verbundenheit oder Gemeinschaftsbeziehung als auch die aufgrund einer besonderen Organ- oder Pflichtenstellung erwachsende Beschützergarantenstellung ab.

514 so Dahs, NStZ 1986, 97, 100
515 ebenso OLG Frankfurt NJW 1987, 2754
516 Volker Arndt, Der Betriebsbeauftragte im Umweltrecht, Kiel 1985, S. 120 ff

Die natürliche Verbundenheit eines Menschen zu den Rechtsgütern der Umwelt sei nicht denkbar und eine Gemeinschaftsbeziehung dergestalt, daß der Beauftragte aus ihr zur Abwendung von Gefahren für die Umweltmedien verpflichtet wäre sei ebenfalls ausgeschlossen.[517]

Die Erwägung einer Beschützergarantenstellung aufgrund einer Organ- oder Pflichtenstellung erscheine vordergründig betrachtet zwar fernliegend, bei näherem Hinsehen müsse aber bedacht werden, daß gerade bei den Rechtsgütern der Allgemeinheit eine Beschützergarantenstellung in der Nähe der Gefahrenquelle denkbar und sinnvoll erscheine, wenn man davon ausgeht, daß der Beauftragte zur innerbetrieblichen Gefahrenabwehr berufen sei. Der Annahme einer Beschützergarantenstellung stehe jedoch entgegen, daß der Beauftragte weder ein öffentliches Amt bekleide, noch Aufgaben der öffentlichen Gefahrenabwehr zu erfüllen habe. Ebensowenig führe seine Bestellung durch das Unternehmen zu einer Organstellung.[518]

Denkbar sei es vom Boden der heute vertretenen, modifizierten Rechtspflichttheorie, aus der dem Beauftragten gesetzlich zugewiesenen Schutzpflicht auf eine Garantenstellung zum Schutze der Umweltmedien zu schließen. Danach müßten zu einer metastrafrechtlichen Rechtspflicht noch andere Umstände hinzutreten. Entstehungsgründe für Garantenpflichten könnten aber auch in sozial-ethischen Grundsätzen der Rechtsordnung bestehen, so daß diese den Einflüssen anderer Rechtsgebiete entzogen und nur übergeordneten Rechtserwägungen zugänglich seien.[519] An solchen zusätzlichen Kriterien fehle es bei den Beauftragten, denn weder bestünden Organ- oder besondere Pflichtenstellungen noch wiesen die Beauftragten eine natürliche Verbundenheit oder eine Gemeinschaftsbeziehung zu den Umweltmedien auf. Insoweit bekleide der Beauftragte also in keiner Weise eine Stellung, die ihn als Garant erscheinen lasse.[520]

Für erwägenswert hält ARNDT eine Garantenstellung des Umweltbeauftragten aus dem Gesichtspunkt der Übernahme einer Schutzfunktion. Diese Konstruktion scheitere aber daran, daß die Träger der Umweltrechts-

---

517 ders. aaO S. 121
518 ders. aao S. 124/125
519 ders. aaO S. 126; so schon Herzberg, Arbeitsschutz S. 228
520 Volker Arndt aaO S. 126

güter die Schutzpflicht weder durch Vertrag noch durch einen Vertrauensakt auf eine natürliche Person übertragen könnten.[521] Weil die Beauftragten der zuständigen Behörde nicht weisungsunterworfen seien, komme auch ein Übertragungsakt durch die Umweltbehörden nicht in Betracht.[522] Auch an einem die Schutzpflicht möglicherweise begründenden Abhängigkeitsverhältnis der Umweltrechtsgüter zu dem Umweltbeauftragten fehle es, denn die Unterlassung des mit den gesetzlichen Befugnissen ausgestatteten Beauftragten verhalte sich gegenüber einer Schutzlosigkeit des durch die Handlung eines Dritten bedrohten Umweltrechtsguts neutral.[523] Schließlich komme auch eine Schutzpflicht des Beauftragten durch eine berufliche Sonderstellung nicht in Betracht, denn die Erfüllung seiner Pflichten schulde der Beauftragte ausschließlich aufgrund der umweltgesetzlichen Bestimmungen und nicht, weil er sie freiwillig zu erfüllen sich bereit erklärt hätte.[524] Nach der Untersuchung der sich aufgrund der modifizierten Rechtspflichttheorie ergebenden Ansatzpunkte für das Bestehen einer Beschützergarantenstellung gelangt ARNDT zu dem Ergebnis, daß es an den danach erforderlichen Voraussetzungen fehlt.

cc) Stellungnahme

Die Schaffung der Institution des Umweltschutzbeauftragten geht auf die Erkenntnis zurück, daß dem Umweltschutz durch die Schaffung eines Selbstregulativs besser gedient ist, als durch hoheitliche Einflußnahme.[525] Diese Erkenntnis ist keineswegs auf das Umweltrecht beschränkt, denn auch den Datenschutzbeauftragten treffen im Hinblick auf die Weitergabe personenbezogener Daten besondere Verantwortlichkeiten und Pflichten, vgl. §§ 28, 38 BDatSchG.

Der Abfallbeauftragte hat nach der Regelung des Abfallgesetzes aber keine Direktionsbefugnis, wie sie etwa der Betriebsleitung arbeitsrechtlich zusteht. Er könnte also betriebsintern keine verbindlichen Anweisungen erteilen, um damit seiner Beschützergarantenstellung zu genügen. Daher kann der Be-

---

521 ders. aaO S. 132
522 ders. aaO S. 137/138
523 ders. aaO S. 138
524 ders. aaO S. 139
525 vgl. K-S-V-Versteyl § 11a Rn 1

auftragte die drohende Gefahr für ein Rechtsgut der Umwelt nur in der vom Abfallgesetz vorgeschriebenen Weise, also durch die Überwachung der Abfälle, die Aufklärung der Mitarbeiter, die Berichterstattung gegenüber der Geschäftsleitung und das Hinwirken auf umweltfreundlichere Verfahren abwenden.

Maßgeblich dafür, ob er wegen der Unterlassung dieser Handlungen im konkreten Fall strafrechtlich wegen einer umweltgefährdenden Abfallbeseitigung zur Verantwortung gezogen werden kann, ist die Beantwortung der Frage, ob und gegebenenfalls in welchem Umfang ihm die Rechtsgüter der Umwelt zum Schutz anvertraut sind. Dabei verdient der Ansatz von ARNDT Zustimmung, den Übertragungsakt, der die Pflichtenstellung des Beauftragten begründet, daraufhin zu untersuchen. Fraglich ist hierbei, ob die Bestellung des Umweltbeauftragten zu einem Anvertrautsein führt, welches eine Garantenstellung begründet.

Maßgeblich sei hier der Träger der Umweltrechtsgüter. Die Umwelt ist aber nicht selbst Träger von Rechten[526] und wird nach dem bereits erörterten anthropozentrischen Umweltschutzbegriff auch nicht um ihrer selbst, sondern um des Menschen Willen geschützt. Die Allgemeinheit bzw. alle Menschen sind Träger der Umweltrechtsgüter. Demnach kann es für die Begründung einer Garantenstellung nicht darauf ankommen, ob und inwieweit die Umwelt ihren Schutz übertragen hat, wenn man (abwegigerweise) unterstellt, daß sie dazu in der Lage wäre. Maßgeblich kann deshalb nur eine Überantwortung der Schutzaufgabe durch die Allgemeinheit als dem Träger der Umweltrechtsgüter an den Beauftragten sein. Insoweit weist die Fragestellung durch ARNDT in die falsche Richtung.

Möglicher Anknüpfungspunkt für eine Überantwortung der Schutzaufgabe an den Beauftragten ist seine Bestellung, denn diese hebt ihn aus der Menge der Allgemeinheit dergestalt heraus, daß er für eine Beschützergarantenstellung in Frage kommt. In diesem Rechtsakt müßte - abgesehen von der Bevollmächtigung zur Wahrnehmung seiner Aufgaben innerhalb des Betriebes - durch dessen geschäftführendes Organ gleichzeitig ein Auftrag

526 so wohl auch Arndt aaO S. 132 ff

der Allgemeinheit liegen, in ihrem Namen den Schutz der Umweltrechtsgüter sicherzustellen.

Es erscheint fraglich, ob dem Bestellungsakt ein solcher Bedeutungsgehalt zukommen kann. Es handelt sich bei der Bestellung um ein Rechtsgeschäft, bei dem die Allgemeinheit nicht beteiligt ist, weil die Bestellung durch den Betrieb oder die zuständige Behörde erfolgt, § 11a AbfG.

Hinzu kommt, daß den Abfallbeauftragten keine öffentlich-rechtlichen Pflichten treffen. Aus § 11 c AbfG, der die Pflicht und die Art und Weise der Bestellung des Abfallbeauftragten durch den Betriebsinhaber regelt, wird deutlich, daß der Beauftragte nicht der verlängerte Arm der Behörde, sondern ein Beauftragter des Betriebes ist. Ihn treffen daher nicht öffentlich-rechtliche Pflichten gegenüber der Behörde, sondern privatrechtliche gegenüber dem Betreiber der Anlage.[527] Die Versuche des Bundesrates, öffentlich-rechtliche Pflichten des Beauftragten im Abfallgesetz zu verankern, trafen auf den Widerstand der Bundesregierung und fanden daher keinen Eingang in das Gesetz.[528]

Zum anderen fehlt es an einem tatsächlichen Hinweis dafür, daß in der Annahme der Bestellung, die bereits aus arbeitsrechtlichen Gründen durch den Beauftragten freiwillig[529] zu erfolgen hat, eine Selbstverpflichtung gegenüber der Allgemeinheit liegt. In der Annahme der Bestellung zum Umweltbeauftragten liegt demnach nur eine Verpflichtungserklärung gegenüber dem Betrieb oder der zuständigen Behörde. Der Betreiber müßte, wenn in der Bestellung durch ihn eine Übertragung einer Garantenstellung liegen sollte, bei der Bestellung namens und im Auftrag der Allgemeinheit handeln. Für diese Annahme fehlt es sowohl an einem rechtlichen als auch an einem tatsächlichen Anhaltspunkt. Den Befürwortern einer Beschützergarantenstellung für Beauftragte mit nicht mehr als den im Abfallgesetz niedergelegten Aufgaben kann daher nicht gefolgt werden.

---

527 Versteyl aaO § 11b Rn 2
528 vgl. BTDrs.. 10/2885 S. 44 einerseits und S. 50 andererseits
529 anders ohne Begründung Arndt S. 139

Ob ein Beauftragter, der von seinem Betriebsleiter mit entsprechender Weisungsbefugnis ausgestattet wurde, Beschützer- oder Überwachergarant sein kann, wird an anderer Stelle zu erörtern sein.[530]

III Zweites Gleichstellungserfordernis

Entsprechend dem Wortlaut des § 13 I StGB muß der Täter eines unechten Unterlassensdeliktes neben der Garantenstellung eine weitere Voraussetzung erfüllen: Die Verwirklichung des Tatbestandes durch ein Unterlassen muß der Verwirklichung durch ein Tun entsprechen.

Diese Modalitätenaequivalenz ist nach überwiegender Meinung[531] aber nur dort problematisch, wo der gesetzliche Tatbestand die Verwirkung von Strafe nicht nur vom Vorliegen eines bestimmten Unrechtserfolges abhängig macht, sondern darüberhinaus auch die Weise beschreibt, in welcher dieser Unrechtserfolg herbeigeführt werden muß. [532]

Es besteht Einigkeit darüber, daß die Bewirkungsaequivalenz dort nicht ausreicht, die Strafbarkeit eines unechten Unterlassens zu begründen, wo der spezifische Unrechtsgehalt eines Deliktes nicht nur in der Herbeiführung eines Erfolges besteht, sondern darüber hinaus ein besonders gearteter Handlungsunwert hinzukommen muß. Das unechte Unterlassen sei hier dem Tun nur dann gleichwertig, wenn es nicht nur den Unrechtserfolg selbst hervorbringt, sondern darüber hinaus auch die im Tatbestand näher beschriebene Art und Weise des Erfolgseintritts nicht verhindert hat.[533]

Eine Frage des Einzelfalls ist es danach, ob und inwieweit Tatmodalitäten durch den Täter eines unechten Unterlassungsdelikts erfüllt sein müssen und unter welchen Voraussetzungen dies der Fall ist.

---

530 Delegationsfälle s. u. 3.Teil

531 vgl. Sch-Sch-Stree § 13 n 4; S-K-Rudolphi ZStW 86,70; Maurach/Zipf AT/2 §46 Rn 54; Schünemann, ZStW 96, 287,312; a.A. Schürmann, Unterlassungsstrafbarkeit und Gesetzlichkeitsgrundsatz, S. 109 ff, 124; Kaufmann/Hassemer JuS 1964,151, 153

532 S-K-Rudolphi § 13 Rn 18; Lackner § 13 Anm.4

533 vgl. S-K-Rudolphi § 13 Rn 63 ff; Welp S. 18 ff; Dreher/Tröndle § 13 Rn 17; Jakobs 29/7, 78 ff; Jescheck AT 3. A. S. 510 ff u. L-K-Jescheck § 13 Rn 5; Schünemann S. 371 f; Stratenwerth Rn 1063

HERZBERG erwägt, ob nicht bei den unechten Unterlassungsdelikten möglicherweise das Vorliegen der Modalitätenaequivalenz ausreiche und es auf die Bewirkungsaequivalenz nicht mehr ankäme.[534]

Maßgeblich für den Tatbestand der umweltgefährdenden Abfallbeseitigung durch Unterlassen gem. §§ 326 I, 13 II StGB ist zunächst die Frage, ob die Begehung dieses Vergehens über die Herbeiführung einer Umweltgefahr hinaus in einer durch den Wortlaut der Vorschrift näher bestimmten Art und Weise verwirklicht werden muß und es insoweit einer Prüfung der Modalitätenaequivalenz bei der Unterlassung bedarf.

Die Frage kann verneint werden, denn der Wortlaut der Vorschrift des § 326 StGB beschreibt keine besondere Art und Weise der Herbeiführung einer Umweltgefahr. Wie sich aus dem Wortlaut " ... oder sonst beseitigt ..." ergibt, ist es ausreichend, daß der Täter sich durch eine Handlung des Abfalls entledigen will und damit eine Umweltgefahr hervorruft. Die abstrakte Gefährdung, deren Herbeiführung durch die Erfüllung der Merkmale des § 326 I Nr.1 bis Nr. 3 StGB gegeben ist, verwirklicht bereits den Tatbestand, so daß für eine darüber hinausgehende Modalität der Herbeiführung kein Raum bleibt. Der Unrechtsgehalt wird also bereits mit der Herbeiführung des Erfolges erreicht, ohne daß eine bestimmte Modalitätenaequivalenz hinzutreten müßte. Eine Auseinandersetzung mit der Erwägung HERZBERGS, daß die Modalitätenaequivalenz allein ausschlaggebend bei der Verwirklichung eines unechten Unterlassungsdeliktes sein könne, kann hier daher unterbleiben.

IV Der subjektive Tatbestand

Das Delikt der umweltgefährdenden Abfallbeseitigung wird sowohl bei vorsätzlichem als auch bei fahrlässigem Verhalten mit Strafe bedroht.

---

534 Herzberg, Unterlassung S. 68

1) die vorsätzliche Unterlassung der Abfallbeseitigung

Gemäß §§ 326 I, 13 I StGB wird die vorsätzliche Verwirklichung des Tatbestandes bestraft. Dabei wird übereinstimmend ein bedingter Vorsatz für ausreichend gehalten. Es gelten dabei die allgemeinen Grundsätze.[535]

Bei unechten Unterlassungsdelikten muß auch die Garantenstellung vom Vorsatz des Täters erfaßt sein. Das bedeutet für die Wissensseite, daß der Täter richtig und vollständig über die tatsächlichen Umstände informiert sein muß, die zur Garantenstellung führen. Er muß insbesondere wissen, daß es sich bei seinen Abfällen um Sonderabfälle handelt, die er nicht zur Entsorgung der zuständigen öffentlich-rechtlichen Körperschaft überlassen darf, sondern selbst ordnungsgemäß entsorgen muß.

Darüberhinaus muß er die tatsächlichen Eigenschaften der Stoffe kennen, die zu einer abstrakten Gefährdung der Umwelt führen: also das Vorhandensein von Giften oder Erregern darin, die nicht nur geringfügige Radioaktivität des Abfalls, seine Explosionsgefährlichkeit, die Selbstentzündlichkeit oder die Eignung der Stoffe zur nachhaltigen nachteiligen Veränderung der Umwelt.[536]

Schließlich muß der Täter wissen, daß es ein vorgeschriebenes oder zugelassenes Verfahren gibt, nach welchem der von ihm zu beseitigende Abfall entsorgt werden kann. Kennt er nur die entsprechenden Vorschriften nicht oder wendet er die falschen Vorschriften an, so handelt es sich dabei um einen Verbotsirrtum, für den § 17 StGB gilt.

2) Die fahrlässige Unterlassung der umweltgefährdenden Abfallbeseitigung

Auch hier gelten die allgemeinen Regeln. Danach unterläßt die Abfallbeseitigung fahrlässig, wer dadurch einen objektiv vorhersehbaren Erfolg unter Mißachtung der ihm gebotenen Sorgfalt herbeiführt, daß er Abfälle in umweltgefährdender Weise entsorgt, ohne die tatsächlichen Umstände zu kennen, die ihn zum Garanten machen.[537]

---

535 vgl. L-K-Steindorf § 326 Rn 63
536 vgl. Schittenhelm GA 1983, 310, 315
537 Dreher/Tröndle § 15 Rn 12

V Der objektive Tatbestand des Versuchs

Strafbar ist nur der Versuch einer Tat nach § 326 I StGB, nicht der Versuch einer unterlassenen Bereitstellung von radioaktiven Abfällen i. S. des § 326 II StGB. Dies erscheint auch folgerichtig, denn im zweiten Absatz wird bereits die Nichtablieferung von radioaktiven Stoffen mit Strafe bedroht, deren Ablieferung nach dem Atomgesetz vorgeschrieben ist, es handelt sich also im Vergleich zu § 326 I StGB, in dem erst die Beseitigung bestraft wird, um eine Vorverlegung des Beginns der Strafbarkeit.

Auch hier gelten nach einmütiger Auffassung die allgemeinen Regeln über den Versuch. [538] Als unechtes Unterlassungsdelikt kann die umweltgefährdende Abfallbeseitigung demnach die Stadien der Vorbereitung, des Versuchs und der Vollendung durchlaufen.[539] Der Versuch beginnt nach h. M. in dem Zeitpunkt, in dem die die Garantenpflicht verletzende Untätigkeit beginnt.[540]

In objektiver Hinsicht setzt der Versuch jedenfalls voraus, daß der Garant Besitzer von Sonderabfall sein muß, für dessen ordnungsgemäße Entsorgung er verantwortlich ist. Bei Reststoffen, die nicht Sonderabfälle sind, kommt ein untauglicher Versuch in Betracht.[541]

Weil das Abfallgesetz keine Wartefrist erlaubt, sondern die Sonderabfälle zu entsorgen sind, wenn sie angefallen sind, beginnt der Versuch in dem Zeitpunkt, in welchem die Sonderabfälle anfallen. Bei Sonderabfällen gibt es im Gegensatz zu den Abfällen, die der öffentlich-rechtlichen Körperschaft bereitgestellt werden müssen, keinen Zeitraum zwischen Entstehung des Abfalls und dem "Anfallen" der Abfälle, welches erst nach Erfüllung der Bereitstellungspflicht eintritt. Vielmehr fällt das Anfallen bei diesen Abfällen mit der Entstehung zusammen.[542] Der Garant verwirklicht demnach einen

---

538 vgl. L-K-Steindorf § 326 Rn 65 m.w.N.
539 h. M. vgl. Baumann/Weber, S. 482; Jescheck §. a S. 518; L-K-Jescheck § 13 Rn 42; Maurach/Gössel AT/2, 41/54; Sch-Sch-Eser § 22 Rn 47
540 siehe nur S-K-Rudolphi vor § 13 Rn 51, m.w.N.
541 Die Untauglichkeit des Subjekts (Abfallbesitzer) beruht hier auf der fehlenden Sonderabfalleigenschaft des zu entsorgenden Stoffes. vgl. dazu S-K-Rudolphi § 22 Rn 24 ff Rn 26
542 vgl. BVerwG E 67, 8, 10

Versuch der umweltgefährdenden Abfallbeseitigung in dem Zeitpunkt, in dem er in Kenntnis und unter Billigung der tatsächlichen Umstände, die ihn zum entsorgungspflichtigen Besitzer von Sonderabfällen machen, eine ihm mögliche und zumutbare Entsorgung unterläßt. Dabei folgt aus dem Gesichtspunkt der Zumutbarkeit, daß der Garant nicht unmittelbar nach Entstehung des Abfalls die Entsorgung beginnen muß, sondern daß ihm eine gewisse Frist bleibt.

Wie lange die Zeitspanne ist, in der noch von einem Versuch gesprochen werden kann, hängt von der Beschaffenheit des Stoffes und der Art des Transportes ab. Bei flüssigen Stoffen in einem Tankwagen, bei dem zur Entleerung nur eine Ablaßschraube geöffnet werden muß, ist der Tatbestand bereits vollendet, wenn die Flüssigkeit auf dem Boden auftrifft und sich mit dem Boden durch Einsickern verbindet. Das Versuchsstadium ist hier auf den Zeitraum beschränkt, in welchem die Flüssigkeit den Tank noch nicht verlassen hat, eine abstrakte Gefährdung der Umwelt also noch ausgeschlossen ist. Der Garant müßte hier das Öffnen der Ablaßschraube verhindern. Unterläßt er dies und bleibt gleichwohl die Flüssigkeit im Tank, so handelt es sich um einen beendeten Versuch. Bei festen Abfällen verhält es sich ebenso. Maßgeblich ist auch hier der Beginn des Abladevorgangs.[543]

Dies erscheint unproblematisch in den Fällen, in denen die Erfolgsabwendung nur durch eine Handlung möglich ist. Wird der Garant hier nicht tätig, solange ihm dies möglich ist, so liegt der Tatbestand des Versuchs vor, der in das Stadium der Vollendung übergeht, soweit nicht durch andere Gründe der Eintritt des Erfolgs ausbleibt. Bieten sich dem Garanten dagegen mehrere Möglichkeiten den drohenden Erfolgseintritt zu verhindern, ist fraglich, ob bereits die erste nicht ergriffene Möglichkeit zur Erfolgsabwendung die Versuchsstrafbarkeit begründet[544] oder ob dazu erst das Verstreichenlassen der letzten Handlungsmöglichkeit ausreicht.[545] Für die letzte Handlungsmöglichkeit spricht, daß der Sinn der Garantengebote in der Verhinderung von Rechtsgutsbeeinträchtigungen besteht. Ein Einschreiten des Garanten erfüllt daher dieses Gebot auch dann noch, wenn er bereits eine Möglichkeit

---

543 BTDrs. 8/3633 S. 19

544 so Herzberg MDR 1973, 89 ff; Maihofer GA 1958, 297 f; Maurach/Gössel AT/2, 41/62

545 so Armin Kaufmann Unterlassungsdelikte S. 210 ff; Welzel LB S. 221

zum Einschreiten hat verstreichen lassen, der Erfolg aber aufgrund einer danach vorgenommenen Handlung ausbleibt. Einen strengeren Maßstab legt RUDOLPHI[546] an, der bei mehreren Möglichkeiten zu handeln fordert, daß der Garant die aussichtsreichste Handlung vornimmt, um den Erfolg zu verhindern. Eine mit dolus eventualis im Hinblick auf den Erfolg vorgenommene, aber weniger aussichtsreiche Handlung soll den Garanten auch dann nicht entlasten, wenn der Erfolg ausbleibt.

Für die umweltgefährdende Abfallbeseitigung ist demnach dann von der Verwirklichung des Versuchstatbestandes auszugehen, wenn der Garant die aussichtsreichste ihm zu Gebote stehende Chance des Einschreitens gegen eine Beseitigungshandlung verstreichen läßt, ohne daß es zur Entstehung einer abstrakten Umweltgefahr kommt. Als Beispiel möge folgender Fall dienen: Der Besitzer einer alten Autobatterie unterläßt die Übergabe derselben an einen zugelassenen Entsorger, nachdem er eine neue in sein Auto eingebaut hat, weil er weiß, daß an diesem Tag eine Sperrmüllsammlung stattfindet. Er läßt die Batterie am Straßenrand stehen und geht weg. Obwohl eine Autobatterie kein Sperrmüll, sondern Sonderabfall ist, wird die Batterie durch den Sperrmüllsammler ordnungsgemäß entsorgt.

Aussichtsreicher wäre es hier gewesen, die alte Batterie selbst einem zugelassenen Entsorger zu übergeben. Daß es trotz der Unterlassung des Besitzers der Batterie nicht zu einer abstrakten Umweltgefahr kam, läßt gleichwohl den Erfolg entfallen. Es erscheint hier sachgerecht, mit der strengeren Auffassung RUDOLPHIs bereits einen Versuch anzunehmen. Das Ausbleiben des Erfolges ist hier nicht auf "einen Verdienst" des Abfallbesitzers zurückzuführen. Vielmehr bleibt der Erfolg aus, weil der Sperrmüllentsorger mehr als seine Pflicht tat.

Denkbar ist ein Versuch aber auch dann, wenn sich der Garant die umweltgefährdende Neigung der Abfälle nur vorstellt, während sie in Wahrheit nicht gegeben ist. Ein Rücktritt ist demnach ebenso nur bis zum Beginn des Abladevorganges möglich, denn nur bis zu diesem Zeitpunkt kann die abstrakte, umweltgefährdende Gefahr der zu entsorgenden Stoffe durch den Garanten ausgeschlossen werden.

---

546 vgl. SK-Rudolphi Vor § 13 Rn 53

VI Die Teilnahme durch Unterlassen

Grundsätzlich kann die Teilnahme durch die Hervorrufung eines fremden Tatentschluß' oder durch die Förderung einer Haupttat verwirklicht werden. Zu unterscheiden ist dabei die Teilnahme *durch* Unterlassen von der Teilnahme *an* fremdem Unterlassen.

1) Die Möglichkeit der Teilnahme *am* Unterlassen eines anderen

Die Frage, ob die Teilnahme *am* täterschaftlichen Unterlassen eines anderen möglich ist, wird überwiegend als geklärt angesehen, so daß sie deswegen hier nur kurz skizziert werden soll.

Nur ARMIN KAUFMANN und WELZEL[547] halten eine aktive Teilnahme *an* der Unterlassung eines anderen für ausgeschlossen. Die aktive Beihilfe könne man in diesen Fällen nur als Begehungstäterschaft nach dem jeweiligen Tatbestand des Besonderen Teils beurteilen. Dagegen wollen die überwiegende Mehrheit in der Literatur und die Rechtsprechung hier die allgemeinen Regeln über die Abgrenzung von Täterschaft und Teilnahme anwenden.[548] Zur Begründung wird angeführt, der Gesetzgeber selbst habe eine Teilnahme *am* Unterlassen für möglich gehalten, wie sich aus dem Wortlaut der §§ 8, 9 II StGB ergebe.[549] Darin wird für die Zeit und den Ort der Tat bestimmt, daß es darauf ankommt, wo bzw. wann der Täter oder Teilnehmer gehandelt hat bzw. hätte handeln müssen.

Im übrigen erscheint es unangemessen, den aktiv bei der Unterlassung eines anderen Helfenden strenger, nämlich als Täter, zu bestrafen als den aktiven Helfer des aktiven Täters. Aus diesen Gründen verdienen die herrschende Ansicht und insoweit auch die Rechtsprechung den Vorzug, wenn sie für die aktive Beihilfe *am* täterschaftlichen Unterlassen eines anderen auf die allgemeinen Regeln verweisen und die Beihilfe von der Täterschaft durch die Anwendung von Tatherrschaftskriterien oder der eingeschränkt subjektiven Theorie abgrenzen.

---

547 Kaufmann, Dogmatik d. Unterlassungsdelikte S. 195 ff; Welzel Lehrbuch S. 206 ff
548 BGHSt 6, 147.152
549 vgl. zusammenfasssend Sowada Jura 1986, 399 ff

2) Die Möglichkeit der Teilnahme *durch* Unterlassen

Die Frage, ob eine Teilnahme *durch* Unterlassen überhaupt möglich ist, wird in Rechtsprechung und Literatur unterschiedlich beurteilt. Die Rechtsprechung bejaht das. In der Literatur können verschiedene Auffassungen unterschieden werden. Dabei lassen sich Autoren ausmachen, die eine solche Möglichkeit unbedingt oder prinzipiell bejahen und solche, die sie generell verneinen.

a) Die bejahenden Auffassungen in der Rechtsprechung und in der Literatur

aa) Die Rechtsprechung

Bereits das Reichsgericht hielt eine Teilnahme in Form der Beihilfe durch Unterlassen für möglich, wenn der Gehilfe den Eintritt des Erfolges der Haupttat durch seine Unterlassung gefördert hat. Das Reichsgericht hatte die Beihilfe eines Gefangenenaufsehers darin gesehen, daß er "unter bewußter Vernachlässigung der ihm als Hilfsaufseher obliegenden Aufsichtspflicht" die Wegnahme von Zigaretten geduldet hatte, ohne selbst an der Beute teilhaben zu wollen.[550] Ähnlich entschied das Reichsgericht im Hinblick auf einen Schiffsoffizier, der den Schmuggel von Tabak geduldet hatte. Nach Ansicht des Reichsgerichts hätte der Schiffsoffizier diesen Handlungen durch den Ausspruch eines ausdrücklichen Verbotes entgegentreten müssen. Nicht für erforderlich wurde gehalten, daß der Beitrag des Gehilfen ursächlich für den Erfolg gewesen wäre oder daß er den Erfolg durch ein Tun hätte verhindern können.[551] In einem Fall hielt es das Reichsgericht bereits für ausreichend, daß der Gehilfe in der Lage sei, den Eintritt des Erfolges zu erschweren. Denn durch sein Untätigbleiben werde der Tatentschluß des Haupttäters gestärkt, wie etwa in den Fällen einer bloßen psychischen Beihilfe.[552]

Die Rechtsprechung des Reichsgerichts zur Beihilfe durch Unterlassen wurde durch den Bundesgerichtshof aufrecht erhalten. In Weiterführung

550 RGSt 53, 292, 293; ein Gefangenenaufseher hatte einen von Gefangenen verübten Zigarettendiebstahl nicht verhindert
551 RGSt 71, 176, 178
552 RGSt 73, 52, 54

dieser Rechtsprechung entschied der Bundesgerichtshof, daß ein Unterlassen nicht mehr den Tatbestand der Beihilfe erfülle, wenn ein Rechtsanwalt, der während der Hauptverhandlung einen Widerspruch in der Aussage eines von ihm benannten Zeugen gegenüber einer früheren Bekundung ausmache und trotz eines hilfesuchenden Blicks des Zeugen nicht gegen dessen wahrheitswidrige Aussage einschreite, sondern dem Zeugen die Verantwortung für die Wahrheit oder Unwahrheit der Aussage überlasse.[553] Die Unterscheidung zwischen Täterschaft und Teilnahme *durch* Unterlassen trifft der Bundesgerichtshof nach der eingeschränkt subjektiven Theorie, wonach Täter einer Unterlassung derjenige ist, der eine Unterlassung mit dem Willen zur Täterschaft (bei den Begehungsdelikten mit dem Willen zur Tatherrschaft) verwirklicht, wobei ein eigenes Interesse am Erfolg der Tat Indizwirkung habe. Gehilfe sei derjenige, dem dieser Wille fehle.[554] Sie stieß in der Literatur teilweise auf Zustimmung. Wer pflichtwidrig das vorsätzliche Tötungsdelikt eines anderen nicht verhindere, könne sich entweder der Beihilfe zu dessen Tat oder einer Tötung in Mittäterschaft schuldig machen. Entscheidend dafür, ob Täterschaft oder Teilnahme gegeben sei, ist die innere Einstellung des Unterlassenden zu der Begehungstat eines anderen und zum Taterfolg.[555]

Auf den Tatbestand des § 326 I StGB angewandt bedeutet diese Auffassung, daß bei den Tatbeteiligten nach ihrer inneren Einstellung zur Tat abgegrenzt werden müßte. Ein Garant mit Gehilfenvorsatz wäre wegen Beihilfe, derjenige mit Tätervorsatz als Täter zu bestrafen. Zu unterscheiden sind hierbei zwei Möglichkeiten: einmal kann sich jemand am positiven Tun eines anderen täterschaftlich oder als Gehilfe *durch* Unterlassen beteiligen, zum anderen kann sich jemand *durch* Unterlassen am Unterlassen eines anderen beteiligen. M.a.W kann jemand einen anderen dabei unterstützen, daß dieser seine Sonderabfälle unterläßt ordnungsgemäß zu entsorgen oder bei dessen umweltgefährdend entsorgendem Handeln. In beiden Fällen müßte nach der Rechtsprechung mit Hilfe der bekannten Indizien, wie etwa dem eigenen Interesse des Unterlassenden an der Tat des anderen (aktiv Handelnden oder Unterlassenden) und seiner inneren Einstellung zum Erfolg dieser Tat er-

553 vgl. BGHSt 4, 327; 14, 229; 17, 321; StV 1986, 59
554 vgl. BGHSt 13, 162, 166; 19, 135,138
555 vgl. z. B. die Zustimmung von Arzt StV 1986, 337 zu BGHSt in StV 1986, 59/60

mittelt werden, ob sein Beitrag *durch* Unterlassen täterschaftlicher oder gehilfenschaftlicher Natur ist.

Wenn der Besitzer von ölverunreinigtem Erdreich beispielsweise tatenlos zusieht, wie ein anderer diesen Sonderabfall zur Verfüllung einer Bodenunebenheit auf seinem Grundstück verwendet, so käme es nach der Rechtsprechung für die Unterscheidung zwischen Täterschaft und Teilnahme am Tun des anderen darauf an, wie er zu diesem Tun innerlich steht. Bleibt er mit dem Willen untätig, sich die ordnungsgemäße, aber kostspielige Entsorgung zu ersparen und will er sein Entsorgungsproblem durch die Tat des anderen lösen, so wäre nach der subjektiven Theorie der Rechtsprechung ein eigenes Interesse am Tun des anderen und ein Wille zur Tat gegeben und es läge ein täterschaftliches Unterlassen vor, so daß der Handelnde und der Unterlassende im Verhältnis der Mittäterschaft zu einander stünden. Bleibt er hingegen untätig, weil es ihm gleichgültig ist, ob das ölverunreinigte Erdreich auf seinem Grundstück verbleibt oder auf dem des anderen zur Verfüllung einer Unebenheit verwandt wird, so fehlte es an einem eigenen Interesse am Tun des anderen und es käme nach der subjektiven Theorie nur Beihilfe in Betracht.

Ein Beitrag des Garanten *durch* Unterlassen *am* Unterlassen eines anderen ist denkbar, soweit auch der andere eine Garantenstellung inne hat. Weil die Garantenstellung durch den Besitz von Abfall begründet wird, müssen in dieser Fallkonstellation also beide Besitzer des fraglichen Abfalls sein. Der oben geschilderte Fall ist also dergestalt abzuwandeln, daß beide Personen Besitzer des ölverunreinigten Erdreichs sind und eine ordnungsgemäße Entsorgung unterlassen. Eine Differenzierung zwischen Täterschaft und Teilnahme beider Besitzer hätte in konsequenter Weiterführung der subjektiven Theorie[556] der Rechtsprechung nach dem Willen des jeweiligen Mitbesitzers zu erfolgen, also danach, ob er die umweltgefährdende Entsorgung, die der Andere begeht, nur unterstützen will oder ob sein Unterlassen täterschaftliche Qualität haben soll.

556 BGH St StV 1986, 59,60

bb) Die bejahende Auffassung von GALLAS

Dieser Autor hält eine Differenzierung der Verletzung von Garantenpflichten mit Teilnahme- und Täterschaftsqualität für möglich.[557]

GALLAS untersucht das Problem der Beihilfe durch Unterlassen bei dem Fall der Teilnahme an fremdem Selbstmord.[558] Nach seiner Auffassung ist das geeignete Mittel zur Unterscheidung zwischen Täterschaft und Teilnahme die Tatherrschaft. Soweit ein Beteiligter den Erfolg der Tat fördere, ohne zugleich den Geschehensablauf dergestalt zu beherrschen, daß er anderen Beteiligten den Zugang zum Erfolg verstelle, könne sein Beitrag nur als Beihilfe gewertet werden. Der Inhaber der Tatherrschaft sei demgegenüber Tätergarant.

Neben dem Selbstmörder, der den Eintritt des Erfolges durch sein Handeln selbst in der Hand habe, spiele der untätig bleibende Garant wertmäßig nur die Rolle des Nichtstörers gegenüber fremdem Tun.[559] Für die Abfallbeseitigung wäre demnach eine Beihilfe in den Fällen denkbar, in denen ein aktiv handelnder den Sonderabfall eines anderen mit dessen Einverständnis unter Herbeiführung einer abstrakten Umweltgefahr entsorgt. Der Abfallbesitzer hätte in diesen Fällen keinen Einfluß auf den Verlauf der Tat, wäre aber Garant für die ordnungsgemäße Beseitigung seiner Abfälle und würde durch sein Unterlassen Gehilfe des aktiv Handelnden.

cc) Die von HERZBERG und SCHÜNEMANN befürworteten Ausnahmen

HERZBERG hält eine Täterschaft durch Unterlassen für einen Überwachungsgaranten nur in Ausnahmefällen für möglich. Um solche Ausnahmefälle handele es sich, wenn der Überwachergarant auch durch aktive Veranlassung und/oder Unterstützung mittelbarer Täter würde. Als Beispiel gibt HERZBERG folgende Fälle: A erkenne, daß B den Revolver, den er ihm leichtfertig übergeben hat, für ungeladen hält und im Scherz auf C abdrückt. A erkenne, wie sich sein deliktsunfähiges Kind anschickt, eine fremde Sache zu zerstören.

557 Gallas JZ 1952, 372 u. JZ 1960, 649ff
558 Gallas JZ 1960,649 ff
559 ders. aaO S. 687

Grundsätzlich sei der Überwachergarant nur Gehilfe, der Beschützergarant dagegen Täter und nur in Ausnahme-fällen Gehilfe. Zwingend beweisen ließe sich das allerdings nicht. Der Grundsatz, daß die Beschützergarantenstellung zur Täterschaft führe, ergebe sich aber aus der Struktur und aus dem sozialen Sinn dieser Garantieverhältnisse.[560]

Der Beschützergarant sei nicht dazu aufgerufen, von einer bestimmten Stelle ausgehende Kausalprozesse im Ansatz zu ersticken, sondern das ihm anvertraute Gut gegen Beeinträchtigungen zu schützen. Ihm habe es deswegen auf den Erfolg anzukommen und nicht darauf, wie er zustande komme.

Für den Grundsatz der Täterschaft des Beschützergaranten spreche auch die Problematik der unterlassenen Selbstmordhinderung. Ein Beschützergarant dürfe sich nicht mit dem Hinweis auf mangelnde eigene Tatherrschaft aus der Verantwortung stehlen. Hier entstünden sonst unerträgliche Strafbarkeitslücken. Gleichzeitig begehe der Unterlassungstäter jedoch Beihilfe, wenn er gegen einen vom aktiv Handelnden eingeleiteten Kausalverlauf nicht einschreite. Diese Beihilfe sei normalerweise subsidiär, falle aber dort ins Gewicht, wo der Unterlassende nicht wegen Täterschaft bestraft werden könne. Gehilfe sei der Beschützergarant demnach dann, wenn ihm nur die Erschwerung der Tat, aber nicht deren Hinderung möglich ist und in den Fällen, in denen ihm eine besondere Absicht fehle sowie bei den verhaltensgebundenen Delikten.

Die Möglichkeit der Täterschaft durch Unterlassen setzt demnach nach der Auffassung HERZBERGs voraus, daß es im Rahmen des § 326 StGB eine Beschützergarantenstellung gibt. Dies ist nach den bisherigen Ergebnissen dieser Untersuchung zweifelhaft. Nach dem hier vertretenen anthropozentrischen Umweltbegriff der h.M. wird die Umwelt aber nicht um ihrer selbst, sondern um der Menschen willen geschützt und ist selbst nicht Träger von Rechten. Demzufolge kommt bei den Straftaten gegen die Umwelt, also auch bei der umweltgefährdenden Abfallbeseitigung, nach der Auffassung HERZBERGs für einen Garanten nur eine Beihilfe zu der Handlung eines Dritten in Betracht.

---

560 Herzberg aaO S. 261

Auch SCHÜNEMANN gehört zu den Autoren, die Täterschaft und Teilnahme mit der Funktion der Garantenpflicht abgrenzen. Er beschränkt sich dabei auf einige knappe Hinweise auf die Konsequenzen seiner Gleichstellungstheorie.[561]

Er unterscheidet sich in seiner Begründung für diese Einteilung von HERZBERG insoweit, als er den Gedanken der Tatherrschaft für das entscheidende Kriterium hält. Demnach führe die Herrschaft über die Anfälligkeit des Opfers (des Obhutsgaranten) zur Täterschaft, die Herrschaft über eine gefährliche Sache (des Überwachergaranten) zur Beihilfe. Ähnlich verhalte es sich bei der Aufsichtsgarantenstellung, bei welcher der Garant für die Handlungen einer gefährlichen oder unmündigen Person einzustehen habe, die zu ihm in einem Aufsichts- und Befehlsverhältnis stünden.[562] Unmündigkeit in diesem Zusammenhang bedeute keine natürliche (biologisch-psychologische) Einschränkung der Steuerungsfähigkeit, sondern die rechtlich verankerte und faktisch existente Befehlsgewalt eines Menschen über einen anderen.[563]

Der Gesetzgeber habe in § 27 StGB die Beihilfe bei allen Delikten für strafbar erklärt, ohne dies von der Teilhabe am personalen Unrecht der Tat abhängig zu machen. Damit habe er sämtlichen Delikten des StGB ein reines Erfolgsdelikt in Gestalt der Beihilfe angegliedert.

Bei den abstrakten Gefährdungsdelikten komme deswegen eine Garantenhaftung nur unter dem Gesichtspunkt der Beihilfe in Betracht. Das personale Unrecht folge hier allein aus der gefährdenden Tätigkeit. Aus dem von SCHÜNEMANN entwickelten Herrschaftsprinzip folge, daß den Inhaber der Herrschaft über gefährliche Sachen oder unmündige Personen (im o.g. Sinne) die begehungsgleiche Erfolgsabwendungspflicht treffe, den eigenen Herrschaftsbereich nicht zum Grund von Straftaten werden zu lassen. Eine Verletzung dieser Pflicht führe zu einer Garantenhaftung nach den §§ 13,27 StGB i.V.m. dem jeweils von Dritten erfüllten Deliktstatbestand, weil der

---

561 Schünemann, Grund und Grenzen, S. 377 ff
562 ders. aaO S. 323 ff
563 Schünemann, Grund und Grenzen, S. 323 ff. ders. Unternehmenskriminalität, S. 89

Herrschaftsgarant am personalen Unrecht des Handelnden Dritten bei den abstrakten Gefährdungsdelikten nicht teilhat.[564]

Der zur Abwendung einer umweltgefährdenden Abfallbeseitigung verpflichtete Garant kann sich danach nur einer Beihilfe schuldig machen.

b) Die ablehnenden Auffassungen in der Literatur

aa) die Differenzierung nach dem Unrechtsgehalt

Vor allem ARMIN KAUFMANN hat sich gegen die Annahme ausgesprochen, es könne der Tatbestand der Beihilfe auch durch Unterlassen verwirklicht werden.[565] Nach der Auffassung dieses Autors erfüllt jeder Garant, der den Eintritt des Erfolges verhindern kann, bereits alle Voraussetzungen eines Unterlassungstäters. Es bestünden weder Gründe noch Kriterien zu einer Minderung des Garantengebotes zu einer bloßen Beihilfe durch Unterlassen. Der Unrechtsgehalt der Unterlassung sei konstant.[566] Im übrigen könnte ein Mensch nicht durch eine Unterlassung für den Eintritt eines Erfolges kausal werden. Wollte man hier anders entscheiden, so müßte man auch Nicht-Garanten wegen Beihilfe bestrafen. Es gebe weder eine Teilnahme durch Tun *am* Unterlassungsdelikt noch die *durch* Unterlassen am Begehungsdelikt.[567]

Unter Gleichstellungsgesichtspunkten stelle sich dabei die Frage, ob es Fälle gebe, die der aktiven Beihilfe gleichzustellen seien. Bei den reinen Erfolgsdelikten sei eine Differenzierung nach den Unrechtsgehalt zwischen der Unterlassungstäterschaft und der Beihilfe falsch, denn sie müßte sich in den Bahnen der subjektiven Teilnahmetheorie bewegen, die Kaufmann ablehnt.[568]

---

564 ders. Unternehmenkriminalität S. 91
565 Armin Kaufmann, Dogmatik.., S. 291 ff
566 Kaufmann aaO S. 294
567 ders. aaO S. 295 (Hervorhebung vom Verfasser)
568 ders. aao S. 297

Auch WELZEL lehnt die Teilnahme durch Unterlassen ab. Ein Garant, der die Abwendung eines Angriffs auf das von ihm zu schützende Rechtsgut unterläßt, sei nicht wegen Teilnahme, sondern wegen Täterschaft zu bestrafen. Die andere Auffassung führe zu unangemessenen Ergebnissen. Für die Beurteilung der Rettungshandlung sei es gleichgültig, ob ein Kind, welches nicht vor dem Ertrinken gerettet wird, vorher in das Wasser gestoßen wurde oder hineingefallen war.[569]

§ 326 StGB beschreibt ein Erfolgsdelikt, denn der Tatbestand ist verwirklicht, wenn eine abstrakte Gefahr der Umweltverschmutzung durch die unerlaubte Beseitigung herbeigeführt ist. Die Auffassungen KAUFMANNs und WELZELs erlauben es demnach nicht, im Rahmen dieses Delikts zwischen Täterschaft und Teilnahme durch Unterlassung zu unterscheiden. Der nicht den Erfolg abwehrende Garant ist damit immer notwendigerweise auch Täter.[570]

bb) Die Beteiligung durch Unterlassen als aliud zur aktiven Beihilfe

Auch GRÜNWALD lehnt eine Differenzierung zwischen Täterschaft und Teilnahme durch Unterlassung ab.[571] Er sieht das geeignete Kriterium zur Unterscheidung zwischen den Beteiligungsformen in der unterschiedlichen Stärke der Herrschaft über das Geschehen. Unter diesem Gesichtspunkt habe das Fehlen oder Vorhandensein einer tatsächlichen Einflußnahme erhebliches Gewicht. Die Beteiligung durch Unterlassung könne deshalb weder der Täterschaft noch der Teilnahme durch eine Handlung gleichgesetzt werden. Es handele sich bei den Beteiligungsformen durch Tun um andere als bei derjenigen durch Unterlassen. Es müsse also entschieden werden, ob die Beteiligung durch Unterlassen der Täterschaft oder Teilnahme durch Tun gleichgestellt werden könne.[572]

Dabei kommt GRÜNWALD zu dem Ergebnis, daß sich die Beteiligung durch Unterlassen hinsichtlich der Beherrschung des Geschehens von den

569 Welzel Lb. S. 206 u. 222
570 gemäß § 13 Abs. 2 StGB kann seine Strafe gemildert werden
571 Grünwald in GA 1959, 110, 111
572 ders. aaO S. 112

Beteiligungsformen durch Handeln qualitativ unterscheide. Die Beteiligung durch Unterlassen sei deswegen ein aliud, weil eine reale Einflußnahme auf das Geschehen fehle.

Im Bereich der rechtlichen Wertung müsse die Beteiligung an sich als weniger schwerwiegend angesehen werden, denn bei der Beihilfe durch positives Tun komme zur fördernden Handlung regelmäßig das Unterlassen der Erfolgsabwendung hinzu. Es handele sich also um zwei Fehlverhalten, im Gegensatz zum einmaligen bei der Beteiligung durch Unterlassen.[573]

Von einer Gleichstellung der Unterlassungstäterschaft mit der Handlungstäterschaft zu sprechen sei irreführend. Weil der Unwert der Unterlassung geringer sei, müsse die vom Gesetz vorgesehene Strafmilderung für die Beihilfe auch für die Unterlassung gelten.[574]

Wenn diese Auffassung auf den Tatbestand der umweltgefährdenden Abfallbeseitigung angewandt wird, so bedeutet dies, daß derjenige, der als Garant gemeinsam mit einem aktiv Handelnden den Erfolg einer abstrakten Umweltgefährdung durch Unterlassen herbeiführt, nur als Gehilfe bestraft werden kann.

cc) Die Unterscheidung zwischen den Beteiligungsformen nach dem verwirklichten Unrechtserfolg

RUDOLPHI lehnt eine Unterscheidung zwischen Täterschaft und Teilnahme durch Unterlassung nicht gänzlich ab. Er setzt bei der Frage an, ob sich Garantenpflichten mit verschiedener Stärke ausmachen lassen, so daß die Verletzung dieser Pflichten zu einem schwächeren oder stärkeren Unrechtsgehalt führen und infolgedessen teilweise dem Teilnahme - teilweise dem Begehungsunrecht gleichen.[575]

Eine solche Differenzierung hält er für ausgeschlossen, vielmehr bestehe strafbares Unterlassen immer in der Verletzung einer Garantenpflicht. Ein "Mehr" oder ein "Weniger" komme dabei nicht in Betracht. Demnach ver-

573 ders. aaO S. 113
574 ders. aaO S. 115, dies ist inzwischen durch § 13 StGB geregelt;
575 Rudolphi , Gleichstellungsproblematik S. 138 ff, 139/140

biete sich eine Differenzierung, wonach ein "Mehr" als Täterschaft ein "Weniger" als Beihilfe bestraft würde.[576]

Eine Differenzierung hält RUDOLPHI aber beim Unrechtserfolg der Verletzung einer Garantenpflicht für möglich. Führe der Beteiligte durch sein Unterlassen nur die Förderung eines Erfolges herbei, der in einem Tatbestand des Besonderen Teils beschrieben ist, so sei dies etwas anderes als die Herbeiführung des Erfolges selbst. Beispielsweise verwirkliche der Vater, der nicht gegen das Verleihen von Einbruchswerkzeugen durch seinen minderjährigen Sohn einschreite, nur einen Unrechtserfolg, der ein Analogon zum Begehungsunrecht der Beihilfe zum Einbruchsdiebstahl darstelle, nicht aber mit einem täterschaftlichen Beitrag gleichgestellt werden könne.[577]

Einziges taugliches Differenzierungskriterium sei also weder der Entstehungsgrund noch die Qualität oder der soziale Sinn der verschiedenen Garantenpflichten, sondern allein die Schwere des Unrechtserfolges.[578]

Gegen eine völlige Aufgabe der Unterscheidung zwischen den Beteiligungsformen beim Unterlassen spräche zudem, daß dann auch die Fälle der Straflosigkeit der Beihilfe entfielen, in denen die Förderung der Haupttat nur das Stadium des Versuchs erreicht. Ein solcher Versuch der Förderung wäre bei Aufgabe der Unterscheidung zwangsläufig als versuchte Täterschaft zu bestrafen.[579]

Voraussetzung für die Annahme einer Beihilfe durch Unterlassen sei es, daß der Gehilfe als Garant dafür zu sorgen habe, daß eine Förderung einer Haupttat unterbleibt. Damit seine Unterlassung als Förderung angesehen werden könne, müsse sie den Unrechtserfolg mitverursachen und die Gefahr einer Rechtsgutsverletzung erhöhen.[580]

Auf den Tatbestand des § 326 I StGB angewandt muß entsprechend der von RUDOLPHI vorgeschlagenen Differenzierung untersucht werden, wie ein

576 ders. aao S. 144/145
577 ders. aaO S 143
578 ders. aaO S. 146
579 ders. aaO S. 147
580 ders StV 1982, 518, 520

Garant die Herbeiführung einer umweltgefährdenden Abfallbeseitigung fördern kann, ohne zugleich Täter zu sein. Denkbar wäre hier der Fall, daß der Besitzer von Sonderabfall tatenlos zuläßt, wie ein anderer seinen Abfall in umweltgefährdender Weise entsorgt. Wenn z.B. ein Hobby-Fotograf als Inhaber eines Fotolabors dabei zusieht, wie seine Putzfrau Entwicklerflüssigkeit in den Ausguß gießt, müßte sich mit der Feststellung einer verschiedenen Schwere des Unrechtsgehalts der Beteiligung eine Unterscheidung zwischen täterschaftlichem und gehilfenschaftlichem Tatbeitrag treffen lassen.

Der Inhaber ist als Überwachergarant verpflichtet, die von ihm innegehabte Herrschaft über den Sonderabfall insoweit auszuüben, als sie reicht. Er muß seine Abfälle vom Zeitpunkt ihrer Entstehung an so effizient sichern, daß es nicht zu einer umweltgefährdenden Beseitigung kommt. Daher wäre ein tatenloses Zusehen als ein täterschaftlicher Beitrag zu qualifizieren, wenn darin ein gleich schwerer Unrechtsgehalt zu sehen wäre, wie in der Beseitigung durch aktives Tun. Nur der Besitzer von Abfällen ist für eine ordnungsgemäße Beseitigung seiner Abfälle Garant. Verletzt er seine Garantenpflicht, indem er es zuläßt, daß ein anderer den Abfall in umweltgefährdender Weise entsorgt, so ist sein Beitrag ein ebenso täterschaftlicher wie der des aktiv Handelnden, weil sich das Maß des von jedem verwirklichte Unrecht gleicht.

Damit ist die Frage aufgeworfen, ob es im Rahmen der umweltgefährdenden Abfallbeseitigung überhaupt eine Förderung des Erfolgs durch Unterlassen geben kann, die nicht zugleich täterschaftliches Gewicht hat.

Denkbar erscheint dies nur bei den Fällen, in denen drei Personen beteiligt sind, zwei aktiv Handelnde und ein Unterlassender. Letzterer müßte durch seine Garantenpflicht dazu angehalten sein, den Gehilfen von seinem Tun abzuhalten. Widrigenfalls wird er Gehilfe des Haupttäters.

dd) Die Unterscheidung mit dem Kriterium der Tatherrschaft

ROXIN hält ebenso wie RUDOLPHI eine Unterscheidung zwischen Täterschaft und Teilnahme durch Unterlassen für grundsätzlich aber nicht völlig ausgeschlossen. In den Fällen, wo es um die Verwirklichung eigenhändiger Delikte, höchstpersönlicher Pflichtdelikte und qualifizierter Herrschaftsdelikte gehe, sei eine täterschaftliche Beteiligung am Tun eines anderen durch Unterlassen nicht möglich. ROXIN meint die Fälle, in denen ein Vater den Inzest seiner Kinder nicht verhindert, § 173 StGB, in denen der Vater nicht den Meineid des Sohnes hindert, § 154 StGB oder in denen der Nachtwächter den Einbruchsdiebstahl zum Nachteil seines Arbeitgebers nicht verhindert, § 242 StGB.

In allen anderen Fällen sei eine Unterscheidung zwischen Täterschaft und Teilnahme durch Unterlassen nicht möglich.[581] Insbesondere das Kriterium der Tatherrschaft sei für eine solche Unterscheidung untauglich.[582]

Darüberhinaus hält er ebenso wie Rudolphi eine Teilnahme durch Unterlassen in den Fällen für möglich, die hier Drei-Personen-Verhältnisse genannt wurden, in denen ein Unterlassender Garant für die Abwendung der Handlung eines aktiven Teilnehmers ist.[583]

Weil die umweltgefährdende Abfallbeseitigung weder ein eigenhändiges Delikt noch ein höchstpersönliches Pflichtdelikt oder ein qualifiziertes Herrschaftsdelikt ist, kann es nach der Auffassung ROXINs nur in den hier sogenannten Drei-Personen-Verhältnissen zu einer Teilnahme durch Unterlassen kommen.

3) Stellungnahme

Um die einzelnen Auffassungen zur Problematik der Teilnahme durch Unterlassen zu veranschaulichen, sollen sie auf folgenden gedachten Fall angewandt werden: In einer Wohnung leben zwei Lebensgefährten A und B in Lebengemeinschaft. A ist Amateurphotograph und hat sich ein Photolabor für die Entwicklung von Schwarz-Weiß-Filmen eingerichtet. Beim Betrieb dieses Labors entstehen regelmäßig Sonderabfälle dadurch, daß die Entwicklerflüssigkeit nach einer gewissen Anzahl von Benutzungen verbraucht ist und deswegen durch neue ersetzt werden muß. Die gebrauchte

581 L-K-Roxin § 25 RN 150
582 ders. aaO Rn 145,146
583 ders. aaO Rn 151

Entwicklerflüssigkeit ist nach ihrem Verbrauch Abfall. Wegen der darin enthaltenen Stoffe kann dieser nicht mit Hausmüll gemeinsam entsorgt werden, so daß es sich um Sonderabfall handelt.

Wenn B beim wöchentlichen Aufräumen diese Flüssigkeit in den Ausguß schüttet, während dies A in Kenntnis der Abfalleigenschaften der Flüssigkeit einverständlich und tatenlos geschehen läßt, ergibt sich im Hinblick auf die Beteiligung beider folgendes:

B ist Täterin einer umweltgefährdenden Abfallbeseitigung, in dem sie die Flüssigkeit des A unsachgemäß beseitigt. Inhaber des Fotolabors ist aber A, während B nur Mitinhaberin der Wohnung ist. Weil A für die Verkehrssicherheit des Fotolabors verantwortlich ist, trifft ihn die Pflicht, seine Herrschaft so auszuüben, daß es nicht zu einer umweltgefährdenden Beseitigung von Abfällen kommt. Er ist nach der hier vertretenen Ansicht Überwachungsgarant im Hinblick auf die Gefahrquelle Entwicklerflüssigkeit.

Nach der Rechtsprechung ist bei der Frage, ob A Täter oder Teilnehmer ist, danach abzugrenzen, wie er subjektiv zur Herbeiführung des Erfolges eingestellt ist. Dabei begründet ein eigenes Interesse am Erfolg der Tat eine Indizwirkung für die Annahme von Täterschaft. Außerdem muß der Wille zur Förderung fremden Tuns unter Würdigung aller Umstände festgestellt werden.[584] Wenn A als Beseitigungspflichtiger den eigenen Weg zur Beseitigungsanlage und je nach Abfallsatzung der zuständigen öffentlich-rechtlich Körperschaft auch zusätzliche Kosten für die Entsorgung spart, könnte er ein eigenes Interesse an der unsachgemäßen Beseitigung haben. Wenn er darüberhinaus auch die Mühe der ordnungsgemäßen Entsorgung durch seine Lebensgefährtin scheut, spricht hier viel für die Annahme einer (Mit-)Täterschaft Nach der Auffassung von GALLAS kommt es darauf an, inwiefern A die Tatherrschaft über das Geschehen hat. Wenn A sich vom Tatort (Wohnung) entfernt, käme nur Beihilfe in Betracht, bei seiner Anwesenheit in der Wohnung aber Täterschaft.

HERZBERG und SCHÜNEMANN müßten zu einer Teilnahme des A kommen, weil nach deren Ansicht der Überwachungsgarant prinzipiell nur

584 vgl. BGHSt in StV 1986, 59/60

Gehilfe sein kann, soweit (die hier nicht einschlägigen) Ausnahmefälle nicht vorliegen.

GRÜNWALD käme zu einer Bestrafung wegen Beihilfe, weil nach seiner Ansicht die Unterlassung ein aliud zur Begehung ist und nur den Unrechtsgehalt der Teilnahme erreicht.

Lediglich ARMIN KAUFMANN und WELZEL einerseits sowie RUDOLPHI und ROXIN andererseits können hier zu einer Täterschaft des A kommen. Während erstere die Teilnahme durch Unterlassen generell ablehnen, differenziert RUDOLPHI gemäß dem Schweregrad des verwirklichten Erfolgsunrechts. Dieser ist hier bei A und B gleich groß. Insofern kommt sowohl für A als auch für B nur Täterschaft in Betracht. Zum gleichen Ergebnis gelangt ROXIN, weil keiner der von ihm als Ausnahme anerkannten Fälle vorliegt.

Gegen die Rechtsprechung spricht die umfangreiche und berechtigte Kritik an der subjektiven Theorie, die hier nicht wiederholt zu werden braucht.[585] Gegen die Auffassung von GALLAS spricht, daß eine Herrschaft des Unterlassenden über den Ablauf der Tat nicht möglich ist. Unterlassen besteht im Verzicht auf Einflußnahme. Wer keinen Einfluß auf ein Geschehen nimmt, kann es auch nicht beherrschen.[586] Das Vorwerfbare am Unterlassen liegt ja gerade darin, daß der Unterlassende eine für ihn bestehende Möglichkeit zur Einflußnahme auf ein Geschehen nicht ausnutzt. Er begibt sich dadurch der Möglichkeit einer Herrschaft. Deswegen ist ROXIN[587] zuzustimmen, soweit er die Tatherrschaft als Kriterium zur Abgrenzung zwischen Täterschaft und Teilnahme *durch* Unterlassen für untauglich hält.

Gegen HERZBERG und SCHÜNEMANN spricht, daß die Funktion des Garanten nur darüber etwas aussagt, *wie* er den Erfolg zu verhindern hat, nämlich durch Sicherung oder durch Rettung. Keine Aussage läßt sich aus der Funktion darüber herleiten, ob der Garant Täter oder Teilnehmer ist. Im übrigen führt diese Einteilung auch zu einem durch nichts gerechtfertigten Verlust von Schutz der Rechtsgüter im Bereich des Umweltstrafrechts. Im

585 vgl. insoweit ausführlich L-K-Roxin § 25 Rn 22 ff
586 L-K-Roxin § 25 Rn 145
587 L-K-Roxin aaO S. 150

Beispielsfall würde A nur Gehilfe, weil er Überwachergarant ist. Dieses Ergebnis sind mit dem Ziel, des 28. Abschnitts zu einem effektiven Schutz des Rechtsgutes der unversehrten Umwelt[588] nicht zu vereinbaren. Darüberhinaus steht es nicht in einem angemessenen Verhältnis zu dem durch das Unterlassen verwirklichten Erfolgsunwert.

Gegen die Auffassung GRÜNWALDs spricht, daß die These, daß das Tun zum Unterlassen wie ein aliud steht, weil es an einer realen Einflußnahme auf das Geschehen fehle, keineswegs zwingend zu einer verschiedenartigen Wertigkeit von Tun und Unterlassen führt. Es fehlt auch an einem Grund dafür, bei jeder Beteiligung durch Unterlassen nur die Wertigkeit der Beihilfe anzunehmen. Im Ergebnis führte das in den Fällen, in denen es zu einer Beteiligung durch Unterlassen kommt, zu der Möglichkeit einer doppelten Milderung: einmal die zwingende gemäß § 27 II und die fakultative gemäß § 13 II StGB. Aus der Kann-Regelung des § 13 II StGB folgt aber demgegenüber, daß der Gesetzgeber es eben nicht für möglich gehalten hat, daß die Beteiligung immer ein geringeres Maß an Unwert und Schuld aufweist.

Gegen die extreme Ablehnung einer Teilnahme durch Unterlassen, wie sie bei ARMIN KAUFMANN und WELZEL anzutreffen ist, spricht der bereits erwähnte Wortlaut der § 8, 9 II StGB. Im übrigen ist diese strikte Ablehnung dann, wenn der Gesetzgeber eine Teilnahme durch Unterlassung für möglich hält, ebenso, wie die Ansicht GRÜNWALDs, contra legem.

Weil, wie RUDOLPHI zu Recht bemerkt, eine Unterscheidung nach der Intensität von Garantenpflichten im Gesetz ebensowenig eine Stütze findet, ist bei Zwei-Personen-Verhältnissen, in denen ein aktiv Handelnder und ein passiv handelnder Garant einen strafrechtlich mißbilligten Erfolg herbeiführen, eine Unterscheidung nach Täterschaft und Teilnahme für den Unterlassenden nicht durchzuführen. Der passive Garant ist demnach immer Täter.

Anders verhält es sich aber bei Drei-Personen-Verhältnissen, in denen zwei aktiv handeln und ein Dritter Garant dafür ist, daß der eine aktiv Handelnde seine Teilnahme unterläßt. Nur in diesen Konstellationen kann es zu einem

---

588 vgl. insoweit z. B. Dreher/Tröndle § 326 Rn 1 m.w.N.

geringeren Maß an Unrecht des Unterlassenden kommen, so daß sein Beitrag nur die Qualität der Beihilfe erreicht. Denkbar ist hier also der Fall, daß Vater und minderjähriger Sohn das Photolabor des Vaters aufräumen und der Sohn dem Vater dabei hilft, Entwicklerflüssigkeit in den Ausguß zu schütten, indem er z.B. den dazu erforderlichen Eimer herbeischafft. Die Mutter weiß von diesem Tun, schreitet aber dagegen nicht ein. Dann wäre sie Gehilfe des Vaters durch Unterlassen, weil sie es versäumt hat, gegen die Beihilfe Handlung des Sohnes einzuschreiten.[589] Ebenso wie ein Garant dazu aufgerufen sein kann, die Beihilfe eines anderen zu verhindern, lassen sich diese Drei-Personen-Verhältnisse bei einer nicht verhinderten Anstiftung denken.[590]

Demnach kann eine Teilnahme an der umweltgefährdenden Abfallbeseitigung nur dann durch Unterlassen begangen werden, wenn ein Garant die Teilnahme eines anderen abzuwenden verpflichtet ist. (Drei-Personen-Verhältnisse) Für die umweltgefährdende Abfallbeseitigung durch Unterlassen bedeutet die Ansicht RUDOLPHIs, daß der Garant, der die Abwendung der Beseitigung unterläßt, in der Regel nur Täter sein kann. Nur in den ausnahmsweise auftretenden Fällen, in denen ein aktiv Handelnder einen Gehilfenbeitrag zu der aktiven Handlung des Haupttäters leistet, zu dessen Abwendung ein Dritter als Garant verpflichtet ist, kann es zu einer Strafbarkeit wegen Beihilfe zur umweltgefährdenden Abfallbeseitigung gemäß §§ 326 I, 27, 13 I StGB kommen, wenn der Dritte die aktive Beihilfe seines Schützlings nicht verhindert.

In allen anderen Fällen führt eine den Erfolg fördernde Unterlassung bei gleichzeitiger Garantenstellung immer zur Täterschaft durch Unterlassung. Wann jemand Garant zur Abwendung der Teilnahme eines anderen ist, richtet sich nach den allgemeinen Regeln, also danach, ob er Überwacher- oder Beschützergarant für die Verhinderung der Teilnahme dieses anderen einzustehen hat.

---

589 Die Rechtsprechung, die eine Garantenstellung zwischen Eheleuten dergestalt angenommen hat, daß sie einander zur Verhinderung der Straftaten des anderen verpflichtet sind, käme hier bei Täterwillen der Mutter zu einer Täterschaft.
590 vgl. S-K-Rudolphi vor § 13 Rn 42; L-K-Roxin § 26 Rn 13

3. Teil

Die Delegation von Garantenpflichten und die Theorie der strafrechtlichen Geschäftsherrenhaftung

I Der Umweltschutzbeauftragte mit mehr als den gesetzlich vorgesehenen Kompetenzen

Die kontrovers dikutierte Frage, ob ein Umweltbeauftragter mit nicht mehr als den gesetzlichen Aufgaben und Befugnissen eine Garantenstellung inne hat, wurde bereits erörtert. Nach dem Ergebnis dieser Untersuchung hat dieser Umweltbeauftragte keine Garantenstellung, weil ihm die Rechtsmacht zu ihrer Erfüllung fehlt.[591]

Ebenso kontrovers wird die Frage diskutiert, ob und inwiefern ein Umweltbeauftragter mit mehr als den gesetzlichen Aufgaben und Befugnissen Garant für die Abwendung der vom Strafrecht mißbilligten Erfolge sein kann. Es bleibt daher zu prüfen, ob und unter welchen Voraussetzungen eine Erweiterung dieser Aufgaben und Befugnisse zu einer Delegationsfähigkeit der Garantenstellung auf den Beauftragten führt. Die Übertragung einer Garantenstellung ist bisher noch nicht oft untersucht worden.

1) Die Voraussetzungen der Übertragung von Garantenstellungen in der Rechtsprechung

In den wenigen Entscheidungen der Rechtsprechung zur Übertragung von Garantenstellungen ist eine Entwicklung zum Nachteil des Beauftragten erkennbar. Während das Reichsgericht noch sehr enge Voraussetzungen für die Verlagerung einer Garantenstellung auf einen Beauftragten aufstellte, begnügt sich der Bundesgerichtshof mit weniger strengen Voraussetzungen.

Das Reichsgericht hatte einen Fall der Beauftragung in einem Urteil aus dem Jahre 1910[592] zu entscheiden. Weil bei einer Baustelle ein Blechträger in falscher Weise auf einen Pfeiler aufgelagert worden war, stürzte ein Teil des

---

591 vgl. o. 2.Teil C II 4 b) cc) aber a. A. Rudolphi in Lackner-Festschrift S. 875 ff u. OLG Frankfurt NJW 1987, 2754

592 RGSt 34, 326ff

Neubaus ein und verletzte einen Arbeiter tödlich. Das Landgericht hatte daraufhin den Bauleiter des Bauunternehmers und den Bauführer der Bauherrin wegen mangelnder Beaufsichtigung der Bauausführung der fahrlässigen Tötung durch Unterlassung für schuldig befunden. Das Reichsgericht hob die Verurteilung des Bauführers der Bauherrin auf, weil seine vertragliche Pflicht nur darin bestanden habe, während der Bauausführung darauf zu achten, daß diese die spätere Abnahme nicht gefährdet. Diese Aufsichtspflicht begründe keine strafrechtliche Verantwortlichkeit, denn die Bauherrin habe sich durch die Übertragung der Bau*ausführung* auf einen Bauunternehmer von ihren strafrechtlichen Pflichten befreit.[593]

Strafrechtlich Haftende könnten nur der Beauftragte oder der Gehilfe des *Bauunternehmers* sein, weil sich nur dessen Pflichten nicht auf die Vertragsgemäßheit des Werkes beschränkten.[594]

In einer anderen Entscheidung aus dem Jahre 1923[595] hat das Reichsgericht seine Rechtsprechung dahingehend präzisiert, daß der Bauleiter, der im Auftrage des Bauherrn Aufsichtsbefugnisse ausübte, die dieser sich gegenüber dem Bauunternehmer vorbehalten hatte, strafrechtlich für ihn einzustehen habe. Dieser Entscheidung lagen mehrmalige, nicht näher spezifizierte Verstöße gegen die anerkannten Regeln der Baukunst zugrunde, die jeweils zu Gefährdungen anderer geführt hatten. Danach sollte ein Beauftragter des Bauherrn nur dann Garant werden können, wenn der Bauherr sich gegenüber dem Bauunternehmer Aufsichtsbefugnisse vorbehalten hätte, die umfangreicher wären, als die Überwachung der Abnahmefähigkeit.

Der Bundesgerichtshof hat sich ebenso selten mit der Übertragung von Garantenstellungen befassen müssen. In einem Urteil aus dem Jahre 1964 [596] nahm er zur Garantenstellung eines mit der Oberbauleitung und Bauaufsicht beauftragten Statikers Stellung. Der Entscheidung lag folgender Sachverhalt zugrunde:

---

593 RGSt 34, 328
594 RGSt 34, 329
595 RGSt 57, 205 ff
596 BGHSt 19, 286 ff

Beim Ausschachten einer Baugrube stürzte ein benachbartes Haus ein und begrub zwei Arbeiter unter sich. Dazu war es deswegen gekommen, weil eine an sich ordnungsgemäß geplante Abstützung des Erdreichs, die den Druck des unter dem Haus gelegenen Kellergewölbes aufnehmen sollte, rechtzeitig aufzubauen unterlassen worden war. Die Entscheidung hatte die Strafbarkeit eines Statikers unter dem Gesichtspunkt der fahrlässigen Tötung durch Unterlassen zu überprüfen, der neben dem Architekten als Oberbauleiter eingesetzt worden war. Die Vorinstanz hatte das mit der Begründung bejaht, der Statiker habe den zuständigen Polier nicht bloß anweisen müssen, die notwendige Abstützung der Grubenwand gegen die Schubkräfte des Kellergewölbes unter dem Nachbarhaus zu veranlassen, sondern die Ausführung dieser Anweisung auch überwachen müssen.

Der Bundesgerichtshof hat das anders beurteilt. Voraussetzung eines strafrechtlichen Haftungsübergangs auf einen Beauftragten sei die Beauftragung durch den Bau*unternehmer* selbst. Denn nur diesem sei die Ausführung des Bauwerks wegen seiner fachlichen Qualifikation übertragen worden. Sofern sich nicht der Bau*herr* selbst ganz oder zum Teil die Aufsicht vorbehalten habe, könne er eine Garantenpflicht schon deswegen nicht übertragen, weil er sie bereits auf den Bau*unternehmer* übertragen habe. [597]

Insoweit stimmen die Entscheidungen des Reichsgerichts und die des Bundesgerichtshofes noch überein. Die angedeutete Entwicklung zum Nachteil des Beauftragten ergibt sich aus einem obiter dictum:

Diese Entscheidung bedeute nicht, daß sich der Bauherr durch die Beauftragung des Unternehmers gänzlich entlasten könne. Vielmehr bliebe er jedenfalls für die Auswahl des Beauftragten aus § 831 BGB verantwortlich. Nehme er wahr, daß sein Beauftragter nachlässig arbeite oder daß eine neue Gefahrenstelle entstehe, so dürfe er nicht untätig bleiben. [598]

Unter diesen Voraussetzungen sei ein Oberbauleiter nicht nur dazu aufgerufen, die Ausführung des Werks bis zur Abnahme gemäß § 640 BGB zu überwachen, sondern auch dazu, wegen der Übernahme des dem Bauherrn

597 BGHSt 19, 287
598 BGHSt 19, 288

verbliebenen Restes der Garantenstellung an dessen Stelle die Verantwortung zu tragen. [599] Während das Reichsgericht noch den Vorbehalt einer Aufsicht zur Voraussetzung des Erwerbs einer Garantenstellung für den Beauftragten gemacht hatte, begnügt sich der Bundesgerichtshof mit der Wahrnehmung von Nachlässigkeiten oder der Entstehung neuer Gefahrquellen, unabhängig vom Vorbehalt einer Aufsicht.

Die Rechtsprechung zur strafrechtlichen Haftung von Architekten und Bauleitern ist nur begrenzt auf den Beauftragten für den Umweltschutz i. S. des Abfallrechts übertragbar. Bei den genannten Entscheidungen bestanden nämlich (wie auch sonst auf Baustellen) zwei Beauftragungsverhältnisse: erstens das zwischen Bauherr und Bauunternehmer und zweitens das zwischen Bauherr und Architekt. Die Kernaussage der Entscheidungen des Reichsgerichts und des Bundesgerichtshofes läßt sich auf die Aussage vereinfachen, daß der Bauherr nur eine Garantenstellung übertragen kann, die er (noch) hat. Wenn also der Bauherr seine Garantenstellung durch den Abschluß eines Werkvertrages an den Bauunternehmer übertragen hat, so bleibt für eine weitere Übertragung nur dann Raum, wenn er sich Aufsichtsbefugnisse (also eine Restgarantenstellung) gegenüber dem Bauunternehmer vorbehalten hatte.

Damit läßt sich der Unterschied zwischen der Rechtsprechung des Reichsgerichts von der des Bundesgerichtshofes wie folgt beschreiben: das Reichsgericht erkannte sowohl eine gänzliche als auch eine teilweise Übertragung einer Garantenstellung auf einen anderen an. Der Bundesgerichtshof scheint demgegenüber eine gänzliche Übertragbarkeit der Verantwortlichkeit zu verneinen. Denn selbst dann, wenn eine solche Beauftragung erfolgte, bleibt der *Beauftragende* gemäß § 831 für die Auswahl des *Beauftragten* dergestalt verantwortlich, daß er bei Versäumnissen des *Beauftragten* oder beim Hinzutreten neuer Gefahren selbst handeln muß. Der Beauftragende wird durch die Beauftragung also nicht von der Garantenpflicht frei.

Weder das Reichsgericht noch der Bundesgerichtshof stellen generelle (also nicht auf den Anwendungsbereich einer Baustelle beschränkte) Regeln dafür

---

599 BGHSt 19, 289; der Verweis des BGH an dieser Stelle auf die Entscheidung RGZ 43, 326 ist insoweit irreführend, als das Reichsgericht die Frage offenließ.

auf, welche Voraussetzungen für die teilweise bzw. gänzliche Übertragung von Garantenpflichten erfüllt sein müssen.

2) Die Voraussetzungen einer Delegation von Garantenpflichten im Spiegel der Literatur

a) Die Delegation als Unterfall der Übernahme einer Schutzfunktion

GALLAS sah in der Delegation die Übernahme einer Schutzgarantenstellung durch den Beauftragten.[600] Sofern ein Architekt als Bevollmächtigter des Bauherrn die Baustelle beaufsichtige, würde fraglich, ob er für die Ausführung dieser Aufsicht nur dem Bauherrn gegenüber oder aber auch Dritten gegenüber als Garant verantwortlich sei.

Wenn der Übernehmende dergestalt bevollmächtigt werde, daß der bisherige Garant von der Erfüllung seiner Pflicht ausgeschlossen sei, so bedeute die Bevollmächtigung zugleich eine Entziehung des Schutzes durch den Garanten und eine Abhängigkeit des Schutzgutes vom Bevollmächtigten. Der die Garantenpflicht Übernehmende verhindere durch sein Übernahme die Betrauung eines anderen mit dem Schutz des Rechtsgutes. Schon diese Abhängigkeit müsse genügen, den Bevollmächtigten zum Garanten zu machen. Daraus folge, daß der Architekt jedenfalls dann zum Garanten werde, wenn der Bauherr seinerseits als Garant dazu verpflichtet war, einen Architekten mit der Aufsicht über die Bauausführung zu beauftragen.[601]

Aber auch abgesehen von diesen Ausnahmefällen, in denen es der Garantenpflicht des Bauherrn entspräche, einen Architekten zu beauftragen, erwüchse dem beauftragten Architekten eine - wenn auch beschränkte - Garantenstellung. Denn jedenfalls ginge die Stellung des beauftragten Architekten über die des Wahrers bauherrlicher Rechte hinaus. Durch seine fachliche Kompetenz, seine Anordnungen und Ratschläge übe er auf das Baugeschehen einen nachhaltigen Einfluß auch trotz der Tatsache aus, daß er den Ablauf nicht beherrsche. Bei dieser Einflußnahme handele er an Stelle des Bauherrn und habe daher eine Garantenrolle. Er dürfe sich ebenso wie der

600 Gallas Die Verantwortlichkeit der am Bau Beteiligten, S. 38ff S. 40
601 ders. aaO S. 41/42

Bauherr selbst auf den sachkundigen und zuverlässigen Bauunternehmer verlassen. Dies sei jedoch nur solange möglich, wie dieser keinen Anlaß dazu gebe, eine konkrete Gefährdung Dritter durch den Bau zu befürchten. Wenn der Architekt also solche Mängel der Bauausführung wahrnehme, so müsse er dagegen einschreiten. [602]

Die Art und Weise, wie er einzuschreiten habe, hinge davon ab, auf welche Reaktion er treffe. Mache der Bauunternehmer auf die Anweisung des Architekten, einen festgestellten Mangel zu beheben, keine Einwände, so dürfe sich der Architekt darauf verlassen, seine Anweisungen würden ausgeführt. Im anderen Fall müsse der Architekt die Ausführung seiner Anweisung kontrollieren.[603]

b) Die Delegation einer Überwachungsgarantenstellung

Für möglich und zulässig erachtet es auch RUDOLPHI, daß ein Betriebsinhaber seine ihm als Garant obliegende Pflicht zur Überwachung seines Betriebes als Gefahrquelle für die Rechtsgüter der Umwelt an einen nachgeordneten Bediensteten überträgt. Durch eine solche einverständliche Übertragung würde der Betraute zum Garanten, ohne daß damit die Garantenstellung des Betriebsinhabers gänzlich entfiele. Ihm verbliebe die subsidiäre Garantenstellung dergestalt, daß er stets für eine sorgfältige Auswahl und Kontrolle des Betrauten einzustehen habe. Fiele der Betraute aus oder komme er seinen Garantenpflichten nicht nach, so bleibt der Betriebsinhaber nach der Auffassung RUDOLPHIS weiterhin verantwortlich.[604] Die Garantenstellung des Umweltschutzbeauftragten, soweit sie sich ausschließlich aus den gesetzlichen Pflichten und Befugnissen ergebe, sei darauf beschränkt, die ihm gesetzlich übertragene Aufgaben zu erfüllen und die ihm dadurch bekannt gewordenen Risiken einer Umweltverschmutzung dem Betriebsinhaber oder einem von diesem Beauftragten mitzuteilen. Seine Pflicht schließe nicht die Bekämpfung der Umweltgefahr ein, denn dazu fehle ihm die innerbetriebliche Kompetenz. Insoweit sei entweder der Betriebsinhaber oder der von ihm mit den erfor-

602 ders. aaO S. 43
603 ders.aaO S. 44
604 Rudolphi in Lackner-Festschrift S. 864 ff, 874

derlichen Kompetenzen ausgestattete Beauftragte Garant für die Abwendung der Umweltgefahr.[605]

Anders verhalte es sich, wenn der Beauftragte mit den gesetzlichen Befugnissen zugleich nach der innerbetrieblichen Organisation beispielsweise für die ordnungsgemäße Abwasserbeseitigung verantwortlich sei und ihm diese von der Unternehmensleitung als Betriebsleiter oder Werkmeister zur selbständigen und eigenverantwortlichen Erledigung übertragen wird. In diesen Fällen sei der so Beauftragte Garant für die Abwendung von Umweltgefahren, unabhängig von seiner Stellung zum gesetzlichen Beauftragten. Die Pflichten und Befugnisse aus der gesetzlichen Beauftragtenstellung bestünden dann neben denjenigen aus der betrieblichen Beauftragtenstellung.

Würden mehrere Bedienstete in abgestufter Form und mit einer festgelegten Rangfolge mit der Wahrnehmung der Garantenaufgabe betraut, so ergebe sich daraus eine Garantenkette. Zunächst verantwortlich sei das letzte Glied dieser Kette, die ihm vorgeordneten Garanten hafteten jeweils nur für ihr Verschulden bei der Auswahl oder der Kontrolle des jeweils nachgeordneten Garanten.[606]

Für die Garantenstellung des Umweltschutzbeauftragten ergibt sich daraus, daß er wie der Betriebsinhaber Garant werden kann, wenn er durch seine Bestellung die Betrauung eines anderen Ersatzmannes verhindert und selbst faktischen Einfluß auf das Geschehen innerhalb des Betriebes nimmt oder ihm bekanntgewordene Mißstände dem Betriebsinhaber nicht mitteilt. Eine der des Betriebsinhabers vergleichbare, umfassende Herrschaft des Beauftragten wäre dazu nicht erforderlich. Die übertragene Herrschaft müßte die Wahrnehmung der übertragenen Pflichten erlauben. Festgestellten Mängeln müßte der primäre Garant durch Anweisungen begegnen und die Ausführung dieser Anweisungen kontrollieren, soweit der Betraute Anlaß gibt, die ihm übertragene Aufgabe nicht weisungsgemäß zu erfüllen, etwa wenn er Einwände erhebt.

---

605 ders. aaO S. 876, 877
606 ders. aaO S. 875

c) Originärer und derivativer Erwerb einer Garantenstellung zur Überwachung durch faktische Herrschaftsverlagerung

SCHÜNEMANN war der erste Autor, der den Gedanken der Übertragung von Garantenpflichten formuliert hat. Bei der Beschreibung des Beginns einer Garantenstellung [607] beschreibt er zwei Möglichkeiten: entweder der Garant erwirbt die Herrschaft über den Grund des Erfolgs originär oder derivativ. Um einen originären Erwerb handelt es sich nach der Lehre SCHÜNEMANNS in den Fällen, in denen der Überwachergarant die zu bewachende Gefahrquelle herstellt oder sonst in seine Herrschaft überführt. Hierher gehören die Fälle, in denen jemand ein Haus errichtet oder ein verlassenes Haus in Besitz nimmt. Derivativ sei der Erwerb der Garantenstellung dann, wenn die bereits bestehende Garantenstellung eines Dritten mit dem Einverständnis des früheren Garanten übernommen werde. Dabei handele es sich nicht um eine Übernahmegarantenstellung im Sinne der h. L., die damit eine übernommene Schutzgarantenstellung meine. Derivativer Erwerb der hier beschriebenen Art vollziehe sich bei einer Überwachungsgarantenstellung.[608]

Der Akt der Herrschaftsübernahme entscheide über die Garantenstellung des alten und des neuen Gewaltinhabers. Wenn ersterer seine Herrschaftsgewalt nämlich nur teilweise aufgebe, so bleibe für den verbliebenen Teil der Herrschaft auch die dazugehörige Garantenstellung mit der Pflicht zur Überwachung bestehen. Sie wandelten sich dann zu Aufsichtspflichten.

Soweit der Garant seine Herrschaft vollständig übertrage, könne darin eine Verletzung seiner Herrschaftsbehauptungspflicht liegen. Der derivative Erwerb könne auch in der Form eines organisatorischen Aktes erfolgen. Wer als Beamter oder Angestellter einen Posten übernehme, der Herrschaftsbeziehungen beinhaltete, der übernehme zugleich die daraus folgende Garantenstellung. Welche rechtsgeschäftliche Qualität der Übernahmeakt habe, sei irrelevant, entscheidend sei der faktische Vorgang und der Effekt der Herrschaftsübertragung.[609]

607 Schünemann, Grund und Grenzen S. 296
608 ders. aaO S. 297
609 ders. aaO S. 297/298

Der Herrschaftsverlust führe nur dann nicht zu einer Bestrafung wegen einer unechten Unterlassung, wenn dabei die im Verkehr erforderliche Sorgfalt eingehalten wird. Nur die Beachtung dieser Verkehrssicherungspflicht führe zum gleichzeitigen Verlust der Herrschaft und der Garantenstellung.[610]

Bei der Übertragung der ursprünglichen Garantenpflichten (z. B. des Vorstandes einer Aktiengesellschaft an einen Werksleiter) folge aus dem Prinzip, daß sich die Garantenstellung aus der Herrschaft über die Sache ableite, daß der sachnächste Garant die primäre und die umfassende Garantenstellung für die seiner Herrschaft unterliegende Sache habe inne habe. Dementsprechend müsse bei einer sektoralen Aufteilung von Verantwortungsbereichen eine den Verantwortungssektoren entsprechende Garantenstellung bestehen. Beispielsweise sei demnach die Putzfrau, die in der Schaltwarte eines Atomreaktors Staub wische, lediglich einer unterlassenen Hilfeleistung strafbar, wenn ihr dabei eine Fehlfunktion des Reaktors auffalle und sie gleichwohl niemanden der Verantwortlichen darüber informiere.[611]

Bei einer hierarchischen Betriebsstruktur, in welcher der Vorgesetzte des unmittelbar über eine gefährliche Sache Herrschenden mit Weisungsbefugnis gegenüber diesem ausgestattet sei, verfüge der Vorgesetzte zwar auch über eine Herrschaft, aber mit verminderter Intensität. Ähnlich wie beim Mitgewahrsam, wie er für das Vergehen nach § 242 StGB anerkannt sei, könne man zwischen übergeordneter und untergeordneter Sachherrschaft unterscheiden. Je höher der hierarchische Rang des Herrschenden, um so weniger intensiv sei die Herrschaft, die er ausübe. Dies führte im Hinblick auf eine Garantenstellung dazu, daß sie entsprechend der Intensität der Herrschaft mit steigendem hierarchischem Rang nur noch sekundär bestehe. Ein Fernfahrer habe demnach nach Verlassen des Hofes der Spedition die primäre Garantenstellung im Hinblick auf die gefährliche Sache Lastkraftwagen.[612] Den sekundären Garanten treffe kraft seiner Herrschaft die Pflicht zur sorgfältigen Auswahl, Aufsicht und Koordinierung der ihm weisungsunterworfenen Beauftragten. (Man kann diese Garantenstellung auch als Restgarantenstellung bezeichnen.) Erfülle er diese nicht, so verbliebe die

---

610 ders. aaO S. 300
611 Schünemann, Unternehmenskriminalität und Strafrecht S. 94
612 ders. aaO S. 95

primäre Garantenstellung bei ihm, handele er dagegen sorgfältig, so erlöschen im Zeitpunkt der Übertragung seine Garantenpflichten.

Für den Beauftragten eines Garanten im Rahmen des § 326 StGB, also einen Umweltschutzbeauftragten mit mehr als den gesetzlich vorgesehenen Aufgaben und Befugnissen, müßte es nach der Ansicht SCHÜNEMANNS durch einen irgendwie gearteten Übertragungsakt zu einer Herrschaft des Beauftragten kommen, die entweder gänzlich oder nur sektoral der Herrschaft des ursprünglichen Garanten entspricht. Soweit der primäre Garant bei der Übertragung seine Verkehrssicherheitspflichten erfülle, wird er von seiner Garantenstellung frei. Wenn er diesen Pflichten nicht genügt, bliebe er neben dem Beauftragten Garant aus nicht verkehrsgerecht ausgeübter Herrschaft, m. a. W. aus verkehrswidrigem Verlust seiner Herrschaft.

d) Originäre und sekundäre Garantenstellung ohne Erlangung der Herrschaft

Auch SANGENSTEDT hat sich mit den Voraussetzungen einer Übertragung von Garantenstellungen auseinandergesetzt. Die Herrschaft bilde nur den Entstehungsgrund für Garantenstellungen. Ihre Funktion müsse jedoch nicht notwendigerweise vom Inhaber der Sachgewalt in Person wahrgenommen werden.[613]

Eine rechtsverbindliche Übertragung durch Gesetz oder in sonstiger Weise müsse aber zwei Voraussetzungen genügen: Der Sachherr müsse zur Delegation berechtigt sein und es müsse ein rechtlich relevanter Übertragungsakt vorliegen. Den ursprünglichen Garanten nennt SANGENSTEDT originär, den neuen nennt er sekundären Garanten. Weil es die Lebensbedingungen der modernen Industriegesellschaft nicht erlaubten, daß ein Mensch alle in seiner Domäne befindlichen Gefahrquellen überwache, könne gegen die Zulässigkeit einer Delegation an sich keine Bedenken erhoben werden. Die mindestens zeitweilige Ersetzung des Originärgaranten durch einen Sekundärgaranten entspreche den sozialen Notwendigkeiten und Realitäten. Damit die Funktionsfähigkeit der Garantie nicht leide, müsse die Zulässigkeit

613 Sangenstedt S. 383 ff

der Delegation aber daran geknüpft werden, daß der "Ersatzmann" die gleiche Befähigung habe, wie der originäre Garant.[614]

Dort, wo die Qualifikation des Ersatzmannes zweifelhaft sei, müsse beim Übertragenden ein Rest der Garantenstellung verbleiben, vermöge dessen er den Ersatzmann zu beaufsichtigen und bei Bestätigung der Zweifel den Ersatzmann durch einen qualifizierteren Zweiten oder sich selbst zu ersetzen habe. Ausgeschlossen sei die Übertragung aber dann, wenn sich die Garantenpflicht nur eigenhändig wegen ihres höchstpersönlichen Charakters erfüllen ließe. Inhaltlich sei die delegierte Pflicht auf die Eindämmung dergestalt beschränkt, daß der originäre Garant dafür Sorge tragen müsse, daß der Risikoprozeß die Grenzen seines tatsächlichen Organisationskreises nicht überschreite und auf fremde Interessensphären übergriffe.[615]

SANGENSTEDT macht zur zwingenden Voraussetzung für eine Delegationsfähigkeit der Garantenstellung, daß sie nicht ausschließlich eigenhändig zu erfüllen sein könne, weil sie höchstpersönlichen Charakter habe.[616] Geschütztes Rechtsgut bei § 326 StGB ist die unversehrte Umwelt, also ein Rechtsgut der Allgemeinheit, kein höchstpersönliches.

Für den Umweltschutzbeauftragten i. S. des Abfallrechts ergibt sich danach, daß er sekundärer Garant anstelle des ursprünglichen Garanten für die Verhinderung einer abstrakten Umweltgefahr werden kann, wenn er über die ausreichende Befähigung verfügt, um seine Aufgabe auszuüben. Sofern er diese Befähigung nicht aufweise, bliebe beim Betreiber der Anlage eine beschränkte Restgarantenstellung, vermöge derer er dazu verpflichtet wäre, zu verhindern, daß die Gefahr den eigenen Herrschaftsbereich verläßt und in die Interessensphäre eines Dritten übergreift. Für den Übergang der Garantenstellung reicht ein lediglich sozialer Übertragungsakt nicht aus, sondern es ist ein rechtlicher Übertragungsakt erforderlich, der die Dispositionsbefugnis des Übertragenden voraussetzt.[617]

614 ders. aaO S. 384
615 ders. aaO S. 385
616 ders. aaO S. 384; ebenso Sch-Sch-Stree § 13 Rn 26
617 ders. aaO S. 385 u. 438

3) Stellungnahme

Das Prinzip der Eigenverantwortlichkeit führt dazu, daß grundsätzlich jeder für sich, also für die Erfüllung eigener Garantenpflichten, verantwortlich ist. Das führt andererseits dazu, daß ein Mensch grundsätzlich nicht für einen anderen verantwortlich ist und auch nicht zu sein braucht.

Dieser Grundsatz erfährt insoweit eine Durchbrechung, als es nach allgemeiner Meinung einerseits möglich ist, die Erfüllung von Garantenpflichten an einen anderen zu delegieren und andererseits auch ein Mensch eine Gefahrquelle sein kann, für die ein anderer verantwortlich ist. Das "Ob" einer Delegationsfähigkeit von Garantenpflichten ist demnach unstreitig.[618] Die folgenden Ausführungen werden sich dem "Wie" der Delegation zu widmen haben.

Es verdient Zustimmung, wenn SANGENSTEDT dazu bemerkt, die konkrete Garantenpflicht müsse übertragen werden dürfen. Aus der Tatsache, daß sich Garanten*pflicht* und Garanten*stellung* nicht bei verschiedenen Personen befinden können und daß Garanten*stellung* und Herrschaft nicht voneinander zu trennen sind, folgt aber, daß es eine Garantenposition ohne gleichzeitige Herrschaft nicht geben kann.

a) Garantenpflicht ohne Herrschaft ?

An der Lösung SANGENSTEDTs überrascht die Aufgabe des Zusammenhangs zwischen der Herrschaft über einen Gefahrenbereich und der Garantenstellung des Inhabers dieser Herrschaft.

Seine dafür gegebene Begründung, daß die Herrschaft nur Entstehungskriterium für die Garantenstellung sei und die Abläufe des modernen Industriezeitalters es mit sich brächten, daß nicht jeder die von ihm beherrschten Gefahrquellen auch bewachen könne, enthält Widersprüchliches.

Sofern die Unterstellung SANGENSTEDTs richtig wäre, daß es die Abläufe der modernen Industriegesellschaft nicht erlaubten, daß der originäre Garant

---

618 ebenso Franzheim, Umweltstrafrecht S. 121

die in seiner Domäne befindlichen Gefahrquellen bewache und deswegen die Delegation ohne gleichzeitige Einräumung der Herrschaft möglich sei, wäre damit die Herrschaft auch als Entstehungskriterium für Garantenstellungen in Frage gestellt.

Wenn nämlich die Garantenstellung als Ergebnis der Herrschaftsmacht über eine Gefahrquelle beim originären Garanten verbleibt, dem sekundäre Garanten aber nur die Erfüllung der Pflicht obliegen soll,[619] dann setzt das eine Trennbarkeit zwischen Garantenstellung und Garantenpflicht voraus. Möglich erscheint eine Differenzierung zwischen primären und sekundären Garantenstellungen nur, wenn der ursprüngliche Garant dem beauftragten Garanten ein Maß an Herrschaft einräumt, welches den Beauftragten in die Lage versetzt, seiner Aufgabe gerecht zu werden, so daß der Beauftragte die primäre Erfüllung seiner Aufgaben leisten kann. Erst dann ist Raum für eine sekundäre Garantenstellung des ursprünglichen Garanten. Eine bloße Übertragung der Ausübung der Garantenpflicht ohne gleichzeitige Übertragung der Herrschaft hätte zur Folge, daß der Beauftragte sich bei jeder Maßnahme der Herrschaftsmacht dafür versichern müßte. Andererseits beinhaltet die Übertragung der Ausübung in *Eigenverantwortlichkeit* gleichzeitig auch die Übertragung der zur Durchführung einzelner Maßnahmen erforderlichen Herrschaft. Bei der Übertragung der eigenverantwortlichen Ausübung der Garantenpflicht wird also die Garantenstellung gleichzeitig übertragen, so daß es nicht zu einem Auseinanderfallen von Garantenstellung und Garantenpflicht kommen kann.

Eine Garantenpflicht ohne gleichzeitige Garantenstellung bei der gleichen Person erscheint ausgeschlossen, denn die Bestrafung gemäß § 13 I StGB i. V. m. einem Tatbestand des Besonderen Teils setzt die Garantenstellung bei gleichzeitiger Garantenpflicht voraus.

Wenn die Herrschaft tatsächlich Entstehungskriterium der Garantenstellung ist, so entsteht ohne sie auch bei einem Beauftragten keine Garantenstellung. Es fehlt an einem sachlichen Grund, bei der primären Garantenstellung auf das Kriterium der Herrschaft zu verzichten.[620] Im übrigen erscheint es

619 ebenso Schmidt-Salzer Produkthaftung, Bd. I Rn 1.194
620 vgl.auch Schmidt-Salzer, aaO Rn 1.194

schwer vorstellbar, wie ein Garant, der nicht zugleich wenigstens eine Teilherrschaft über die Gefahrquelle ausübt, einer Realisierung der Gefahr zum Nachteil eines Rechtsgutes begegnen soll. Das Strafrecht bürdete diesem Garanten auf, etwas zu tun, wozu er möglicherweise die Herrschaft des originären Garanten überwinden müßte.

Der Grund dafür, daß die Herrschaft berechtigterweise als Zurechnungskriterium für Garantenstellungen herangezogen wird, ist ja gerade die Tatsache, daß die Herrschaft des Gefahrquelleninhabers die Herrschaft anderer (und damit die Abwehrmöglichkeit anderer) ausschließt.

Aus ähnlichen Gründen erscheint auch die Ansicht von GALLAS zweifelhaft. Soweit sie einen Einfluß des Architekten ohne gleichzeitige Beherrschung der Gefahrquelle Baustelle annimmt, ist nicht klar erkennbar, worin dieser Einfluß bestehen sollte. Hat der Architekt tatsächlich keinen Einfluß, so fehlt es an einem sachlichen Grund, ihm eine Garantenstellung zuzuordnen. Hat er ihn, - wenn auch nur teilweise - so beherrscht er insoweit jedenfalls faktisch die Baustelle in ihrer Eigenschaft als Gefahrquelle. Auch Gallas müßte sonst von der Teilbarkeit der Garantenpflicht von der Garantenstellung ausgehen.

Zustimmung verdienen dagegen die Überlegungen RUDOLPHIs und SCHÜNEMANNS, daß die Übertragung von Garantenpflichten entsprechend der Aufteilung und Abstufung von Verantwortlichkeiten bzw. Herrschaftsbereichen in einer hierarchischen Struktur, wie sie vielfach im Wirtschaftsleben anzutreffen ist, aufgeteilt und abgestuft werden kann. Garantenpflichten sind strafrechtliche Ausformungen der für jeden im Rahmen seiner rechtlichen Möglichkeiten bestehenden Verkehrssicherungspflichten. Wenn die Rechtsmacht des einzelnen nur für einen bestimmten, ihm anvertrauten Bereich des Verkehrs besteht, so kann seine Verantwortlichkeit auch nur auf diesen Bereich begrenzt sein, weil eines Menschen Verantwortlichkeit nicht weiter gesteckt sein kann als seine Rechtsmacht.[621]

---

621 vgl. o. 2. Teil C 3 c)

Insoweit erscheint es richtig, daß zulässige und mögliche Maß der dem Beauftragten kraft seiner hierarchischen Funktion zustehenden Einflußnahme unter Berücksichtigung seiner Sachnähe als Gradmesser für die Intensität seiner Garantenpflicht zu machen.

b) Garantenstellung durch faktische Herrschaftsverlagerung ?

Ob die faktische Einräumung der Herrschaft allerdings allein zur Begründung einer rechtlichen Verantwortlichkeit ausreichen kann, wie SCHÜNEMANN annimmt, erscheint insoweit zweifelhaft, als ohne rechtlich verbindliche Einräumung einer Herrschaft das Verhältnis zwischen ursprünglichem und beauftragtem Garanten rechtlich weder für den ursprünglichen Garanten noch für den beauftragten Garanten abgesichert wäre.

Erforderlich erscheint daher mindestens eine wirksame Willenserklärung des urprünglichen Garanten, aus der sich der Beauftragte und der diesem übertragene Aufgabenbereich mit hinreichender Bestimmtheit ergibt. Auch hier verdient SANGENSTEDT Zustimmung.[622]

Denn ohne eine inhaltlich bestimmte Übertragung von rechtlich fundierter Herrschaft kann es schon deshalb nicht zu einer rechtswirksamen Entstehung der Garantenstellung des beauftragten Garanten kommen, weil dem Beauftragten dem ursprünglichen Garanten gegenüber die erforderliche Rechtsmacht zur Erfüllung seiner Pflichten fehlt.

Bei einer sektoralen Aufteilung von Verantwortlichkeit und Herrschaft kommt schließlich der inhaltlichen Bestimmtheit auch im Hinblick auf die Abgrenzung der einzelnen Sektoren erhebliche Bedeutung zu. In einem größeren Betrieb sind mehrere Umweltschutzbeauftragte zu bestellen.[623] Zu einer wirksamen Erfüllung von primärer (auf die Abwendung des konkreten Erfolges gerichteter) und sekundärer (auf die sorgfältige Auswahl, Aufsicht und Koordinierung der Beauftragten gerichteter) Garantenpflicht ist es notwendig, die verschiedenen Aufgabenbereiche voneinander abzugrenzen.

622 für das Erfordernis der Schriftform BFH BB, 1984, 1992/1993; a.A. insoweit Schmidt-Salzer Produkthaftung, Bd I, Rn 1.196
623 vgl. § 55 III 1 BImSchG

Das wird eine nur faktische Übertragung nicht leisten können. Mit welchem Maß an Genauigkeit die Details der Delegation bestimmt und gegebenenfalls auch schriftlich festgehalten werden müssen ist eine Frage des Einzelfalls.[624]

c) rechtliche Voraussetzungen eines Übertragungsaktes

Für eine Übertragung der Garantenstellung ist demnach ein qualifizierter Übertragungsakt erforderlich. Dieser muß notwendigerweise uno actu die Herrschaft über die zu bewachende Gefahrquelle - jedenfalls sektoral und mit hinreichender Bestimmtheit - gleichfalls übertragen, denn diese Willenserklärung mit dem Inhalt der Übertragung von Rechtsmacht beinhaltet einen rechtlich gesicherten Verlust von Herrschaft für den ursprünglichen Garanten, ohne den die primäre Garantenstellung des Beauftragten nicht enstehen kann. Dafür erforderlich ist eine entsprechende Dispositionsbefugnis des Übertragenden. Gleichzeitig muß der Übertragungsakt den Umfang der übertragenen Herrschaftsbefugnisse erkennen lassen. Sofern nur die Ausübung der Garantenpflicht in Eigenverantwortung ohne darüberhinaus gehende Herrschaftsmacht übertragen wird, kann diese Beschränkung der Herrschaft z. B. durch eine bestimmte Höhe der finanziellen Aufwendungen für Maßnahmen deutlich gemacht werden.

Durch einen so qualifizierten Übertragungsakt rückt der Beauftragte in dem Umfang in die Stellung des ursprünglichen Garanten ein, wie dieser auf die ihm zukommende Herrschaft verzichtet. Betrifft dieser Akt nur eine sektorale Teilherrschaft über die Gefahrquelle, soll also der Beauftragte sich etwa nur um eine bestimmte Anzahl von einzelnen Abfällen (Glasflaschen, Blechbüchsen oder Metall) kümmern, so beschränkt sich seine Garantenstellung auch nur auf diese Abfälle. In diesen Fällen muß der Beauftragte das Recht zur Einwirkung auf diese Abfälle erhalten.

Eine wie auch immer geartete Rest-Garantenstellung, die den Umfang der ursprünglichen Garantie annehmen kann, besteht dann nur insoweit, als sich der ursprüngliche Garant die Entscheidung über Maßnahmen selbst vorbehalten hat oder an die Stelle des ursprünglichen Garanten kein vollwertiger

624 ebenso Schmidt-Salzer aaO Rn 1.221

Ersatzmann getreten ist. Die Vollwertigkeit ist aber gegeben, wenn durch eine verkehrsgerechte Beauftragung, d. h. sorgfältige Auswahl eines oder mehrerer Beauftragter und sorgfältiger Organisation ihrer Aufgabenbereiche, gefolgt von einer ebensolchen Beaufsichtigung und Koordinierung ihrer Aufgabenerfüllung ein, möglicherweise sektoral beschränkt zuständiger, aber in dem Maß seiner Zuständigkeit zur Ausübung von Herrschaft befugter Beauftragter eingesetzt wird. Stellt sich heraus, daß der Beauftragte mangels eigener Qualifikation oder wegen fehlender Organisation seines Aufgabenbereichs und daraus resultierender Überlastung seinen Aufgaben nicht gewachsen ist, so fallen diese Mängel auf den Beauftragten, den ursprünglichen Garanten zurück.[625] Es handelt sich hier um einen Anwendungsfall der strafrechtlichen Haftung wegen des Verstoßes gegen eine aus dem Vertrauensprinzip folgende Verkehrssicherungspflicht.[626]

II. Organe juristischer Personen und die Theorie der Geschäftherrnhaftung

Juristische Personen haften strafrechtlich nicht selbst, sondern durch ihre Organe. Für den hier untersuchten Bereich der umweltgefährdenden Abfallbeseitigung durch Unterlassen ergibt sich im Hinblick auf die Organe als gesetzliche Vertreter der juristischen Person keine Besonderheit, weil die Garantenpflichten, die den Abfallbesitzer als natürliche Person treffen, in gleichem Maß für die juristische Person gelten.[627] Damit wird beispielsweise der Geschäftsführer einer Gesellschaft mit beschränkter Haftung oder der Vorstand einer Aktiengesellschaft in demselben Maße Garant, wie es eine natürliche Person als Abfallbesitzer oder als Betreiber einer Abfallbeseitigungsanlage als Überwacher einer Gefahrenquelle würde.

Werden in einem solchen Wirtschaftsunternehmen Garantenpflichten an einzelne Mitarbeiter delegiert, so erfordert die wirksame Übertragung der ursprünglich beim Organ befindlichen Garantenpflicht eine ebenso sorgfältige Auswahl, Beauftragung, Beaufsichtigung und Koordinierung der übertrage-

625 vgl. Rudolphi, Lackner-FS S. 874
626 im Ergebnis ebenso Franzheim aaO S. 129 unter Bezugnahme auf eine nicht näher spezifizierte "Betriebserfahrung"
627 allg. Meinung, vgl. Sch-Sch-Lenckner § 14 Rn 6; L-K-Roxin § 14 RN 14; S-K-Rudoplphi § 13 Rn 54; vgl. auch eingehend Blauth, Handeln für einen anderen ... 1968 S 120 ff S. 122

nen Verantwortungsbereiche wie dies soeben für den Abfallbeauftragten mit mehr als den gesetzlich vorgesehenen Befugnissen ausgeführt wurde. Andernfalls kommt es in dem Maße nicht zu einer wirksamen Delegation, wie diese nicht als verkehrsgerecht gelten kann. Die verkehrswidrige Delegation führt also nicht zu der Entstehung einer primären, auf die Abwendung des konkreten Erfolges gerichteten Garantenpflicht beim Beauftragten und zu einer sekundären, auf die sorgfältige Beaufsichtigung und Koordinierung gerichteten Garantenpflicht, sondern es bleibt bei der ursprünglichen, ggf. auch umfassenden Garantenpflicht des Organs. Der Beauftragte haftet als Garant nur in dem Maße, wie dies die Umstände seiner Bestellung zulassen.

Soweit hier eingewandt wird, daß die Enstehung von primären und sekundären Garantenpflichten der arbeitsrechtlichen und gesellschaftlichen Wirklichkeit widerspreche, weil Entscheidungsprozesse in einem Unternehmen von der Geschäftsleitung ausgingen[628], besteht hier nur ein scheinbarer Widerspruch. Die Übertragbarkeit von Garantenpflichten setzt voraus, daß es einen ursprünglichen, umfassend verantwortlichen Garanten gibt. Eine Entpflichtung des ursprünglichen Garanten setzt die Einsetzung eines vollwertigen Ersatzmannes voraus. In dem Maße, wie der Ersatzmann nicht vollwertig ist, bleibt die ursprüngliche Garantenstellung bestehen, also der ursprüngliche Garant voll verantwortlich. Andererseits führt dies dazu, daß den sachnächsten Garanten nicht dieselbe Handlungspflicht trifft wie den ursprünglichen Garanten. Ansonsten handelte es sich nicht um eine Delegation. Den ursprünglichen Garanten trifft zwar die Verantwortung dafür, daß die Voraussetzungen einer wirksamen Delegation aufrecht erhalten bleiben. Primär verantwortlich ist jedoch durch die Beauftragung der Beauftragte und erst sekundär der Beauftragende.

Bei der Ermittlung einzelner Handlungspflichten von mehreren Garanten in einem konkreten Fall muß folglich zunächst geklärt werden, ob und wie der sachnächste, primäre Garant ("der Mann am Schieber") handeln mußte. Wenn sich daraus ergibt, daß eine Handlungspflicht des primären Garanten verletzt wurde, ergibt sich die zweite Frage, ob für diese Handlung eine Verantwortlichkeit des Beauftragenden (in der Regel der Geschäftsleitung) besteht, nicht verhindert zu haben, daß der sachnächste Garant seiner Auf-

628 so Schmidt-Salzer, Produkthaftung Bd I Rn 1.147

gabe gerecht wurde. Wenn es bereits an einem primären Garanten fehlt, erübrigt sich die Prüfung, ob ein sekundärer Garant verpflichtet ist. Zu einem anderen Ergebnis gelangen nur diejenigen, die eine generelle Geschäftsherrenhaftung befürworten.

Für den normalen Betrieb gilt bei der Feststellung der sekundären Garantenstellung die Ressortzuständigkeit der einzelnen Mitglieder des Organs. Ist das Ressort Umwelt nicht besetzt, so sind alle Mitglieder gleichermaßen verantwortlich.[629]

Problematischer zu beantworten ist demgegenüber die Frage, ob und unter welchen Voraussetzungen ein Organ als Garant für die Verfehlungen der Angestellten seiner Gesellschaft einzustehen hat, ohne daß es zu einer Delegation der beschriebenen Art gekommen wäre. Hier ist zuerst zu prüfen, unter welchen Voraussetzungen, außer dem Gesichtspunkt der Garantenstellung zur Überwachung einer sachlichen Gefahrquelle, jemand in einem Betrieb dazu aufgerufen ist, den durch das Handeln seiner Untergebenen verwirklichten Erfolg zu verhindern. Dabei folgt aus dem Prinzip der Eigenverantwortlichkeit, daß Garantenstellungen für das Verhalten anderer Menschen nur dort denkbar sind, wo Menschen unter der Aufsicht oder der Befehlsgewalt eines anderen stehen, so daß ihnen jedenfalls teilweise die Möglichkeit und/oder die Befugnis fehlt, selbst über ihr Tun und die damit bewirkten Erfolge zu entscheiden (Strafgefangene und Soldaten).[630]

---

629 vgl. Franzheim, Umweltstrafrecht S. 116; im Ergebnis ebenso Schmidt-Salzer Produkthaftung Bd. I Rn 1.151

630 S-K-Rudolphi § 13 Rn 35a; Schünemann Unternehmensdelikte S. 102; Rogall, ZStW 98(1986), 574 ff 616; vgl. auch Jakobs AT § 29 Rn 35 S. 664; Seelmann, NJW 1990, 1257,(1260)

1) Die Vertreter der Theorie einer Geschäftsherrenhaftung

In jüngerer Zeit haben sich verschiedene Autoren mit der Verantwortlichkeit des Geschäftsherren befaßt. Sie sollen im Folgenden kurz dargestellt werden:

a) Geschäftherrenhaftung aus dem Gesichtspunkt der Allmacht des Betriebsherrn

GÖHLER folgert eine Garantenstellung des Betriebsleiters für die Taten seiner Angestellten aus der besonderen Beziehung zu den Personen und Sachen seines Betriebes. Der Betriebsinhaber sei es, der alle Handlungsmöglichkeiten habe, die für andere aus der Ansammlung von Personal- und Sachmitteln ausgehenden Gefahren abzuwenden.[631] Diese Verantwortlichkeit habe in § 130 OWiG für betriebsbezogene Zuwiderhandlungen, also solche die sich aus dem Betrieb ergeben könnten, ihren gesetzlichen Ausdruck gefunden.

Auch SCHMIDT-SALZER folgert aus der Allzuständigkeit der Geschäftsleitung auf ihre allumfassende Verantwortlichkeit. Weisungsrechte in einem Wirtschaftsunternehmen gingen gesellschaftsrechtlich, arbeitsrechtlich organisationssoziologisch von der Geschäftsleitung aus. Zwar folge daraus nicht, daß jeder Einzelvorgang vom Willen der Geschäftsleitung getragen sei, sie schaffe aber den Rahmen, innerhalb dessen sich das betriebliche Geschehen abspiele. Ob und wie die Geschäftsleitung ihren Organisationswillen ausübe, sei der strafrechtlichen Bewertung nicht entzogen.[632]

b) Geschäftsherrenhaftung aus einem Autoritätsverhältnis

THIEMANN führt demgegenüber die Garantenstellung des Betriebsinhabers auf das Autoritätsverhältnis zwischen Arbeitgeber und Arbeitnehmer zurück.[633] Ausgehend von der von ARMIN KAUFMANN begründeten Aufteilung der möglichen Garantenstellungen in Beschützer und Bewacher hält er allein die zweite für einschlägig. Dabei ergebe sich daraus, daß die

631 Göhler in Dreher-FS S. 610 ff S. 620/621
632 Schmidt-Salzer, Produkthaftung Bd. I Rn 1.147
633 Thiemann, Aufsichtspflichtverletzung in Betrieben und Unternehmen S. 17 ff

Allgemeinheit aufgrund eines arbeitsrechtlich fundierten Autoritätsverhältnisses auf eine Aufsicht des Betriebsinhabers schließe und deswegen darauf vertraue, daß er die von dem Betrieb ausgehenden Gefahren beherrsche, seine Verpflichtung gegenüber der Allgemeinheit, diese Gefahren auch tatsächlich abzuwenden.

Dabei kommen zwei Personenkreise als der Bewachung des Betriebsinhabers unterstellte Personen in Frage: Betriebsangehörige und solche Personen, die auf dem Betriebsgelände Tätigkeiten ausführen, die dem Betrieb zugute kommen.

Ob es zu einer Garantenstellung im Hinblick auf diese Personen kommt, hängt von der weiteren Voraussetzung der Betriebsbezogenheit der Verletzungshandlung ab. Betriebsbezogen sollen all jene Verletzungshandlungen sein, die gegen Pflichten des Betriebsinhabers verstoßen, die also regelmäßig mit dem Wirkungskreis des Betriebes, seinen Aufgaben und typischen Gefahren in Zusammenhang stehen.[634]

Auch für LANDSCHEIDT ergibt sich die Garantenstellung des Geschäftsherren aus dem Autoritätsverhältnis zwischen ihm und seinen Untergebenen, welches dem in den §§ 357 StGB und 41 WStG normierten Verhältnissen gleiche.[635] In den Grenzen des Rechts sei der Handlungsspielraum des Betriebsinhabers gewaltig, während sich die Stellung des Arbeitnehmers regelmäßig in der Verrichtung einzelner bestimmter Tätigkeiten erschöpfe. Dieses Autoritätsverhältnis sei deswegen von rechtlicher Bedeutsamkeit, weil es durch das Recht anerkannt sei. Die Weisungsbefugnis und das Direktionsrecht seien fundamentale Bestandteile des deutschen Arbeitsrechts.[636] Dem Betriebsrat sei es durch § 77 I 2 BtrVG verwehrt, in die Leitung des Betriebs einzugreifen.

Ob daraus eine Pflicht des Arbeitgebers folge, Straftaten seiner Arbeitnehmer zu verhindern, sei damit noch nicht erwiesen. Weil eine den §§ 357

634 vgl. Thiemann aaO S. 17-20
635 § 357 StGB stellt das Verleiten, den Versuch des Verleitens und das Geschehenlassen einer rechtswidrigen Tat durch einen vorgesetzten Amtsträger gegenüber seinem Untergebenen unter Strafe. § 41 WStG bedroht die mangelhafte Dienstaufsicht eines militärischen Vorgesetzten mit Strafe.
636 Landscheidt S. 112

StGB, 41 WStG vergleichbare Vorschrift im Wirtschaftsrecht fehle, müsse ein anderer rechtlicher Anknüpfungspunkt dafür gefunden werden. Erfolgversprechend erscheine dazu die Heranziehung der Vorschriften der §§ 130 OWiG und 831 BGB. § 130 OWiG sei der Ausdruck eines allgemeinen Prinzips, wonach den Geschäftsherren eine Sonderverantwortlichkeit träfe.[637] Auch der § 831 BGB weise dem Geschäftsherren eine Sonderstellung zu, nach der er nicht nur zur sorgfältigen Auswahl, sondern auch zur fortdauernden und planmäßigen Überwachung mit unerwarteten Kontrollen verpflichtet sei.

Auch kriminalpolitische Erwägungen sprächen für die Geschäftsherrenhaftung, denn wenn ein Angestellter illegale Geschäfte im Interesse des Betriebsinhabers mache, müsse dieser - soweit er nicht neben dem Angestellten täterschaftlich daran beteiligt sei - nicht um den Bestand des Betriebes fürchten. Dem Betriebsinhaber blieben dann viele Möglichkeiten, sich von seinem Angestellten zu distanzieren. Ebensowenig, wie sich aber Eltern die Strafunmündigkeit ihrer Kinder zunutze machen dürften, könne man dem Betriebsinhaber gestatten, sich der partiellen Verantwortlichkeit seines Angestellten zu bedienen. Vielmehr müßten Autoritäts- und Aufsichtspersonen stets ihre rechtliche Befehlsgewalt dazu einsetzen, um Straftaten ihrer Untergebenen zu verhindern.[638]

Die Tatsache, daß die Geschäftsherrenhaftung Ausfluß des innerbetrieblichen Direktionsrechts sei, mache gleichzeitig die Beschränkung der Garantenpflicht aus. Haften müsse der Betriebsinhaber nur für die betriebsbezogenen Handlungen seiner Angestellten. Ebenso wie ein Lehrer nur für den Bereich der Schule verantwortlich sei, sei der Betriebsinhaber nicht verantwortlich, sofern nicht sein Personal berufsspezifischen Versuchungen unterliege. Der Hotelier müsse beispielsweise darauf achten, daß sein Zimmerkellner nicht die Brieftasche aus dem Zimmer eines Gastes wegnähme. Für den Diebstahl des Kellners aus dem auf dem Parkplatz abgestellten Kraftfahrzeug sei er ebensowenig verantwortlich, wie für den Diebstahl, den ein Passant dort begehe.[639]

---

637 ders. aaO S. 113
638 ders. aaO S. 114
639 ders. aaO S. 116/117

c) Geschäftsherrenhaftung aus einem überlegenen Wissensfundus

Auch SCHÜNEMANN knüpft an das besondere Verhältnis zwischen Geschäftsherren und seinen Angestellten an. Dieses Verhältnis sei durch zwei Umstände besonders gekennzeichnet: durch die rechtliche Befehlsgewalt des Inhabers, welche aus seinem arbeitsrechtlichen Direktionsrecht folge und durch seinen Wissensvorsprung, den SCHÜNEMANN überlegenen Wissensfundus nennt.[640] Befehlsgewalt und Herrschaftswissen wiesen ähnlich differenzierte Strukturen auf, denn die Befehlsgewalt manifestiere sich nicht allein in einzelnen Weisungen, sondern insbesondere in institutionalen Formen, wie beispielsweise einer "Unternehmensattitüde". Diese setze sich aus zahllosen einzelnen und - für sich genommen- belanglosen Einzelentscheidungen zusammen und führe zu einer Prägung seiner Arbeitnehmer.[641]

Die auf den drei Säulen der rechtlichen Befehlsgewalt, des Herrschaftswissens und der faktischen Durchsetzbarkeit ruhende Garantenpflicht sei dann verletzt, wenn ein "Verbandsmitglied" eine Handlung vornehme, die es nicht aufgrund eigener Überlegung, sondern in Befolgung der Verbandsregeln, also unter Verbandsherrschaft, vornehme. [642] Sofern solche Regeln fehlten, die zu einer Garantenstellung des Vorgesetzten führen, ließe sich die Verbandsherrschaft durch eine "verbandsspezifische" Abwendungsmöglichkeit definieren.[643]

d) Geschäftsherrenhaftung aus dem Gesichtspunkt der Weisungsbefugnis

Auch ROGALL ist ein Befürworter der Geschäftsherrenhaftung. Der Arbeitnehmer schulde dem Arbeitgeber die Erfüllung von Weisungen, die der Arbeitgeber im Rahmen seiner Weisungsbefugnis erteile. [644] Ob in diesem Zusammenhang von einer Gehorsamspflicht des Arbeitnehmers gesprochen werden könne, möge zweifelhaft sein. Die soziale Wirklichkeit zeige insbesondere in den Zeiten einer angespannten Arbeitsmarktlage, daß Weisungen

640 Schünemann Unternehmenskriminalität S. 102 ff
641 ders. aaO S. 103
642 ders. aaO S. 104
643 ders. aaO S. 105
644 Rogall, ZStW 98, 574 ff, 616

des Arbeitgebers in aller Regel befolgt werden. Die Herrschaft überwiege insoweit die Freiheit.[645]

Soweit das Prinzip der Eigenverantwortlichkeit gegenüber dem der Organisationsmacht und dem der personalen Herrschaft bei der Bestimmung von Garantenstellungen in Beziehung gesetzt werden müßten, könne nicht einem Prinzip der unbeschränkte Vorrang vor den anderen zuerkannt werden, vielmehr seien sie miteinander in "praktischer Konkordanz" gerade soweit zur Geltung zu bringen, wie es das jeweils andere erlaube.[646]

Aus der Organisationsmacht ergebe sich auch die Pflicht zur Abwendung schädlicher Auswirkungen von Handlungen aufgrund dieser Organisationsmacht. Die Reichweite der daraus folgenden Erfolgsabwendungspflicht für den Geschäftsherren folge aus der sach- und funktionsbezogenen Ausrichtung der Garantenstellungen. Geboten seien deswegen nur Maßnahmen, die ihrem Inhalt nach dem Ausmaß und dem Umfang der Herrschaft entsprächen. Sie reichten von unmittelbaren Handlungspflichten auf der Unterstufe über Leitungs- und Kontrollpflichten auf der mittleren Stufe bis hin zu Organisationspflichten auf der obersten Stufe der Betriebsleitung.[647]

2) Die Vertreter der Gegenmeinung

Gegen die Theorie der Geschäftsherrenhaftung wurden tiefgreifende Bedenken dergestalt angemeldet, daß betriebliche Hierarchien im Rahmen des geltenden Rechts nicht dazu imstande sind, die persönliche Verantwortlichkeit des einzelnen Arbeitnehmers zum Nachteil des Prinzipals aufzuheben.

a) Das Prinzip der Eigenverantwortlichkeit des Menschen

RUDOLPHI lehnt die Theorie der Geschäftsherrenhaftung vor dem Hintergrund des Prinzips der Eigenverantwortung des Menschen für sein Verhalten mit zwei Argumenten ab.[648] Zunächst vermöge weder ein Auto-

645 ähnlich Schmidt-Salzer aaO Rn 1.146
646 Rogall aaO S. 618
647 Rogall aaO S. 619
648 S-K-Rudolphi § 13 Rn 35a

ritätsverhältnis zwischen Geschäftsherren und Untergebenen noch ein möglicherweise überlegener Informationsfundus etwas daran zu ändern, daß jeder Strafmündige selbst für sein Verhalten einzustehen habe. Das zweite Argument folgt aus dem ersten, denn vor dem Hintergrund des Prinzips der Eigenverantwortlichkeit wäre eine Geschäftsherrenhaftung nur dann denkbar, wenn unsere Rechtsordnung die Anordnung enthielte, daß die Verantwortung für eine rechtswidrige Handlung des Untergebenen immer auch den Geschäftsherren träfe. Eine solche Vorschrift sei dem StGB mit Ausnahme der Vorschrift des § 357, die ausschließlich Straftaten im Amt betrifft, aber fremd. Eine Verantwortlichkeit des Betriebsinhabers sei nur unter der Voraussetzung möglich, daß er einen kausalen Beitrag zu der konkreten Tat geleistet hat.[649] Kraft seiner Überwachungsgarantenstellung, die dazu führt, daß er die Realisierung der in dem Betrieb schlummernde Gefahren zum Nachteil von fremden Rechtsgütern verhindern muß, sei der Betriebsinhaber zwar dazu verpflichtet, umweltgefährdendes Verhalten seiner Angestellten zu verhindern. Dieser Pflicht könne er aber durch die sorgfältige Delegation seiner Abwendungspflicht auf einen Beauftragten genügen. Erst wenn sich herausstelle, daß diese Übertragung mangelhaft war, lebe die subsidiäre Garantenstellung des Betriebsinhabers wieder auf.[650]

b) Das Erfordernis eines sachlichen Grundes zur Verknüpfung des eigenen mit einem fremden Organisationskreis

Auch JAKOBS hat sich gegen eine Geschäftsherrenhaftung ausgesprochen.[651] Zwar gebe es Sicherungspflichten grundsätzlich auch auf das deliktische Verhalten anderer Personen, aber diese bedürften jeweils eines besonderen Grundes, durch den der eigene Organisationskreis mit dem des anderen verknüpft würde. Ohne eine solche Verknüpfung bleibe es bei der Zuständigkeit eines jeden einzelnen für seinen Organisationskreis.

Die Verbindung zweier Organisationskreise könne auf verschiedene Arten geschehen: durch eine eigene gefährliche Handlung, durch gefährliche Sachen oder Situationen, durch Gewalt über Personen selbst und durch die

649 Rudolphi in Lackner FS S. 870
650 ders. aaO S. 874
651 Jakobs AT § 29 Rn 32 ff

Rückwirkung des Verhaltens des anderen auf den eigenen Organisationskreis.[652]

Bei den Sicherungspflichten durch die Gewalt über Personen handele es sich um das komplementäre Stück der andere Personen ausschließenden Organisationsgewalt. Daher sei sie an das Recht gebunden, das Verhalten der anderen Personen inhaltlich zu gestalten. Eltern treffe im Hinblick auf ihre Kinder, Sicherheitsbeamte im Hinblick auf die ihnen anvertrauten Strafgefangenen die Pflicht, Straftaten dieser anderen zu verhindern.[653]

Anders sei es bei einem Betriebsinhaber, der gegenüber seinen Angestellten kein Recht habe, deren Verhalten inhaltlich zu gestalten. Es stehe vielmehr jedem Untergebenen frei, bei Inkaufnahme möglicher arbeitsrechtlicher Konsequenzen die Tätigkeit für den Betriebsinhaber einzustellen. Die Verbindung eines Organisationskreises mit dem Verhalten eines anderen durch die Rückwirkung dieses Verhaltens könne im Fall der Kollusion und bei gefährlichen Sachen des Betriebes eintreten und zu einer Haftung des Inhabers führen. Außerdem hafte der Inhaber für Handlungen im Rahmen des Betriebs; diese Haftung knüpfe nicht an das deliktische Verhalten anderer an, sondern an die Ausgestaltung des eigenen Organisationskreises.[654]

c) die fehlende Vereinbarkeit der Theorie der Geschäftsherrenhaftung mit dem geltenden Recht

JESCHECK lehnt eine Garantenpflicht für das Verhalten Dritter grundsätzlich ab.[655] Um Garantenpflichten vermittelnde Autoritätsverhältnisse handelte es sich etwa im öffentlichen Dienst, im militärischen Bereich, wo eine hierarchische Struktur anzutreffen sei, wie sie in privatrechtlichen Betrieben nicht vorkomme. Deshalb könnten die in den §§ 357 StGB und 41 WStG geregelten Aufsichtspflichten nicht auf Betriebe übertragen werden. Die Einführung eines unechten Unterlassungsdeliktes für Betriebsinhaber sei wegen des Fehlens einer solchen Pflicht abzulehnen. Der Betriebsleiter verfüge zwar auch über eine Leitungsgewalt. Diese sei jedoch auf den in-

---

652 ders aaO Rn 32
653 ders. aaO Rn 35
654 ders. aaO Rn 36
655 vgl. GA 1977, 281, 283 u. L-K-Jescheck § 13 Rn 45

nerbetrieblichen Bereich beschränkt und könne deswegen auch nur dort eine Wirkung entfalten.[656] Gegen eine solche strafrechtliche Garantenpflicht spreche auch die Tatsache, daß der Gesetzgeber die innerbetriebliche Aufsichtspflichtverletzung nur als Ordnungswidrigkeit gemäß § 130 OWiG geahndet wissen wollte. Ausnahmen gelten nur bei der Übernahme einer Schutzpflicht[657] oder wenn die Eigenart des Betriebes Gefahren für die Allgemeinheit berge, woraus sich eine Überwachungspflicht des Betriebsleiters im Hinblick auf den Betrieb ergebe. Weitergehende Auswahl- und Kontrollpflichten hält JESCHECK für eine unzulässige Übertragung zivilrechtlicher Pflichten in das Strafrecht und lehnt sie daher ab.[658]

d) Die fehlende Vergleichbarkeit betrieblicher Autoritätsverhältnisse mit den gesetzlich geregelten Sonderfällen

Auch HSÜ lehnt eine Garantenstellung des Betriebsinhabers zur Verhinderung strafbarer Handlungen seiner Angestellten ab.[659] Zwar bestehe in einem Betrieb eine hierarchische Struktur, indessen könne darin kein Anknüpfungspunkt für eine Garantenstellung liegen. Bei dem Tatbestand des § 357 StGB, der Amtsträger betrifft, bestehe sowohl eine Befehlspflicht des Vorgesetzten als auch eine Gehorsamspflicht des Untergebenen. Während in früheren Zeiten die hierarchische Ordnung eines Betriebes als Herr-Sklave-Verhältnis ausgestaltet gewesen wäre, bei dem der Sklave dem beweglichen Gut des Herrn angehört hätte, könne man im heutigen Arbeitsverhältnis von einer solchen Unterworfenheit des Arbeitnehmers nicht ausgehen. Eine so absolute Herrschaftsgewalt finde sich auch nicht mehr im heutigen Beamtenverhältnis. Während dieses Verhältnis dem Interesse der Allgemeinheit zu dienen bestimmt sei, erschöpfe sich das Verhältnis des Betriebsinhabers zu seinen Angestellten darin, das Ziel des Betriebs zu erreichen. Deswegen lasse sich aus diesem Verhältnis auch keine Pflicht des Betriebsinhabers ableiten, Rechtsgüter der Allgemeinheit oder Dritter zu schützen.[660]

---

656 ders in GA 1977, 283
657 ders L-K § 13 Rn 26
658 ders L-K § 13 Rn 45
659 Hsü, Yü-hsiu Garantenstellung des Betriebsinhabers zur Verhinderung von strafbaren Handlungen seiner Angestellten, 1986, insbes. S. 253 ff
660 ders. S. 254

3) Stellungnahme

Die Theorie der Geschäftsherrenhaftung begegnet erheblichen Zweifeln.

Zweifelhaft erscheint der Ansatz von GÖHLER. Zunächst überzeugt seine Begründung nicht, daß es der Geschäftsherr sei, der alle Handlungsmöglichkeiten habe, um Straftaten in seinem Betrieb zu verhindern. Denn die Frage, ob der Betriebsinhaber handeln kann, beantwortet nicht die Frage, ob er überhaupt handeln muß. Die Prüfung einer Garantenstellung erfordert aber gerade auch die Beantwortung der zweiten Frage. Im übrigen läßt der Begriff der Betriebsbezogenheit GÖHLERS nicht erkennen, inwiefern er mit der Überwachungsgarantie übereinstimmt, bzw. davon gegebenenfalls zu unterscheiden ist. Die Notwendigkeit dazu, die Voraussetzungen für die Garantenstellung aus dem Gesichtspunkt der Überwachung von sachlichen Gefahrquellen von denen zu trennen, die im Hinblick auf Weisungsempfänger bestehen können, ergibt sich bereits daraus, daß, wie HSÜ zu Recht bemerkt hat, Angestellte nach heutigem Verständnis nicht zum beweglichen Vermögen des Betriebsinhabers gehören, sondern Menschen mit eigenen Rechten und Pflichten sind. In diesem Mangel an Kontur des Begriffs der Betriebsbezogenheit erweist sich eine fehlende Bestimmtheit, die vor dem Hintergrund des verfassungsrechtlichen Gebots der Lex Scripta nicht hingenommen werden kann.

Zweifel begegnet auch den Ausführungen SCHMIDT-SALZERs. Seine Begründung für die Geschäftsherrenhaftung, daß ein Organisationswille der Geschäftsleitung der strafrechtlichen Bewertung nicht entzogen sei, vermag nicht zu überzeugen. Zu einer strafrechtlichen Verantwortlichkeit führt nicht bereits die Bewertungsfähigkeit eines Organisationswillens, sondern das Ergebnis dieser Bewertung. Stellt es sich heraus, daß die Geschäftsleitung eine sorgfältige Organisation des Betriebs nicht gewährleistet hat, dann liegt ein sachlicher Anknüpfungspunkt für eine daraus resultierende Verantwortlichkeit vor. Verzichtet man auf den Nachweis dieses Mangels an Sorgfalt, fehlt es zugleich an einem begehungsgleichen Beitrag der Geschäftsleitung zu einem konkreten Erfolg, der aber für eine Zurechnung

Voraussetzung ist, § 13 I StGB, soweit eine erfolgsverursachende Handlung der Geschäftsleitung fehlt.[661]

Gegen die Auffassung von THIEMANN ist einzuwenden, daß auch er die Garantenstellung aus dem Gesichtspunkt der Überwachung von Gefahrquellen mit der Garantenstellung für andere, eigenverantwortlich handelnde Personen vermischt. Betriebsbezogen sollen nach seiner Auffassung die Handlungen sein, die gegen Pflichten des Betriebsinhabers verstoßen. Demnach ergeben sich die Pflichten des Geschäftsherren zur Abwendung strafrechtlich mißbilligter Erfolge, die seine Angestellten herbeiführen, aus den Pflichten, die er aus der Beherrschung der Gefahrquelle Betrieb hätte.

Entweder wertet THIEMANN auch die angestellten Arbeitnehmer des Betriebsinhabers als Gefahrquellen oder er soll so zu verstehen sein, daß er die Garantenstellung für sachliche Gefahrquellen mit einer Garantenstellung für gefährliche Menschen aus anderen Gründen, die er nicht ausführt, gleichsetzt. Für die Angestellten eines Betriebes gilt aber wie für alle anderen strafmündigen Personen das Prinzip der Eigenverantwortlichkeit. Daraus folgt, daß eine Verantwortlichkeit für andere grundsätzlich ausgeschlossen ist, sofern nicht der andere dergestalt vom Betriebsinhaber beherrscht wird, daß er nicht mehr Herr der eigenen Handlungen wäre und sie ihm daher nicht mehr als eigene zugerechnet werden können.

Sofern THIEMANN davon ausgeht, daß auch Menschen Gefahrquellen sein können, für die ihr Beherrscher strafrechtlich einzustehen habe, gibt er dafür keine Begründung. Das Argument des Vertrauens der Allgemeinheit verwässert insoweit die Antwort auf diese Frage.

Dem Problem der Herrschaft begegnet SCHÜNEMANN, indem er aus den drei Säulen der rechtlichen Befehlsgewalt, des Herrschaftswissens und der faktischen Durchsetzbarkeit eine von ihm sogenannte Verbandsherrschaft konstruiert, vermöge deren die Eigenverantwortlichkeit des einzelnen Arbeitnehmers in den Hintergrund und der Betriebsinhaber im Hinblick auf die strafrechtliche Verantwortlichkeit an seine Stelle tritt.

---

661 vgl. Rudolphi Lackner FS S. 870

Bedenken ergeben sich für diese Konstruktion daraus, daß sie einer strafrechtlichen Grundlage entbehren. Wie RUDOLPHI zu Recht hervorgehoben hat, ist dem gesamten deutschen Strafrecht eine generelle Zuweisung der Verantwortlichkeit des Betriebsinhabers für seine Angestellten nicht zu entnehmen. Im Gegenteil, aus der Tatsache, daß der Gesetzgeber nur für den Vorgesetzten eines Amtsträgers oder für den militärischen Vorgesetzten eine strafbewehrte Verantwortlichkeit zuläßt, ergibt sich im Wege der Auslegung vom Wortlaut des Gesetzes und seiner Systematik, daß eine Generalzuweisung unzulässig ist.

LANDSCHEIDT versucht dieses Ergebnis der Auslegung dadurch zu vermeiden, daß er einen Vergleich zwischen dem Verhältnis von Eltern zu ihren Kindern und dem des Betriebsinhabers zu seinen Angestellten zieht. Er argumentiert damit, daß sich die Eltern nicht ihrer strafunmündigen Kinder bedienen dürften. Dabei übersieht LANDSCHEIDT, daß eine Herrschaft der Eltern über ihre Kinder nur das Ergebnis der in Art 6 GG verbürgten und familienrechtlich ausgestalteten Personensorge der Eltern ist. Das Recht und die Pflicht der Eltern zu dieser Personensorge endet mit dem Erreichen der Volljährigkeit, also dann, wenn wegen mangelnder Mündigkeit der Kinder eine Wahrnehmung ihrer Rechte, aber auch eine Verantwortlichkeit für ihre Handlungen, nicht mehr geboten ist. Bevor eine Gleichsetzung unmündiger Kinder mit erwachsenen Arbeitnehmern erfolgt, müßte zunächst einmal feststehen, daß es einem Arbeitnehmer an der erforderlichen Mündigkeit fehlt.

Soweit LANDSCHEIDT aus der Vorschrift des § 130 OWiG folgert, sie drücke ein allgemeines Prinzip dergestalt aus, daß den Geschäftsherren eine Sonderverantwortlichkeit träfe, so schöpft er die Aussage dieses Rechtsgedankens nicht aus. Die Verletzung einer solchen Sonderverantwortlichkeit, soll, wie sich aus der Stellung der Vorschrift ergibt, nur als Ordnungswidrigkeit, nicht aber als Straftat verfolgt werden.[662] Die von LANDSCHEIDT erkannte Sonderpflicht ist also nicht nur räumlich, sondern auch sachlich auf den Tatbestand einer Ordnungswidrigkeit begrenzt.

Das Argument ROGALLs, der Arbeitnehmer schulde dem Arbeitgeber die Ausführung von Weisungen, zweifelhaft sei aber eine Gehorsamspflicht des

---

662 L-K-Jescheck § 13 Rn 26

Arbeitnehmers, trifft zwar den entscheidenden Punkt. Weil aber ein Betriebsinhaber den Arbeitnehmer im Rahmen des Arbeitsrechts nicht zur Begehung von Straftaten zwingen kann, unterliegt der Arbeitnehmer auch nicht in einer die Eigenverantwortlichkeit aufhebenden Weise der Herrschaft des Betriebsinhabers. Gerade unter dem Gesichtspunkt einer "praktischen Konkordanz", die ROGALL für seine Auffassung in Anspruch nimmt, müßte vor dem Ausgleich sich widersprechender Prinzipien zuerst deren Reichweite für den Fall bestimmt werden, in dem das jeweils andere Prinzip nicht zur Anwendung kommt. Diese Bestimmung ergibt aber auch vor dem Hintergrund eines angespannten Arbeitsmarktes, daß es eine rechtlich anerkannte Pflicht des absoluten Gehorsams, dessen Verletzung strafrechtlich geahndet werden kann, wie beispielsweise bei Soldaten gemäß den §§ 19 (Ungehorsam), 20 (Gehorsamsverweigerung) oder 21 (leichtfertiges Nichtbefolgen eines Befehls) des WStG[663] im Wirtschaftsleben nicht gibt. Daher fehlt bereits der Ansatzpunkt für einen Ausgleich.

Der Hinweis ROGALLs, daß ein Unternehmer viele Möglichkeiten habe, sich von den Handlungen seiner Angestellten zu distanzieren, beschreibt das Problem des Beweises einer Verantwortlichkeit des Unternehmers. Dieses Problem müßte, sofern es besteht und durch die Ermittlungsbehörden trotz ihrer Befugnisse nicht gelöst werden kann, durch den Gesetzgeber und nicht durch eine Überdehnung des Garantengedankens gelöst werden.[664]

Wenn ROGALL bemerkt, die Garantenstellung eines Betriebsinhabers sei durch die Reichweite seiner Herrschaft begrenzt, so ergibt sich daraus, daß der Betriebsinhaber nicht über die Reichweite seiner Direktionsbefugnis hinaus Garant sein kann. Diese Direktionsbefugnis ist aber verschiedenen Beschränkungen unterworfen, so daß eine Garantenstellung daraus nicht zu entstehen vermag.

Zunächst hängt das Direktionsrecht von den maßgeblichen tarifvertraglichen Regeln ab [665], die das Direktionsrecht im Hinblick auf das konkrete Arbeitsverhältnis beschränken. Sofern danach ein solches Recht des Ar-

---

663 §§ 19,20,21 WStG stellen die Verweigerung eines militärischen Befehls durch Unterlassen und Tun unter Strafe.
664 z. Regierungsentwurf eines neuen § 261 StGB vgl. u. 4. Teil III
665 vgl. i.e. Schaub 6. A. § 31 VI 1 und ebenso Palandt § 611 Rn 47

beitgebers im konkreten Fall besteht, unterliegt seine Ausübung der Vorschrift über die Bestimmung der Leistung gemäß § 315 BGB. Diese Vorschrift stellt die Bestimmung der Leistung zwar dem billigen Ermessen des Arbeitgebers anheim, unterstellt sie aber auch der vollen gerichtlichen Nachprüfbarkeit. Im übrigen gilt auch hier die Vorschrift des § 134 BGB, die eine gegen Gesetze verstoßende Weisung eines Betriebsinhabers nichtig sein läßt. Ein Arbeitnehmer kann also nicht ohne weiteres in eine Lage geraten, in der er keine andere Möglichkeit hat, als die Weisung seines Arbeitgebers zu einer rechtswidrigen Tat zu befolgen. Das gleiche gilt für eine Unternehmensattitüde im SCHÜNEMANN`schen Sinne. Ein Arbeitnehmer, der in solcher Weise zur Begehung einer umweltgefährdenden Abfallbeseitigung aufgefordert würde, hätte nicht nur das Recht, sondern auch die Pflicht die Ausführung dieser Weisung zu verweigern.

Ein weiteres Argument gegen ein Institut der Geschäftsherrenhaftung ergibt sich aus dem von den Befürwortern einer Geschäftsherrenhaftung herangezogenen Wehrstrafgesetz. Nach § 22 WStG muß der militärische Untergebene selbst prüfen, ob ein Befehl die Begehung einer Straftat zur Folge hätte. Denn nur ein unvermeidbarer Irrtum über die Verbindlichkeit eines Befehls, befreit ihn von der Strafbarkeit wegen Ungehorsames, Gehorsamsverweigerung oder dem Vorwurf des leichtfertigen Nichtbefolgens eines Befehls. Wenn dem Soldaten, der sich bei einem vermeidbaren Irrtum strafbar macht, zugemutet wird, daß er entsprechend dem Prinzip der Eigenverantwortlichkeit eigene Überlegungen anstellt, so wird diese Anforderung auch gegenüber Arbeitnehmern zu erheben sein. Denn einmal fehlt es an einem sachlichen Grund, den Arbeitnehmer besser zu stellen als den Soldaten. Außerdem kann die Weigerung des Arbeitnehmers, eine bestimmte Weisung seines Arbeitgebers auszuführen, nur dann zu einer Kündigung wegen Arbeitsverweigerung führen, wenn sich bei der vor jeder Kündigung vorgesehenen Anhörung[666] durch den Betriebsrat gemäß § 102 I, II 4 BtrVG herausstellt, daß die Ausführung der Weisung zwingend erforderlich gewesen wäre. Die Weisung zur Begehung einer Straftat muß also nicht befolgt werden.

---

666 vgl. dazu nur Schaub § 125 VII 7 a.E.

Jeder Arbeitnehmer hat es demnach selbst in der Hand, darüber zu entscheiden, ob er eine Straftat begeht und somit trifft ihn auch die Pflicht, entsprechend seiner eigenen Erkenntnis zu handeln.

Weil es eine Herrschaft des Menschen über andere Menschen dergestalt, daß die Beherrschten nicht mehr in der Lage wären, nach eigener Entscheidung ein strafrechtliches Verbot zu achten nicht (mehr) gibt, verdienen die Gegner eines Instituts der Geschäftsherrenhaftung Zustimmung.

4. Teil

Sonderprobleme

I Altlasten

"Altlasten" sind bundesgesetzlich nicht definiert, so daß es umstritten ist, ob dieser Begriff überhaupt ein rechtlicher ist oder erst in die Rechtssprache übersetzt werden muß. Dieser Streit ist ebenso jung wie der Begriff der Altlasten selbst.[667] Es erscheint am Beginn einer Diskussion über die rechtliche Behandlung eines tatsächlichen Phänomens methodisch zweifelhaft, davon auszugehen, daß es sich bei dem Begriff der Altlasten um einen rechtlichen Begriff überhaupt handelt. Denn die Diskussion über die rechtliche Behandlung soll ja erst ermöglichen, das tatsächliche Phänomen mit rechtlichen Maßstäben zu messen. Auch von einem unbestimmten Rechtsbegriff zu sprechen erscheint verfrüht[668], solange weder die Rechtswissenschaft noch die Rechtsprechung eine Linie entwickelt haben, die auf eine rechtliche Dimension des Begriffs schließen läßt.

Demnach ist in Anlehnung an PAPIER davon auszugehen, daß der Begriff der Altlasten jedenfalls zum gegenwärtigen Zeitpunkt noch keine rechtliche Dimension erreicht hat, sondern diese Qualität erst zu einem Zeitpunkt erhalten kann, in dem es wenigstens grundsätzlich geklärt ist, wie er mit rechtlichen Maßstäben zu erfassen ist.

Wenn demnach der Begriff der Altlasten erst einmal tatsächlich bestimmt werden muß, so ist aus einer naturwissenschaftlichen Betrachtung folgendes zu gewinnen[669]:

Altlasten sind Stoffanreicherungen im oder auf dem Boden, in Oberflächengewässern, im Grundwasser oder in der Luft, die zur Kontaminierung des jeweiligen Standortes führen. Diese Verunreinigung der Umweltmedien

---

667 vgl. Papier in UTR Bd 1 S.99 und Kloepfer ebenda S.111; ebenso K-S-V Kunig Anh. § 10 Rn 1; Breuer NVwZ 1987,751, (752)
668 so aber Kloepfer, aaO S. 111
669 vgl. zu den folgenden Ausführungen nur Stegmann UTR Bd 1 S. 3 und Diedrichsen ebenda S. 117

Boden, Wasser und Luft bewirken in manchen Fällen Schädigungen des Ökosystems auf verschiedenen Wegen. Entweder werden die Stoffe von Menschen Tieren oder Pflanzen aufgenommen - dies geschieht bei wasserlöslichen und flüchtigen Stoffen durch das Trinkwasser oder die Luft - oder sie gelangen in den Boden und von dort in das Grundwasser etwa durch Deponien oder Leitungen.

In der Bundesrepublik Deutschland (alte Bundesländer) werden etwa 50.000 Altlasten vermutet, von denen 5.000 als sanierungsbedürftig angesehen werden. Gleichwohl herrscht keine Sicherheit darüber, ob diese Zahlen richtig sind. [670]

Dies vorausgeschickt, stellen sich Altlasten als Verunreinigungen der Umwelt dar, die in der Vergangenheit ihren Ursprung hatten, d. h. vor dem Inkrafttreten der einschlägigen Gesetze zum Schutz der Umwelt entstanden sind, aber in der Gegenwart entdeckt oder vermutet werden. Aus strafrechtlicher Sicht bedeutsam sind nur die bereits entdeckten Altlasten. Für diese entdeckten Altlasten ist im Hinblick auf das Problem des verfassungsrechtlichen Rückwirkungsverbotes zunächst fraglich, welche verwaltungsrechtlichen Regelungen Anwendung finden. Damit das Abfallrecht auf sie angewandt werden kann, müssen sie zuerst zu einer beweglichen Sache dadurch werden, daß sie vom Erdboden getrennt werden. Bleiben sie dagegen mit dem Erdboden verbunden, so fehlt es an der zur Abfalleigenschaft notwendigen Eigenschaft einer beweglichen Sache.[671] Wenn eine Altlast z. B. darin besteht, daß Erdreich kontaminiert ist, so kann sie als unbewegliche Sache nicht Abfall sein. Wird sie aber dadurch beweglich, daß jemand das Erdreich abträgt und an einem anderen Ort niederlegt, so hat das bewegte Erdreich die (regelmäßig objektive) Abfalleigenschaft gewonnen. Auf das nicht abgewendete umweltgefährdende Ablagern findet in der Gegenwart §§ 326 I, 13 I StGB Anwendung. Gleichwohl kann bei wassergefährdenden Stoffen unabhängig von der Beweglichkeit der Altlast Wasserrecht Anwendung finden. Der Umgang mit wassergefährdenden Stoffen ist in §§ 19ff und 34 WHG geregelt.[672]

---

670 vgl. Diedrichsen UTR Bd 1 S. 117 bei Fn 3 und Stegmann ebenda S. 5
671 vgl. o. 1. Teil I 1)
672 vgl. Nauschütt, Altlasten, S. 119

Die Frage, welches Recht auf Altlasten anzuwenden ist, wird vor dem Hintergrund stillgelegter und noch nicht stillgelegter Abfallentsorgungsanlagen diskutiert. Erstere werden in der Literatur als echte Altlasten, letztere werden als unechte Altanlagen oder unechte Altlasten bezeichnet.[673]

1) unechte Altlasten

Die Anlagen, die bereits vor dem ersten Abfallbeseitigungsgesetz vom 11. Juni 1972 betrieben wurden und deren Betrieb angezeigt werden mußte, sind bestehende Anlagen i. S. des Abfallgesetzes (die alte Fassung, vor dem 27. August 1986, statuierte in ihrem Absatz 1 die Anmeldepflicht innerhalb von sechs Monaten seit Inkraftsetzung. Dieser Absatz wurde inzwischen gestrichen.) Für diese Anlagen bestimmt nunmehr der § 9 S. 1 AbfG, daß die zuständige Behörde Bedingungen, Befristungen und Auflagen anordnen kann (nachträgliche Anordnung). Für das in Art 3 des Einigungsvertrages genannte Gebiet gilt § 9a AbfG, wonach vor dem 1. Juli 1990 betriebene oder errichtete Abfallentsorgungsanlagen bis zum 31. Dezember 1990 anzuzeigen waren und deren Weiterbetrieb mit einer nachträglichen Anordnung gemäß § 9a I AbfG von der zuständigen Behörde geregelt werden kann. Bei heute noch betriebenen Abfallbeseitigungsanlagen bilden vor dem 11. Juni 1972 erfolgte Ablagerungen, die heute entdeckt werden, echte Altlasten, nach diesem Zeitpunkt erfolgte Ablagerungen unechte Altlasten.[674]

Bei der Diskussion um die verwaltungsrechtliche Einordnung der Altlasten ist noch vieles ungeklärt.[675] Strafrechtlich ergibt sich für die unechten Altlasten, daß vor dem Inkrafttreten des 18. StÄG 1980 die alte Rechtslage, d. h. § 16 AbfG a. F. maßgeblich ist. Für das Beitrittsgebiet gemäß Art. 3 des Einigungsvertrages gilt dies nicht. Hier dürfte die Regelung des § 191a StGB DDR[676] Anwendung finden, soweit der Einigungsvertrag dies zuläßt. Erst für die nach dem jeweiligen Inkrafttreten des § 326 StGB bewirkten umweltgefährdende Abfallbeseitigungen kann diese Vorschrift herangezogen werden.

---

673 vgl. nur Kloepfer UTR Bd1 S. 19 u. 52
674 vgl. Kloepfer NuR 87, 7 ff
675 vgl. dazu Breuer in NVwZ 1989, 751 ff, (753) m. zahlreichen Nachw., der hier von einer diffusen Tatsachenlage und Unzulänglichkeiten des Rechts spricht
676 vgl. sogleich 4. Teil II

2) echte Altlasten

Hinsichtlich dieser Anlagen wird die Regelung des Abfallgesetzes nicht für anwendbar gehalten, weil es sich hier um eine nur ausnahmsweise zulässige echte Rückwirkung handelte.[677] Insoweit können die Verursacher einer umweltgefährdenden Abfallbeseitigung, wenn überhaupt, nur nach § 16 AbfG a. F. zur Verantwortung gezogen werden, soweit keine Verjährung eingetreten ist.

Sowohl bei echten, als auch bei unechten Altlasten gelten bei der Anwendung des § 326 StGB bzw. des § 16 AbfG a. F. die in dieser Untersuchung erarbeiteten Grundsätze über die strafrechtliche Haftung aus der Verletzung einer Garantenpflicht. Für eine Zustandshaftung, die FRANZHEIM hier ohne Begründung für bedeutsam hält [678], ist danach kein Raum.

II Die Regelung des § 191a StGB DDR i. d.. F. des Einigungsvertrages

Seit dem 3. Oktober 1989 gilt für das in Art 3 des Einigungsvertrages genannte Beitrittsgebiet der neuen fünf Länder der § 191 a StGB DDR in der Fassung, die diese Vorschrift im Einigungsvertrag gefunden hat.[679] Diese Vorschrift hat folgenden Wortlaut:

> "Verursachung einer Umweltgefahr
> (1) Wer unter Verletzung verwaltungsrechtlicher Pflichten eine Verunreinigung des Bodens mit schädlichen Stoffen oder Krankheitserregern in bedeutendem Umfang verursacht, wird mit Freiheitsstrafe bis zu fünf Jahren oder mit Geldstrafe bestraft.
> (2) Der Versuch ist strafbar.
> (3) Handelt der Täter fahrlässig, so ist die Strafe Freiheitsstrafe bis zu zwei Jahren oder Geldstrafe.
> (4) Verwaltungsrechtliche Pflichten im Sinne des Abs. 1 verletzt, wer gegen eine Rechtsvorschrift, eine vollziehbare Untersagung, Anordnung oder Auflage verstößt, die dem Schutz des Bodens vor Verunreinigung dient."

---

677 das ist unbestritten; vgl. insoweit Papier aaO S. 60 m.w.N.; ebenso Nauschütt, S. 118

678 Franzheim, Strafrechtliche Probleme der Altlasten in ZFW 1987, S. 9 ff. (11)

679 vgl. Bulletin der Bundesregierung Nr.104 S. 1078, Kap. III (BMJ) Sachgebiet C Abschnitt II des Einigungsvertrages, (EV)

Gegenüber dem Regelungsgehalt, den diese Vorschrift vor der Einigung hatte, stellt die jetzige Fassung eine deutliche Beschränkung dar. Während früher neben dem Boden auch das Wasser und die Luft vor der Verunreinigung mit schädlichen Stoffen oder Krankheitserregern geschützt wurden, hat man den Anwendungsbereich der Vorschrift im Einigungsvertrag auf den Schutz des Bodens beschränkt. Anstelle der früher genannten "gesetzlichen und beruflichen Pflichten" sind heute ausschließlich verwaltungsrechtliche Pflichten getreten. Das ist deswegen ein erheblicher Unterschied, weil in der früher geltenden Fassung des § 191a StGB DDR auch der Verstoß gegen Pflichten aus dem Landeskulturgesetz der DDR sowie betrieblicher Weisungen oder Arbeitsinstruktionen für den Umgang mit Abwässern und Abprodukten für die Erfüllung des Tatbestandes ausreichten.[680]

Trotz dieser Einschränkungen der Vorschrift eröffnet sie einen im Vergleich zu § 326 StGB größeren Anwendungsbereich aber schon deswegen, weil nicht nur Abfälle, sondern auch andere Stoffe in den Tatbestand fallen, soweit sie schädlich sind. § 326 I Nr.3 StGB verlangt zwar nur eine den Stoffen innewohnende abstrakte Gefahr, setzt aber die Abfalleigenschaft der Stoffe voraus.

Weil die Vorschrift des § 191 a StGB DDR gemäß Art. 8 des Einigungsvertrages neben dem sonstigen Bundesrecht fortgelten, also auch neben § 326 StGB fortgelten soll, [681] ergibt sich für das Gebiet der neuen fünf Länder insoweit eine Verschärfung des Umweltstrafrechts. Ein Beispiel möge die Schwierigkeiten aufzeigen, die sich daraus ergeben können:

Lagert jemand auf der westlichen Seite des Potsdamer Platzes in Berlin schädlichen Abfall ab, ist er gemäß § 326 StGB strafbar, lädt er den Abfall auf der östlichen Seite des Platzes ab, gilt neben dieser Vorschrift der § 191 a StGB DDR.

680 vgl. insoweit die Erläuterungen des Kommentars des Justizmiministeriums der DDR, Akademie der Rechts- und Staatswissenschaft Potsdam-Babelsberg, 5. Auflage, Berlin 1987

681 vgl. Vorbemerkungen der besonderen Bestimmungen des Art.8 und Art.11 des EV aaO S. 890

Vor dem Hintergrund des Art. 3 I GG, der den Trägern hoheitlicher Gewalt aufgibt, zwei gleiche Sachverhalte in ihrem Zuständigkeitsbereich grundsätzlich gleich zu behandeln, [682] stellen sich diese beiden Fälle nicht unproblematisch dar. Denn die Staatsanwaltschaft bei dem Landgericht Berlin müßte für den westlich abgelagerten Abfall § 326 StGB anwenden, für den östlichen aber daneben noch § 191 a StGB. Dieser Rechtszustand wird möglicherweise dazu führen, daß Abfallbesitzer einen Abfalltransfer von Ost nach West durchführen.

Es ist hier nicht der Raum, einen eingehenden Lösungsversuch zu unternehmen. Eine schlichte Nichtanwendung der Vorschrift des § 191 a StGB-DDR im Land Berlin verlagerte das Problem jedenfalls nur - im wahrsten Sinne des Wortes - an den Stadtrand.

III Die Rechtslage nach dem Regierungsentwurf für das 2. Gesetz gegen die Umweltkriminalität (UKG)

1) Die Regelung des § 326 StGB E

Die Vorschrift hat sich nach Ansicht des Regierungsentwurfs in ihrer Grundstruktur und ihrer Anwendbarkeit bewährt.[683] Die vom Regierungsentwurf ins Auge gefaßten Änderungen im Wortlaut der Vorschrift lassen sowohl die Struktur der Vorschrift als auch ihr Wesen als abstraktes Gefährdungsdelikt unberührt.[684]

Der bisherige Wortlaut wird nur unwesentlich verändert. Anstelle *nachhaltig* soll nunmehr das Wort *erheblich* eingefügt werden. Diese Änderung nimmt der geforderten Verunreinigung das zeitliche Moment und stellt nur noch auf die Schwere der drohenden Verunreinigung ab.

Damit wird nach der Ansicht der Verfasser des Entwurfs eine bisher bestehende Strafbarkeitslücke für die Fälle geschlossen, in denen eine nur kurz-

---

682 vgl. dazu in diesem Zusammenhang nur Jarass/Pieroth Art 3 Rn. 3
683 vgl. den Bericht der interministeriellen Arbeitgruppe Umwelthaftungs- und Umweltstrafrecht v. 19. Dezember 1989 S. 165
684 vgl. die Begründung der Bundesregierung in BTDrs. 12/192 S. 20

zeitige aber erhebliche Verunreinigung durch die Beseitigung zu gewärtigen ist. Im übrigen reiche dieses Merkmal zur Beschränkung des Anwendungsbereichs der Vorschrift auf die strafwürdigen Fälle aus.[685]

Nicht gestrichen wird der bisherige § 326 V StGB, er wird zum § 326 VI StGB E. Dieser Absatz sollte nach der ursprünglichen Ansicht des Gesetzgebers[686] die nicht mehr strafwürdigen Fälle aus dem Anwendungsbereich der Vorschrift ausschließen, stieß seit seinem Bestehen aber auf zahlreiche Bedenken in der Literatur.[687]

Eine weitere Änderung des Entwurfs besteht darin, daß im Absatz 1 Nr. 1 2. Alternative das Merkmal *Erreger gemeingefährlicher und übertragbarer Krankheiten* um die Worte *auf Menschen oder Tiere* ergänzt wurde. Der Regierungsentwurf hat dies mit bestehenden Auslegungsschwierigkeiten dergestalt begründet, daß bisher nicht klar ersichtlich war, ob das Merkmal im Sinne des § 1 BSeuchG zu verstehen sei. Danach sind übertragbare Krankheiten solche, die durch Krankheitserreger beim Menschen mittelbar oder unmittelbar Krankheiten verursachen können. Diese Schwierigkeit sollte mit der Änderung behoben werden.

Außerdem wurde durch den Entwurf in den ersten Absatz eine neue Nummer 2 eingefügt, die bisherige Nummer 2 wird zur Nummer 3. Inhaltlich wurde in der neuen Nummer 2 dem Umstand Rechnung getragen, daß der Giftbegriff der jetzigen Fassung, der dem des § 229 StGB entspricht [688], also solche Stoffe nicht erfaßt, die erst im Laufe eines chemischen oder chemisch-physikalischen Prozesses die Gifteigenschaft gewinnen, dessen Nachweis aber nicht oder nur schwierig zu erbringen ist. Damit eine wegen der potentiellen Gefährlichkeit dieser Stoffe nicht gerechtfertigte Privilegierung verhindert werde, soll in die neue Nummer 2 die Begrifflichkeit des § 7a I WHG und des § 13 Nr 3 k) bis m) ChemG in den § 326 StGB übernommen werden. Der Wortlaut der neuen Nr 2 soll demnach wie folgt sein: (Abfälle, die) *für den Menschen krebserzeugend, fruchtschädigend oder erbgutverändernd sind.*

---

685 vgl. BTDrs.. 12/192 S. 40
686 vgl. dazu BTDrs. 8/2382 S. 17
687 vgl. zu den Bedenken z.B. Sack NJW 1980, 1424, 1427
688 vgl. dazu BTDrs. 8/2382 S. 17

Schließlich erfährt § 326 I Nr. 4 StGB (jetzt noch § 326 I Nr. 3 StGB) insoweit eine Änderung, als die Vorschrift um den Regelungsinhalt der neuen Nr. 4 b) erweitert wird. Erfaßt werden sollen nunmehr auch solche Abfälle, die geeignet sind, einen Bestand von Tieren und Pflanzen zu gefährden. Das Merkmal Bestand ist aus dem § 39 PflSchG entlehnt und hat dieselbe Bedeutung wie dort. Das bedeutet, er umfaßt eine Tier- oder Pflanzenpopulation in einem bestimmten Gebiet. Die Neufassung hat zur Folge, daß in Zukunft mit Krankheitserregern behafteter Abfall, der Pflanzenbestände schädigen kann und unbefugt beseitigt wird, den Tatbestand ebenfalls erfüllt.

Von ebenso klarstellender Bedeutung ist die Erweiterung des § 326 StGB um den neuen Absatz 2. Der ursprüngliche Absatz 2 wird zum Absatz 3.

Diese Erweiterung führt zum folgenden Wortlaut:

> "(2) Ebenso wird bestraft, wer Abfälle im Sinne des Absatz 1 ohne die erforderliche Genehmigung in den, aus dem oder durch den Geltungsbereich dieses Gesetzes verbringt."

Der Grund für diese Erweiterung der Vorschrift durch den Entwurf ist das Bestreben des Regierungsentwurfs, den Auswüchsen des "Mülltourismus" entgegenzutreten, die in der Vergangenheit dazu geführt hätten, daß die Abfälle in Länder verbracht werden, in denen eine ordnungsgemäße Entsorgung nicht gewährleistet werden könne. Als Beispiel führt der Entwurf dabei an, daß ein hochtoxischer Abfall in ein Entwicklungsland verbracht wird. Die Erfassung des illegalen Transits von Abfällen über das Gebiet der Bundesrepublik soll sowohl den Risiken des Mülltourismus begegnen, als auch der Verwirklichung des Baseler Abkommens v. 22. März 1989 über die Kontrolle der grenzüberschreitenden Verbringung gefährlicher Abfälle und ihrer Entsorgung dienen. [689] In Art. 4 III sieht dieses Abkommen vor, daß die vertragschließenden Parteien jegliches illegale Geschäft mit Abfällen zu ahnden haben.

Mit dieser Erweiterung komme es zu einer teilweisen Überlagerung des Anwendungsbereichs der Vorschriften §§ 326 StGB-E und 18 I Nr 10 AbfG.

---

689 vgl. BTDrs.. 12/192 S. 21

Selbständige Bedeutung soll nach der Auffassung der Begründung der Bundesregierung die Bußgeldvorschrift aber für nicht gefährliche und für sonstige radioaktive Stoffe behalten.

Mit *erforderlichen Genehmigungen* sind solche nach den §§ 13 AbfG oder 11 StrSchVO gemeint, die sowohl für die Einfuhr als auch für die Ausfuhr von Abfällen betreffen.

2) Aufsichtspflichtverletzung gem. § 261 StGB-E

Entgegen der Empfehlung der interministeriellen Arbeitsgruppe [690] hat die Vorschrift des § 261 StGB-E Eingang in den Entwurf gefunden. Die Vorschrift hat nach der Stellungnahme des Bundesrates folgenden Wortlaut:

> "§ 261 Verletzung der Aufsichtspflicht in Betrieben und Unternehmen
>
> (1) Wer vorsätzlich oder leichtfertig als Inhaber eines Betriebes oder Unternehmens die Aufsichtsmaßnahmen unterläßt, die erforderlich sind, um in dem Betrieb oder Unternehmen Verstöße gegen Pflichten zu verhindern, die den Inhaber als solchen treffen und deren Verletzung mit Strafe bedroht ist, wird mit Freiheitsstrafe bis zu drei Jahren oder mit Geldstrafe bestraft, wenn eine solche Pflichtverletzung begangen wird, die durch gehörige Aufsicht hätte verhindert werden können. Zu den erforderlichen Aufsichtsmaßnahmen gehören auch die sorgfältige Bestellung, Auswahl und Überwachung von Aufsichtspersonen.
>
> (2) Betrieb oder Unternehmen im Sinne des Absatzes 1 ist auch das öffentliche Unternehmen.
>
> (3) Die Strafe darf nicht schwerer sein, als die Strafe, die für den Pflichtverstoß im Sinne des Absatzes 1 angedroht ist.
>
> (4) Die Absätze 1 und 2 gelten nicht, wenn die Tat in anderen Vorschriften mit Strafe bedroht ist.
>
> (5) Die Tat wird nur auf Antrag, mit Ermächtigung oder auf Strafverlangen verfolgt, wenn die strafbare Zuwiderhandlung im Sinne des Absatzes 1 nur auf Antrag, mit Ermächtigung oder auf Strafverlangen verfolgt werden könnte." [691]

690 vgl. deren Bericht S. 76
691 vgl. BTDrs.. 12/ 192 S. 1 ff

Der Bundesrat begründet in seiner Stellungnahme gegenüber dem Bundestag zum Regierungsentwurf die Einführung damit, daß sie notwendig zur Verbesserung des Sanktionsschutzes gegen Zuwiderhandlungen in Betrieben und Unternehmen sei. Die Notwendigkeit ergebe sich aus dem Umstand, daß der Betriebsinhaber bei der Verletzung eigener Pflichten durch seine Angestellten nur in beschränktem Umfang strafrechtlich zur Verantwortung gezogen werden könnte. Zwar bleibe seine Verantwortlichkeit trotz Delegation bestehen, er könne jedoch nur dann als Täter oder Beteiligter der konkreten Straftat angesehen werden, wenn er die Begehung der Tat vorausgesehen und sie trotz einer bestehenden Möglichkeit dazu nicht verhindert habe. Die Schwierigkeiten der Feststellung solcher Umstände hätten schon früher dazu geführt, ergänzende Regelungen einzuführen, z. B. § 376 PrWG oder § 130 OWiG.[692]

Die letztgenannte Vorschrift hält der Bundesrat deswegen nicht für ausreichend, weil damit gegen den Inhaber nur eine Geldbuße festgesetzt werden könnte. Dies erscheint dem Bundesrat bei vorsätzlicher Verletzung der Aufsichtspflicht für nicht angemessen, weil der Aufsichtsspflichtige mit der Verletzung schwere Schuld auf sich geladen habe, die eine Kriminalstrafe rechtfertige.[693]

Die Vorschrift habe im 21. Abschnitt des StGB ihren richtigen Standort, denn sowohl die Straftaten gemäß den § 257 ff. StGB wie die des § 261 StGB-E ständen jeweils im Zusammenhang mit der Tat einer anderen Person.

---

692 vgl. BTDrs.. 12 /192 S. 38
693 vgl. aa0 S. 38

3) Die bisher geäußerte Kritik zu dem hier untersuchten Teil des Entwurfs

Die Ergänzungen des § 326 StGB-E dienen überwiegend der Klarstellung und verwirklichen das Ziel, innerhalb des Umweltrechts keine hinderlichen Auslegungsschwierigkeiten dadurch zu schaffen, daß die Begrifflichkeiten der einzelnen Gesetze sich unterscheiden. Vor diesem Hintergrund ist es zu begrüßen, das der neue Absatz 1 Nr. 2 in Übereinstimmung mit der Begrifflichkeit des Chemikaliengesetzes steht und auch denkbare Unstimmigkeiten im Verhältnis zu §§ 1 BSeuchG und 39 PflSchG nicht mehr bestehen werden..

Bedenklicher steht es um den § 261 StGB-E, an dem bereits mehrfache Kritik geäußert wurde.

Die Bundesregierung macht bereits in ihrer Gegenäußerung zur Stellungnahme des Bundesrates [694] geltend, daß die Vorschrift eine Ausdehnung der Strafbarkeit in einem Maße mit sich bringe, die eine erneute Überprüfung notwendig mache. Außerdem werde die Vorschrift auch durch ihren Standort Bedeutung weit über den Bereich des Umweltschutzes hinaus entfalten.

Die Ausdehnung der Strafbarkeit sei deswegen entbehrlich, weil bereits fahrlässige und damit auch leichtfertige Aufsichtspflichtverletzungen, die schuldhaft zur Begehung einer Umweltstrafttat beitragen, nach den Grundsätzen einer Nebentäterschaft zu bestrafen seien. Bei Vermögensstraftaten, die meist nur vorsätzlich begangen würden, führe die Ausdehnung der Strafbarkeit, die aus der neuen Vorschrift folge, zu so weittragenden Konsequenzen, daß vor der Einführung der Vorschrift eine Prüfung in größerem Zusammenhang erforderlich sei.

Auch in der Literatur werden erhebliche Zweifel an der Vorschrift laut.

HAMM macht systematische Bedenken geltend. Er rügt, daß der Entwurf die Frage nicht beantworte, weshalb eine in das System der Tatintensität von

---

694 vgl. BTDrs.. 12/ 192 S. 43

Täterschaft und Teilnahme eingreifende Regelung nicht in den allgemeinen Teil eingefügt worden sei.[695]

Einen weiteren Anlaß zu dogmatischem Zweifel sieht HAMM in folgendem: Während etwa der § 357 StGB eine besonders intensive und unter dem Aspekt der sauberen Amtsführung besonders verwerfliche Form der Teilnahme betreffe, werde mit § 261 StGB-E eine dem Strafrecht völlig neue, abgeschwächte Form der Teilnahme durch Unterlassen bestraft. Dabei bestehe einerseits kein Zusammenhang mit den Taten der Begünstigung und der Hehlerei, andererseits sprenge die Vorschrift auch die klassischen Zuschreibungsmodelle im Hinblick auf die nicht eigenhändige Deliktsverwirklichung. Beihilfe erfordere wenigstens eine "Handreichung" physischer oder psychischer Art, während die Unterlassung der Aufsicht eine schlichte Untätigkeit darstelle, die keinen konkreten Bezug zu der von anderen tatsächlich begangenen Tat mehr habe.[696]

Im Strafrecht gelte mit guten Gründen nicht das Einheitstäterprinzip des Ordnungswidrigkeitenrechts. Strafrechtlich könne sich nur der vorsätzliche Veranlasser einer fremden Straftat gemäß den Regeln der Anstiftung strafbar machen. Die fahrlässige Veranlassung - auch durch mangelnde Aufsicht - sei nach diesen Grundsätzen nicht strafbar, werde es aber nach dem § 261 StGB-E. Dies führte zu einer Einführung der Stellvertreterhaftung in das Strafrecht.

Schließlich befürchtet HAMM, daß die Strafverfolgungsbehörden das Merkmal der gehörigen Aufsicht im Wege des Zirkelschlusses so auslegen werden, daß darunter jede Aufsichtspflichtverletzung fällt, die zu einem Verstoß gegen Betreiberpflichten führt.

In praktischer Hinsicht befürchtet er, daß die neue Regelung zu einer Bürokratisierung der Betriebe und Unternehmen führe. Sofern dieser Prozeß im Hinblick auf die Verschiebung von Verantwortlichkeiten erfolgreich sei, wäre wieder der "Mann am Schieber" derjenige, den die Strafdrohung träfe.[697]

695 Hamm in StV 1990, 221
696 ders. aaO S. 222
697 ders. aaO S. 222; ebenso Kohlmann/Ostermann WiStra 1990, 121ff (128)

Nach der Auffassung von KOHLMANN/OSTERMANN begegnet die Tatsache erheblichen Bedenken, daß eine Vorschrift wie die des § 261 StGB-E über jedem Verantwortlichen in einem Betrieb das "Damoklesschwert" des Beschuldigtenstatus schweben lasse. Sofern das Merkmal der gehörigen Aufsicht weit genug ausgelegt würde, seien kaum Verstöße denkbar, auf die es nicht anwendbar wäre.[698]

Im Gegensatz zu HAMM gehen KOHLMANN/OSTERMANN nicht davon aus, daß der § 261 StGB-E eine neue, mildere Form der Beihilfe in das Strafrecht einführe. Das Unrecht der Aufsichtspflichtverletzung liege vielmehr - wenn überhaupt - in der abstrakten Gefährlichkeit der Unterlassung einer Aufsicht, die es ermögliche, daß in einem Betrieb Pflichtverstöße begangen würden.[699]

Allerdings sehen diese Autoren einen Verstoß des § 261 StGB-E gegen das Bestimmtheitsgebot des Art. 103 II GG. Denn durch die Loslösung der Pflichtverstöße der Untergebenen aus einem Tatbestands- oder Schuldzusammenhang, die daraus resultiere, daß der § 261 StGB-E nur von einem Verstoß gegen Pflichten des Betreibers, nicht von einer rechtswidrigen Tat des Untergebenen spreche, fehle jeder Bezugspunkt dafür, welche Aufsichtsmaßnahmen im konkreten Fall zutreffend seien. Die Aufsichtspflicht an sich gebe es nicht. Aufsichtspflichten könnten sich in Art und Erforderlichkeit immer nur im Hinblick auf bestimmte betriebliche Situationen ergeben. Ohne diese Bestimmbarkeit bleibe das Verbot einer unterlassenen Aufsicht inhaltsleer.[700]

Schließlich äußern KOHLMANN/OSTERMANN Zweifel daran, ob den Erfordernissen des Schuldprinzips genüge getan wurde. Der Pflichtverstoß des Untergebenen ist in der Vorschrift des § 261 StGB-E als objektive Bedingung der Strafbarkeit ausgestaltet. Sofern es sich dabei um eine sogenannte unechte Bedingung der Strafbarkeit handelte, die strafbarkeitsaus-

---

698 Kohlmann/Ostermann aaO S. 128
699 Kohlmann/Ostermann aaO S. 129
700 dies. aaO S. 130

dehnend wirkte, wäre sie nach der überwiegenden Meinung verfassungswidrig.[701]

4) Zusammenfassende Stellungnahme

Die dargestellte Kritik an dem § 326 StGB-E überzeugt, wonach die in der neuen Fassung enthaltenen Änderungen im wesentlichen klarstellender Natur und daher überwiegend zu begrüßen sind.

Nicht zu überzeugen vermag allerdings die vom Gesetzgeber selbst eingeräumte Überlagerung des neuen Absatz 2, der fast den gleichen Wortlaut hat wie § 18 I Nr. 10 AbfG. Es wäre auch vor dem Hintergrund des Art. 103 II GG wünschenswert gewesen, wenn der Gesetzgeber selbst die Grenze zwischen einem Zuwiderhandeln gegen Verwaltungsrecht und kriminellem Unrecht gezogen hätte.

Wie sich in der Diskussion um die Frage, ob auch Hausabfall Abfall i. S. des § 326 StGB sein kann, gezeigt hat, hätte der Gesetzgeber seine Absicht, Hausabfall auszuschließen, im Wortlaut der Vorschrift verankern müssen.[702] Das gilt in gleichem Maße für die Grenze zwischen einer Ordnungswidrigkeit und kriminellem Unrecht.

Ebensowenig auf Zustimmung kann die Tatsache stoßen, daß die sogenannte Minima-Klausel des Absatz 6 (jetzt Absatz 5) ohne Auseinandersetzung mit den Bedenken, die sowohl im Bericht der interministeriellen Arbeitsgruppe [703] als auch in der Literatur dagegen vorgebracht wurde[704], beibehalten wird. Die Menge eines Abfalls steht in keinem unlösbaren Zusammenhang mit seiner Gefährlichkeit. Denkbar sind überdies auch andere Gründe, weshalb bei einer umweltgefährdenden Abfallbeseitigung "schädliche Einwirkungen auf die Umwelt, ... offensichtlich ausgeschlossen sind".

---

701 dies. aaO S. 130; ähnlich auch Rogall in ZStW 98, 591 für § 130 OWiG; ebenso Schünemann, Unternehmenskriminalität S. 216
702 vgl. o. I. Teil I 5 dd)
703 vgl. den Bericht S. S. 170 u. 171
704 vgl. z. B. Sack § 326 Rn 18

Eine Streichung der Worte "wegen der geringen Menge" allein, könnte der Vorschrift andererseits ihren Charakter als abstraktes Gefährdungsdelikt nehmen.

Die umfangreiche Kritik an der neuen Vorschrift des § 261 StGB-E läßt die Berechtigung dieser Vorschrift zweifelhaft erscheinen.

Die bisher von der Kritik in der Literatur aufgezeigten Unstimmigkeiten und die fragliche Vereinbarkeit der Vorschrift mit dem Grundgesetz geben Anlaß, die bereits von der Bundesregierung befürwortete Ansicht nachhaltig zu unterstützen, die Einführung der Vorschrift an sich und gegebenenfalls auch ihre Einordnung in das StGB einer umfassenden Prüfung in seinem Gesamtzusammenhang zu unterziehen.

Das Argument des Bundesrates, Beweisschwierigkeiten[705] hätten schon früher zur Einführung einer Vorschrift wie der des § 261 StGB-E geführt, überzeugt schon deshalb nicht, weil einerseits § 130 OWiG Verwaltungsunrecht mit einer Geldbuße, nicht mit Strafe bedroht und andererseits bereits für diese Vorschrift verfassungsrechtliche Bedenken angemeldet wurden[706], die der Bundesrat nicht berücksichtigt hat.

Es erscheint im übrigen nicht angemessen, einen Tatbestand, der jedenfalls die Systematik des StGB insoweit grundlegend berührt, als er an dem klassischen Modell der Unterscheidung zwischen Täterschaft, Teilnahme, und nachträglichen Unterstützungshandlungen, wie sie in den §§ 257 ff. zum Ausdruck kommen, eingreift, ausschließlich bei der Reform des 28. Abschnitts zu behandeln, ohne den Gesamtzusammenhang des StGB in genügendem Maße zu berücksichtigen. Es ist im übrigen auch nicht recht einzusehen, wodurch die in der Stellungnahme des Bundesrates zutage tretende Hast der Befürworter einer mit Kriminalstrafe bedrohten Aufsichtspflichtverletzung berechtigt wäre, ohne eine noch eingehendere

705 vgl. zu sonstigen praktischen Schwierigkeiten Seelmann, NJW 1990, 1257 ff (1261)
706 vgl. Rogall, ZStW 100, 591; Schünemann WiStra 1982, 41 ff. (48)

Prüfung diese Frage ihrer umfassenden Bedeutung entsprechend moderat zu beantworten.[707]

707 so auch Bottke, der sich in dem Zusammenhang der Verbandsbuße für einen moderaten Reformansatz und eine Politik der kleinen Schritte ausspricht, WiStra 1991, 81 ff. (90,91)

ANHANG

Literaturverzeichnis

ADAMI, Friedrich Wilhelm	Anmerkung zu RGSt 69, 321 (= JW 1935, 3106), in JW 1935, 3468
ANDROULAKIS, Nikolaos	Studien zur Problematik der unechten Unterlassungsdelikte, München und Berlin 1963
ALTENMÜLLER, Reinhard	Zum Begriff Abfall im Recht der Abfallbeseitigung, in DÖV 1978, 27 ff
ARNDT, Volker	Der Betriebsbeauftragte im Umweltrecht, Kiel 1986
ARZT, Gunter	Zur Garantenstellung beim unechten Unterlassungsdelikt, in JA 1980, 535 ff
ders.	Anmerkung zu BGH in StV 1986, 337, in StV 1986, 337
BAR, Christian v.	Verkehrspflichten, Köln usw. 1980
BÄRWINKEL, Richard	Zur Struktur der Garantieverhältnisse bei den unechten Unterlassungsdelikten, Berlin 1968
BAUMANN, Jürgen, WEBER, Ulrich	Strafrecht Allgemeiner Teil, 9. Auflage, Bielefeld 1985

BENDER, Bernd, SPARWASSER, Reinhard	Umweltrecht, 2. Auflage Heidelberg 1990
BERICHT	der interministeriellen Arbeitsgruppe Umwelthaftungs- und Umweltstrafrecht v. 19. 12. 1989
BLAUTH, Peter	Handeln für einen anderen nach geltendem und kommendem Strafrecht, Heidelberg 1968
BLEI, Hermann	Strafrecht Band I, 18. Auflage München 1983
BOTTKE, Wilfried	Empfliehlt es sich, die strafrechtliche Verantwortlichkeit für Wirtschaftsstraftaten zu verstärken? in WiStra 1991, 80ff
BULLETIN	der Bundesregierung Nr. 104
BRAMMSEN, Jörg	Die Entstehungsvoraussetzungen der Garantenpflichten, Berlin 1986
BREUER Rüdiger	Rechtsprobleme der Altlasten in NVwZ 1987, 751 ff
DAHS, Hans	Garantenpflichten für Amtsträger, in NStZ 1986, 97ff
DERNBURG, Heinrich	Das Sachenrecht des deutschen Reiches und Preußens, 2. Auflage, Halle a.S. 1901
DIEDERICHSEN, Uwe	Altlasten und Umweltrecht, in Jahrbuch des Umwelt und Technikrechts Band 1, Düsseldorf 1985

DREHER, Eduard, TRÖNDLE, Herbert	Strafgesetze und Nebengesetze 45. Auflage München 1991
DOERING, Detlev	Garantenpflicht aus homosexueller Lebensgemeinschaft, in MDR 1972, 664
ENNECCERUS, Ludwig, WOLFF, Martin, RAISER, Ludwig	Lehrbuch des bürgerlichen Rechts Dritter Band, 10. Auflage, Marburg 1957
ERICHSEN, Hans Uwe, MARTENS Wolfgang, Hrsg.	Allgemeines Verwaltungsrecht, 5. Auflage, Berlin New York 1981 (zit. Erichsen/Martens- Bearb.)
FEUERBACH, Johann Anselm, Ritter v.	Lehrbuch des in Deutschland gültigen peinlichen Rechts, 13. Auflage, Giessen 1840
FINKLENBURG, Klaus, ORTLOFF, Karsten-Michael	Öffentliches Baurecht Band I u. II, München 1990
FRANZHEIM, Horst	Umweltstrafrecht, Köln usw. 1991
ders.	Strafrechtliche Probleme der Altlasten, in ZfW 1987,9 ff
FÜRST Walter, FINGER, Hans-Joachim, MÜHL, Otto, SUMMER, Siegfried	Gesamtkommentar des öffentlichen Dienstrechts, Beamtenrecht des Bundes und der Länder, Loseblatt,München, Stand 1991
GALLAS, Wilhelm	Die strafrechtliche Verantwortung der am Bau Beteiligten, Heidelberg 1963
ders.	Studien zum Unterlassungsdelikt, Heidelberg 1989

GEISLER, Christiane	Strafbarkeit von Amtsträgern im Umweltschutzrecht, in NJW 1982, 11 ff
GIESEKE, Paul, WIEDEMANN, Werner, CZYCHOWSKI, Manfred	Wasserhaushaltsgesetz, 4. Auflage, München 1985
GOEHLER, Erich	Zur strafrechtlichen Verantwortlichkeit des Betriebsinhabers für die in seinem Betrieb begangenen Zuwiderhandlungen, in Festschrift für Eduard Dreher, Berlin New York 1977
GREBE, Hans-Klemens	Die Rechtspflicht zum Handeln bei den sogenannten unechten Unterlassungsdelikten, Münster 1936
GRÜNWALD, Gerald	Zur gesetzlichen Regelung der unechten Unterlassungsdelikte, in ZStW 70, 425ff
HAEDRICH, Heinz	Atomgesetz mit Pariser Atomhaftungsübereinkommen, Baden-Baden 1986
HANDBUCH DER GEFÄHRLICHEN STOFFE IN SONDERABFÄLLEN	Materialien 5/78 des Umweltbundesamtes, Berlin 1978
HANDBUCH DES UMWELTRECHTS	Hrsg. Otto Kimminich, Heinrich Frhr. v. Lersner, Peter-Christoph Storm, Berlin, Band I Abfallrecht-Mosel 1986, Band II Nachbarrecht-Zweitanmeldung 1988 (zit. ...in Handbuch des Umweltrechts)

HANDBUCH DES VERFASSUNGSRECHTS — Hrsg.v. Ernst Benda, Werner Maihofer, Hans-Jochen Vogel unter Mitwirkung von Konrad Hesse, Berlin New York 1983 (zit. HdV-...)

HAMM, Rainer — Stellungnahme zum Referentenentwurf eines .... Strafrechtsänderungsgesetzes - zweites Gesetz zur Bekämpfung der Umweltkriminalität - des Bundesministers der Justiz, in StV 1990, 219 ff

HECK, Philip — Grundriß des Sachenrechts, 2. Auflage, Tübingen 1930, Neudruck 1970

HEINE, Günter — Verwaltungsakzessorietät des Umweltstrafrechts, in NJW 1990, 2425 ff

HENKEL, Heinrich — Das Methodenproblem bei den unechten Unterlassungsdelikten, in MSchrKrim 1961, 178 ff

HERZBERG, Rolf-Dietrich — Die Unterlassung im Strafrecht und das Garantenprinzip, Berlin, New York 1972

ders. — Der Versuch beim unechten Unterlassungsdelikt, in MDR 1973, 89ff

ders. — Die Verantwortung für Arbeitsschutz und Unfallverhütung im Betrieb, Köln usw. 1984

ders. — Zur Garantenstellung aus vorangegangenem Tun, in JZ 1986, 986 ff

HOHMANN, Harald — Zur Unterlassungstäterschaft im Abfallstrafrecht bei wilden Müllablagerungen, in NJW 1989, 1254 ff

HÖSEL, Gottfried, V. LERSNER, Heinrich	Das Recht der Abfallbeseitigung des Bundes und der Länder, Loseblatt, Berlin, Stand November 1992
HOPPE, Werner, BECKMANN, Martin	Umweltrecht, München 1989
HORN, Eduard	Strafbares Fehlverhalten von Genehmigungs und Aufsichtsbehörden ? in NJW 1981, 1 ff
ders.	Strafrechtliche Haftung für die Produktion von und den Handel mit vergifteten Gegenständen, in NJW 1986, 153 ff
HSÜ, Yü hsiu	Garantenstellung des Betriebinhabers zur Verhinderung strafbarer Handlungen ? Pfaffenweiler, 1986
HÜWELS, Hermann	Fehlerhafter Gesetzesvollzug und strafrechtliche Zurechnung, Berlin 1986
IBURG, Ulrich	Zur Unterlassungstäterschaft im Abfallstrafrecht bei wilden Müllablagerungen, in NJW 1988, 2338 ff
JAKOBS,Günter	Strafrecht Allgemeiner Teil, Die Grundlagen und die Zurechnungslehre, Berlin 1983
JARASS, Hans, PIEROTH, Bodo	Grundgesetz Kommentar, 2. Auflage, München 1992
JELLINEK, Georg	Allgemeine Staatslehre, Neudruck der 3. Auflage, Kronberg/Ts 1976

JESCHECK, Hans Heinrich	Lehrbuch des Strafrechts, 4. Auflage Berlin 1988
KANT, Immanuel	Metaphysische Anfangsgründe der Rechtslehre, Königsberg 1797 (Neudruck 1980 Akademie-Verlag Berlin)
KAUFMANN, Armin	Die Dogmatik der Unterlassungsdelikte, Göttingen, 1959
KAUFMANN, Arthur, HASSEMER, Winfried	Der praktische Fall, Strafrecht: Der überfallene Spaziergänger JuS 1964, 151 ff
KETTLER, Gerd, KIPPELS, Kurt,	Umweltrecht, Köln usw. 1988
KLOEPFER, Michael	Umweltrecht, München, 1989
ders.	Die Verantwortlichkeit für Altlasten im öffentlichen Recht in NuR 1987, 7 ff
ders.	Altlasten, in UTR Band 1 Altlasten und Umweltrecht, Düsseldorf 1986, S. 111 ff
KOHLMANN, Günter, OSTERMANN, Martin	Die Verletzung der Aufsichtspflicht in Betrieben und Unternehmen, Pläne für eine Reform, in WiStra 1990, 121 ff
KRESS, Johann Paul	Commentatio succinta in CCC, Hannover 1721
KOMMENTAR	des Justizministeriums der DDR, Berlin (Ost) 1987

KOPP, Ferdinand O. — Verwaltungsverfahrensgesetz, München 1986

KUNIG, Philip, SCHWERMER, Gottfried, VERSTEYL, Ludger-Anselm — Abfallgesetz, 2. Auflage, München 1992 (zit: K-S-V...)

LACKNER, Karl — Strafgesetzbuch mit Erläuterungen, 19. Auflage 1991

LANDAU, Peter-Wolfgang — Die strafrechtlichen Verantwortlichkeit aus Eigentum und Besitz bei den unechten Unterlassungsdelikten, München 1976

LANDSCHEIDT, Christoph — Zur Problematik der Garantenpflichten aus verantwortlicher Stellung in bestimmten Räumen, Berlin 1984

LAUFHÜTTE, Heinrich, MÖHRENSCHLAGER, Manfred — Umweltstrafrecht in neuer Gestalt, in ZStW 92, 912 ff

LEIPZIGER KOMMENTAR, — 10. Auflage Berlin , New York, Band I 1985, Band VII 1988 (zit. L-K- ...)

LERSNER, Heinrich Frhr. v. — Abfall als Wirtschaftsgut, in Natur und Recht 1981, 1 ff

ders. — Gibt es Eigenrechte der Natur ? in NVwZ 1988, 988 ff

MAIHOFER, Werner — Der Versuch der Unterlassung, in GA 1958, 289 ff

MARTENS, Joachim | Die Praxis des Verwaltungsverfahrens, München 1985

MAUNZ, Theodor, DÜRIG, Günter, HERZOG, Roman, SCHOLZ, Rupert, LERCHE, Peter, PAPIER, Jürgen, RANDELZHOFER, Albrecht, SCHMIDT-ASSMANN, Eberhard | Kommentar zum Grundgesetz, Loseblatt, München, Stand 1991 (zit: M-D-H-S ...)

MAURACH, Reinhart, GÖSSEL, Heinz, ZIPF,Heinz | Strafrecht, Algemeiner Teil, Teilband 2, 7. Auflage, Heidelberg 1989

MAURACH, Reinhart, SCHROEDER, Friedrich Christian, MAIWALD, Manfred | Strafrecht Besonderer Teil, Teilband 2, 7. Auflage, Heidelberg 1991

MÜNCH, Ingo v., Hrsg. | Besonders Verwaltungsrecht, 8. Auflage, Berlin, New York 1988 (zit. ... in v. Münch)

MÜNCHNER KOMMENTAR | Band 3, 1. Halbband Schuldrecht Besonderer Teil, 2. Auflage 1988, Band 4, Sachenrecht, 2. Auflage 1986, jeweils München (zit. Mü-Ko- ..)

NAUSCHÜTT, Jürgen | Altlasten, Baden-Baden 1990

NICKEL, Egbert	Die Problematik der unechten Unterlassungsdelikte im Hinblick auf den Grundsatz `nulla poena sine lege'(Art. 103 abs. 2 GG) Berlin 1972
OBERMAYER, Klaus	Kommentar zum Verwaltungsverfahrensgesetz, Neuwied 1983
OTTO, Harro	Anmerkung zu BayObLG in JZ 1987, 626, in JZ 1987, 628 ff
PALANDT, Otto,	Kommentar zum Bürgerlichen Gesetzbuch, 51. Auflage München 1992
PAPIER, Jürgen	Altlasten und Umweltrecht, in Jahrbuch des Umwelt und Technikrechts, Band 1 Düsseldorf 1986, 99 ff
ders.	Die Verantwortlichkeit für Altlasten im öffentlichen Recht, in NVwZ 1986, 256 ff
PFLEIDERER, Klaus	Die Garantenstellung aus vorangegangenem Tun, Berlin 1968
PIETZNER, Rainer, RONELLENFITSCH, Michael	Das Assesorexamen im öffentlichen Recht, 7. Auflage, Düsseldorf 1992
PRÜMM, Hans Paul	Umweltschutzrecht, Frankfurt/a.M. 1989
RANDELZHOFER, Albrecht, WILKE, Dieter	Die Duldung als flexible Form des Verwaltungshandelns, Berlin 1981
REICHSGERICHTSRÄTE-KOMMENTAR	12. Auflage, Band III 1. Teil §§ 854-1011, Berlin 1979 (zit: RGRK ...)

ROGALL, Klaus, — Das Gesetz zur Bekämpfung der Umweltkriminalität in JZ GD 1980, 101 ff

ders. — Dogmatische und kriminalpolitische Probleme der Aufsichtpflichtverletzung in Betrieben und Unternehmen, in ZStW 98, 573 ff

RUDOLPHI, Hans-Joachim — Die Gleichstellungsproblematik der unechten Unterlassungsdelikte und der Gedanke der Ingerenz, Göttingen 1966

ders. — Unrechtsbewußtsein, Verbotsirrtum und Vermeidbarkeit des Verbotirrtums, Göttingen 1969

ders. — Literaturbericht Strafrecht Allgemeiner Teil in ZStW 86, 68 ff

ders. — Inhalt und Funktion des Handlungsunwertes im Rahmen der personalen Unrechtslehre, in Festschrift für Reinhardt Maurach, Karlsruhe 1972, S. 51 ff

ders. — Die strafrechtliche Verantwortung für Gewässerverunreinigung und ihre Begrenzung durch den Einleitungsbescheid, in Festschrift für Karl Lackner, Berlin 1987, S. 864 ff

ders. — Schutzgut und Rechtfertigungsprobleme der Gewässerverunreinigung i. S. d. § 324 StGB, in ZfW 1982, 207 ff ders. Probleme der strafrechtlichen Verantwortung von Amtsträgern für Gewässerverunreinigungen, in Festschrift für Dünnebier, Berlin 1982, 561 ff

ders. Primat des Strafrechts im Umweltschutz ? in NStZ 1984, 193

ders. Anmerkung zu BGHSt 34, 211 (= NStZ 1987, 323), in NStZ 1987, 324 ff

RUDOLPHI, Hans-Joachim, HORN Eduard, SAMSON, Erich Systematischer Kommentar zum StGB Band I, Allgemeiner Teil,5. Auflage, Stand März 1992, Band II 4. Auflage, Stand Juni 1991

SACK, Hans-Jürgen, Umweltstrafrecht Kommentar, 3. Auflage, Loseblatt, Stand September 1990

ders. Das Gesetz zur Bekämpfung der Umweltkriminalität, in NJW 1980, 1424 ff

SANGENSTEDT, Chistof Garantenstellung und Garantenpflicht von Amtsträgern, Frankfurt/a.M. 1989

SALZWEDEL, Jürgen Hrsg. Grundzüge des Umweltrechts, Berlin 1982

ders. Probleme der Abfallentsorgung, in NVwZ 1989, 82 ff

ders. Abfall und Abwasser Abgrenzungsfragen, in ZfW 1983,84 ff

SAVIGNY, Friedrich Carl von Das Recht des Besitzes, 6. Auflage Giessen 1837

SEELMANN, Kurt	Atypische Zurechnungsstrukturen im Umweltstrafrecht, in NJW 1990, 1257 ff
SIEDER, Frank, ZEITLER, Herbert, DAHME, Heinz	Wasserhaushaltsgesetz, Kommentar, Loseblatt, Stand 11. Lieferung Januar 1988 (zit: Sieder-Zeitler ...)
SOERGEL, Hans Theodor, SIEBERT, Werner	Kommentar zum Bürgerlichen Gesetzbuch, Band 6 Sachenrecht, §§ 854-1296 BGB Stuttgart, Berlin Köln 1989
SOWADA, Christoph	Täterschaft und Teilnahme beim Unterlassungsdelikt, in Jura 1986, 399 ff
SCHAUB, Günter	Lehrbuch des Arbeitsrechts, 7. Auflage, München 1992
SCHALL, Hero	Umweltschutz durch Strafrecht: Anspruch und Wirklichkeit, in NJW 1990, 1263 ff
SCHITTENHELM, Ulrike	Probleme der umweltgefährdenden Abfallbeseitigung nach § 326 StGB in G A 1983, 310 ff
SCHMIDHÄUSER, Eberhard	Strafrecht, Allgemeiner Teil, 2,. Auflage, Tübingen 1975
SCHMIDT-SALZER, Joachim	Produkthaftung, Band I Strafrecht, Heidelberg 1988
SCHÖNKE, Adolf, SCHRÖDER, Horst	Strafgesetzbuch, Kommentar, 24. Auflage, München 1991
SCHÜNEMANN, Bernd	Grund und Grenzen der unechten Unterlassungsdelikte, Göttingen 1971

ders. Unternehmenskriminalität und Strafrecht, Köln usw. 1979

ders. Die Strafbarkeit von Amtsträgern im Gewässerstrafrecht, in WiStra 1986, 235 ff

ders. Die Unterlassungsdelikte und die strafrechtliche Verantwortlichkeit für Unterlassungen, inZStW 96, 287 ff

SCHÜRMANN, Hannes Unterlassungsdelikte und Gesetzlichkeitsgrundsatz, Berlin 1986

SCHULTZ, Michael, Amtswalterunterlassen, Berlin 1984

SCHWACHHEIM, Jürgen Zum Tatbestandsmerkmal der "beweglichen Sache", in § 1 AbfG, in NVwZ 1989, 128 ff

SCHWERMER, Gerfried Abfallbeseitigung NVwZ 1886, 511 ff

STAUDINGER, Julius v. Kommentar zum bürgerlichen Gesetzbuch mit Einführungsgestz und Nebengesetzen, Drittes Buch Sachenrecht, §§ 854-902, 12. Auflage Berlin 1989
(zit. Staudinger-Bund ...)

STREE, Walter Garantenstellung kraft Übernahme, in Festschrift fürHellmut Mayer Berlin, 1966, 145 ff

STEGMANN, Werner Altlasten und Umweltrecht, in Jahrbuch des Umwelt und Technikrechts Band 1 Düsseldorf 1986, S. 7 ff

STORM, Peter-Christoph — Umweltrecht, Einführung, 5. Auflage Berlin 1982

STRATENWERTH, Günter — Strafrecht Allgemeiner Teil, 2. Auflage Köln usw. 1976

TIMPE, Gerhard — Strafmilderungen, des Allgemeinen Teils des StGB und das Doppelverwertungsverbot, Berlin 1983

TRAEGER, Ludwig — Das Problem der Unterlassungsdelilte im Strafrechtund im Zivilrecht, Marburg 1913

THIEMANN, Werner — Aufsichtpflichtverletzung in Betrieben und Unternehmen, Bochum, 1976

VOGLER, Theo — Zur Bedeutung des § 28 StGB für die Teilnahme an unechten Unterlassungsdelikten, in Festschrift für Reinhard Lange, Berlin New York 1976, S. 265 ff

VOGT, Alfons — Das Pflichtenproblem der kommissiven Unterlassung in ZStW 63, 381 ff

WIEACKER, Franz — Privatrechtsgeschichte der Neuzeit, 2. Auflage, Göttingen 1967

WASMUT, Johannes, KOCH, Mathias — Rechtfertigende Wirkung der behördlichen Duldung im Umweltstrafrecht, in NJW 1990, 2434 ff

WELP, Jürgen — Vorangegangenes Tun als Grundlage einer Handlungsaequivalenz der Unterlassung, Berlin 1968

WELZEL, Hans — Deutsches Strafrecht, Berlin 1969

WERNICKE, Konrad	Die Strafbarkeit nach § 38 WHG, in NJW 1977, 1662
WESSELS, Johannes	Strafrecht Allgemeiner Teil, 20. Auflage, Heidelberg 1990
WINKELBAUER, Wolfgang	Zur Verwaltungsakzessorietät des Umwelt-strafrechts, Berlin, 1985
ders.	Die strafrechtliche Verantwortung von Amtsträgern im Umweltstrafrecht, in NStZ 1986, 149 ff
ders.	Anmerkung zu BGHSt JZ 1986, 967 ff, in JZ 1986, 1120 ff
WOLFF, Hans J., BACHOF Otto	Verwaltungsrecht, Band III 4. Auflage, München 1978

Andreas Schröer

Kommunaler Umweltschutz in Europa

Frankfurt/M., Berlin, Bern, New York, Paris, Wien, 1992. LI, 210 S.
Europäische Hochschulschriften: Reihe 2, Rechtswissenschaft. Bd. 1269
ISBN 3-631-45180-6 br. DM 74.--

Umweltschutz auf der einen Seite und die Europäischen Gemeinschaften auf der anderen Seite sind zwei hochaktuelle Themenbereiche, deren kommunale Bedeutung in der vorliegenden Arbeit hinterfragt wird. Nach Darstellung, inwieweit Umweltschutz überhaupt kommunale als auch gemeinschaftliche Aufgabe ist, beschäftigt sich die Untersuchung im Kernbereich mit dem Einfluß des umweltorientierten europäischen Gemeinschaftsrechtes auf die kommunalen Aufgabenbereiche im Umweltschutz (Abfall-, Wasser-, Immissionsschutz-, Strahlenschutz-, Naturschutz- und Baurecht, Öffentliches Auftragswesen, Umweltverträglichkeitsprüfung, Zugang von Einzelpersonen zu behördlichen Umweltdaten), Umsetzungsprobleme und -defizite werden aufgezeigt. Es wird die Problematik diskutiert, wie im Falle von Differenzen zwischen nationalem und gemeinschaftsrechtlichem Umweltrecht von Seiten der Kommunalverwaltungen zu verfahren ist. Ob die Garantie der kommunalen Selbstverwaltung durch gemeinschaftliches Umweltrecht beeinträchtigt wird und eine Berufung der Kommunen auf diesen Verfassungsgrundsatz möglich ist, wird abschließend erörtert.

Aus dem Inhalt: Umweltschutz als Aufgabe der Kommunen der Bundesrepublik Deutschland nach nationalem Verfassungsrecht – Umweltschutz als Aufgabe der Europäischen Wirtschaftsgemeinschaft (Rechtsgrundlagen, Implementations- und Vollzugsdefizit) – Einfluß des Umweltschutzrechts und der Umweltpolitik der Europäischen Gemeinschaften auf die Umweltschutzaufgaben der Kommunen der Bundesrepublik Deutschland (Abfall-, Wasser-, Immissionsschutz-, Strahlenschutz-, Naturschutz-, Baurecht, öffentliches Auftragswesen, UVP, Zugang von Einzelpersonen zu behördlichen Umweltdaten) – Europafestigkeit von Art. 28 Abs. 2 GG

Verlag Peter Lang Frankfurt a.M. · Berlin · Bern · New York · Paris · Wien
Auslieferung: Verlag Peter Lang AG, Jupiterstr. 15, CH-3000 Bern 15
Telefon (004131) 9411122, Telefax (004131) 9411131
- Preisänderungen vorbehalten -

Printed by
CPI books GmbH, Leck